U0234173

国家出版基金项目
NATIONAL PUBLICATION FOUNDATION

"十四五"时期
国家重点出版物出版专项规划项目·重大出版工程

空间科学与技术研究丛书

火星探测器
轨道动力学与控制

ORBITAL DYNAMICS AND CONTROL FOR MARS EXPLORER

乔 栋 李翔宇 韩宏伟 著

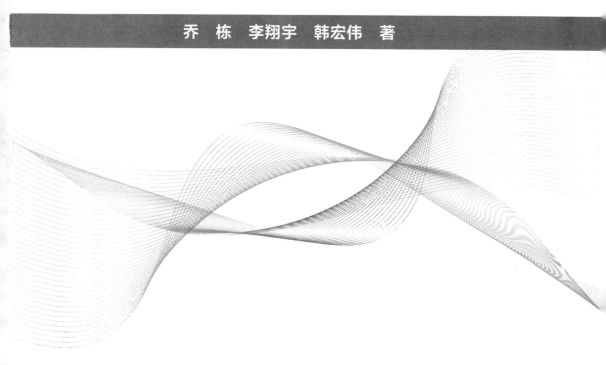

北京理工大学出版社
BEIJING INSTITUTE OF TECHNOLOGY PRESS

内 容 简 介

火星是距离地球最近的类地行星之一，对火星的探测有助于认知太阳系各行星的演化规律、探寻生命起源，是世界各国深空探测的热点。本书以火星探测为背景，从火星精确转移轨道优化、低能量捕获轨道设计、着陆轨迹优化与制导控制、火星系统内探测的轨道设计等方面，总结和梳理了该领域的最新研究进展与成果。本书紧密结合火星探测的任务背景与工程约束，既介绍了轨道动力学的基础理论，又介绍了新颖的轨道设计思想和方法。

本书的主要适合读者为从事火星探测等深空探测领域研究的相关科研院所的专业技术人员和飞行器设计相关专业的研究生。

图书在版编目（CIP）数据

火星探测器轨道动力学与控制 / 乔栋，李翔宇，韩宏伟著. -- 北京：北京理工大学出版社，2023.1
　　ISBN 978 - 7 - 5763 - 2101 - 2

　　Ⅰ．①火…　Ⅱ．①乔…②李…③韩…　Ⅲ．①火星探测器 - 轨道力学　Ⅳ．①V476.4

中国国家版本馆 CIP 数据核字（2023）第 025304 号

责任编辑：曾　仙　　文案编辑：曾　仙
责任校对：刘亚男　　责任印制：李志强

出版发行 / 北京理工大学出版社有限责任公司
社　　址 / 北京市丰台区四合庄路 6 号
邮　　编 / 100070
电　　话 / （010）68944439（学术售后服务热线）
网　　址 / http://www.bitpress.com.cn

版印次 / 2023 年 1 月第 1 版第 1 次印刷
印　　刷 / 三河市华骏印务包装有限公司
开　　本 / 710 mm×1000 mm　1/16
印　　张 / 20.75
彩　　插 / 22
字　　数 / 310 千字
定　　价 / 98.00 元

前　言

　　火星是距离地球最近的类地行星之一，其与地球具有相近的物理环境。对火星的探测有助于认知太阳系各行星的演化规律、探寻生命起源，是世界各国深空探测的热点。在火星探测任务中，探测器在星际转移、行星捕获、大气再入等阶段的轨道动力学与控制是决定任务成败的关键技术。本书以此为背景，结合作者十余年的研究工作，从火星精确转移轨道优化、低能量捕获轨道设计、着陆轨迹优化与制导控制、火星系统内探测的轨道设计等方面，总结和梳理了该领域的最新研究进展与成果，期待能为我国火星环绕着陆探测及采样返回任务的设计提供参考和借鉴。

　　全书共分8章。第1章，介绍火星及其卫星的物理特征和火星探测相关任务进展；第2章，介绍火星探测中的时空系统及相关的基本轨道问题；第3章和第4章，分别介绍脉冲转移和小推力转移这两类火星探测转移的轨道优化设计方法，并给出发射机会搜索方法与误差修正策略；第5章，重点介绍火星探测的关键阶段——捕获段的轨道设计；第6章，进一步介绍利用多体系统动力学的火星探测低能量捕获轨道设计方法；第7章，重点介绍火星着陆探测轨迹优化设计与制导控制；第8章，介绍火星系统内探测的轨道设计方法。

　　与其他轨道动力学类的学术专著有所不同的是，本书紧扣国家深空探测重大工程需求和国际前沿热点，首次探讨了从地球–火星星际转移、火星附近捕获轨道、火星着陆轨道与火星卫星探测轨道的动力学与控制问题，并结合非线性动力学理论和现代控制方法，对脉冲转移轨道精确设计、连续推力轨道优化、弱稳定边界低能量捕获、着陆伞舱组合体动力学建模与稳定控制等进行了详细分析，其中既有轨道设计的基础理论，又有新颖的设计思想和方法。本书内容不仅体现了对火星探测器轨道动力学与控制问题阐述的系统性、前沿性，还体现了对工程设计与工程应用的良好适用性。本书的主要读者为从事火星探测等深空探测领域研究的相关科研院所的专业技术人员和飞行器设计相关专业的研究生。

本书的相关研究得到国家自然科学基金（编号：11102020）、教育部青年长江学者（编号：Q2016183）等项目的资助，本书的出版得到"国家科学技术学术著作出版基金"的资助。为本书做出贡献的还有滕锐、孙超、杜燕茹、陈奇、贾飞达，在此表示感谢。

　　由于作者水平有限，书中不尽完善之处在所难免，敬请广大读者批评指正。

2022 年 12 月于北京

目　录

第1章　火星系统概况 ……………………………………………………… 1

1.1　火星探测的意义 ……………………………………………………… 1

1.2　火星系统特性 ………………………………………………………… 3

   1.2.1　火星的基本物理特征 …………………………………………… 3

   1.2.2　火星气候环境与地形地貌 ……………………………………… 5

   1.2.3　火星的卫星 ……………………………………………………… 8

1.3　火星探测任务 ………………………………………………………… 10

参考文献 ……………………………………………………………………… 26

第2章　火星探测转移轨道基础理论 ………………………………… 28

2.1　火星探测中的时间系统 ……………………………………………… 28

   2.1.1　时间系统 ………………………………………………………… 28

   2.1.2　时间系统之间的转换 …………………………………………… 29

2.2　火星探测中的坐标系统及其转换 …………………………………… 30

   2.2.1　地心坐标系统 …………………………………………………… 30

   2.2.2　日心坐标系统 …………………………………………………… 33

   2.2.3　火心坐标系统 …………………………………………………… 34

2.3　火星探测中的二体轨道力学理论 ………………………………… 36

　　2.3.1　二体动力学方程 ……………………………………………… 37

　　2.3.2　二体问题的积分常数 ………………………………………… 38

　　2.3.3　开普勒方程求解 ……………………………………………… 44

　　2.3.4　位置、速度矢量与轨道根数 ………………………………… 45

2.4　火星探测中的基本轨道设计方法 ………………………………… 48

　　2.4.1　兰伯特问题 …………………………………………………… 48

　　2.4.2　引力影响球 …………………………………………………… 51

　　2.4.3　圆锥曲线拼接原理 …………………………………………… 56

　　参考文献 …………………………………………………………… 56

第3章　火星探测脉冲转移轨道设计与优化 ………………………… 58

3.1　火星探测发射机会搜索 …………………………………………… 58

　　3.1.1　双曲逃逸轨道参数 …………………………………………… 58

　　3.1.2　发射机会搜索的等高线图法 ………………………………… 60

　　3.1.3　火星探测发射机会分析 ……………………………………… 63

3.2　火星探测多脉冲转移轨道优化设计 ……………………………… 64

　　3.2.1　最优多脉冲转移的主矢量方法 ……………………………… 64

　　3.2.2　考虑发射约束的多脉冲主矢量优化方法 …………………… 67

　　3.2.3　火星探测多脉冲转移轨道设计与分析 ……………………… 75

3.3　火星探测脉冲转移轨道的精确设计 ……………………………… 77

　　3.3.1　精确转移轨道设计问题描述 ………………………………… 77

　　3.3.2　火星探测精确转移轨道设计方法 …………………………… 78

　　3.3.3　火星探测精确转移轨道设计实例与分析 …………………… 84

3.4　火星探测转移轨道中途修正策略 ………………………………… 87

　　3.4.1　火星探测转移轨道中途修正方法 …………………………… 88

　　3.4.2　火星探测转移轨道中途修正实例分析 ……………………… 92

　　参考文献 …………………………………………………………… 95

第4章　火星探测连续小推力转移轨道设计与优化 ………………… 97

4.1　连续小推力转移轨道优化设计问题描述 ………………………… 97

4.1.1 连续小推力转移轨道动力学模型 ⋯⋯⋯⋯⋯⋯⋯⋯⋯ 98

4.1.2 连续小推力转移轨道优化设计问题描述 ⋯⋯⋯⋯⋯⋯ 101

4.2 火星探测连续小推力转移轨道优化设计的配点法 ⋯⋯⋯⋯⋯ 102

4.2.1 标准配点轨道优化设计方法 ⋯⋯⋯⋯⋯⋯⋯⋯⋯⋯ 102

4.2.2 基于笛卡儿模型的改进配点法 ⋯⋯⋯⋯⋯⋯⋯⋯⋯ 104

4.2.3 基于配点法的火星探测连续小推力转移轨道设计实例 ⋯ 106

4.3 火星探测连续小推力转移轨道优化设计的同伦法 ⋯⋯⋯⋯⋯ 108

4.3.1 燃料最省转移轨道最优控制律设计 ⋯⋯⋯⋯⋯⋯⋯ 108

4.3.2 同伦连续打靶方法 ⋯⋯⋯⋯⋯⋯⋯⋯⋯⋯⋯⋯⋯ 111

4.3.3 基于同伦法的火星探测连续小推力转移轨道设计实例 ⋯ 112

4.4 火星探测连续小推力转移轨道凸优化方法 ⋯⋯⋯⋯⋯⋯⋯⋯ 114

4.4.1 燃料最优小推力轨道优化问题的构建 ⋯⋯⋯⋯⋯⋯ 114

4.4.2 小推力轨道凸优化方法及求解 ⋯⋯⋯⋯⋯⋯⋯⋯⋯ 115

4.4.3 基于凸优化的火星探测连续小推力转移轨道设计实例 ⋯ 122

参考文献 ⋯⋯⋯⋯⋯⋯⋯⋯⋯⋯⋯⋯⋯⋯⋯⋯⋯⋯⋯⋯⋯⋯ 125

第5章 火星探测的捕获轨道设计 ⋯⋯⋯⋯⋯⋯⋯⋯⋯⋯⋯⋯⋯ 127

5.1 采用脉冲方式的火星探测直接捕获轨道设计 ⋯⋯⋯⋯⋯⋯⋯ 127

5.1.1 火星探测最优单次脉冲捕获轨道设计方法 ⋯⋯⋯⋯⋯ 127

5.1.2 火星探测最优多次脉冲捕获轨道设计方法 ⋯⋯⋯⋯⋯ 130

5.2 采用有限推力方式的火星捕获轨道设计 ⋯⋯⋯⋯⋯⋯⋯⋯⋯ 133

5.2.1 有限推力捕获轨道设计问题建模 ⋯⋯⋯⋯⋯⋯⋯⋯ 134

5.2.2 有限推力捕获轨道优化设计方法 ⋯⋯⋯⋯⋯⋯⋯⋯ 135

5.2.3 火星探测有限推力捕获轨道设计实例与分析 ⋯⋯⋯⋯ 136

5.3 火星探测气动捕获轨道设计 ⋯⋯⋯⋯⋯⋯⋯⋯⋯⋯⋯⋯⋯ 140

5.3.1 火星探测气动捕获动力学建模 ⋯⋯⋯⋯⋯⋯⋯⋯⋯ 140

5.3.2 火星探测气动捕获进入走廊评估 ⋯⋯⋯⋯⋯⋯⋯⋯ 143

5.3.3 火星探测气动捕获轨道参数分析 ⋯⋯⋯⋯⋯⋯⋯⋯ 144

5.3.4 火星探测最优气动捕获轨道设计 ⋯⋯⋯⋯⋯⋯⋯⋯ 148

参考文献 ……………………………………………………………………… 151

第6章　基于多体系统的火星探测低能量捕获轨道设计 ……………………… 153

6.1　日火三体系统 ……………………………………………………………… 153

6.1.1　三体系统轨道动力学 ……………………………………………… 153

6.1.2　日火三体系统平衡点 ……………………………………………… 155

6.1.3　日火平衡点附近的周期轨道 ……………………………………… 156

6.2　基于日火系统平衡点的火星探测低能量捕获轨道设计 ………………… 165

6.2.1　基于日火系统平衡点的低能量捕获速度增量分析 ……………… 166

6.2.2　日火平衡点停泊轨道参数分析 …………………………………… 168

6.2.3　基于日火平衡点的火星探测低能量捕获轨道设计实例与分析 …… 177

6.3　基于日火系统稳定集的火星探测低能量捕获轨道设计 ………………… 182

6.3.1　日火系统的弱稳定边界 …………………………………………… 182

6.3.2　日火系统轨道的稳定集 …………………………………………… 188

6.3.3　基于稳定集的火星探测低能量捕获轨道设计实例与分析 ……… 191

6.4　利用流形拼接的地火平衡点转移轨道设计 ……………………………… 204

6.4.1　三体系统平衡点轨道转移设计 …………………………………… 204

6.4.2　基于平衡点流形拼接的地火转移轨道设计实例与分析 ………… 206

参考文献 ……………………………………………………………………… 209

第7章　火星着陆探测轨迹优化设计与制导控制 ………………………………… 211

7.1　火星着陆探测过程分析与动力学建模 …………………………………… 211

7.1.1　火星着陆探测过程概述 …………………………………………… 211

7.1.2　火星大气进入轨迹动力学模型 …………………………………… 213

7.1.3　火星大气进入轨迹的影响因素分析 ……………………………… 215

7.2　火星大气进入轨迹的优化设计 …………………………………………… 220

7.2.1　火星大气进入轨迹优化设计方法 ………………………………… 220

7.2.2　考虑横程范围的火星大气进入轨迹优化设计 …………………… 222

7.2.3　考虑开伞约束的火星大气进入轨迹优化设计 …………………… 227

7.2.4　考虑复杂路径约束的火星大气进入轨迹优化设计 ……………… 229

7.3 火星探测大气进入制导方法 ……………………………………… 232

7.3.1 火星大气进入方式分析 ………………………………… 232

7.3.2 火星大气进入轨迹跟踪制导方法 ……………………… 233

7.3.3 火星大气进入预测校正制导方法 ……………………… 245

7.4 火星着陆伞舱组合体动力学建模与稳定控制 ………………… 250

7.4.1 火星着陆伞舱组合体动力学建模初步 ………………… 250

7.4.2 火星着陆减速伞展开过程动态特性分析 ……………… 254

7.4.3 火星着陆伞舱组合体稳定阻尼控制律设计 …………… 259

参考文献 ……………………………………………………………… 267

第8章 火星系统内探测的轨道设计 …………………………… 270

8.1 基于火星系统的火卫探测捕获轨道设计 …………………… 270

8.1.1 基于火星稳定集的火卫探测捕获轨道设计方法 ……… 270

8.1.2 火卫一探测捕获轨道设计实例与分析 ………………… 275

8.1.3 火卫二探测捕获轨道设计实例与分析 ………………… 278

8.2 基于火星系统共振轨道的火卫飞越探测轨道设计 ………… 280

8.2.1 火星–火卫系统的共振轨道设计 ……………………… 280

8.2.2 火卫附近共振轨道设计实例与分析 …………………… 281

8.2.3 火卫共振环绕探测轨道相对距离变化分析 …………… 285

8.3 基于火星–火卫系统平衡点的火卫探测轨道设计 ………… 288

8.3.1 火星–火卫系统的平衡点及特性 ……………………… 288

8.3.2 火卫平衡点附近的周期运动 …………………………… 290

8.3.3 基于火卫平衡点的探测轨道观测效能分析 …………… 295

8.4 火卫附近周期轨道间的转移轨道设计 ……………………… 297

8.4.1 利用共振轨道的火卫附近周期轨道间脉冲转移轨道设计 … 298

8.4.2 基于不变流形的火卫附近周期轨道间转移 …………… 302

参考文献 ……………………………………………………………… 313

索引 ………………………………………………………………… 315

第1章
火星系统概况

■ 1.1 火星探测的意义

康斯坦丁·齐奥尔科夫斯基说过："地球是人类的摇篮，但人类不可能永远被束缚在摇篮里。"一直以来，人类对太空的浩瀚和神秘充满向往与敬畏。随着现代航天技术的发展，人类逐步将认知的边界推向更远的深空。深空探测是当今世界极具创新性、挑战性、前瞻性的高科技领域，是人类认知太阳系起源与演化、空间资源开发与利用、保护地球安全等的重要途径，是各航天大国科学探索与科技创新竞相发展的战略制高点。火星作为地球的近邻，因其与地球相近的物理环境和较好的可到达性，正成为各国深空领域探测的热点目标。火星探测对于科学研究、工程应用及社会效用等方面有着广泛而重要的影响。

在科学研究方面，作为太阳系中为数不多的类地行星，火星是探索地外生命的主要目标天体，它与地球的形成时间接近，其早年的自然环境和地球曾非常相似。探寻生命起源，或许可在火星上找到突破。从20世纪60年代人类开始火星探测至今，经过几十年的探索，人们逐步认识到，火星可能出现过生命前的化学活动，并且可能产生过生命。火星上保留着大量30多亿年前表面活动的证据，生命出现前的化学活动迹象或许还存在。对这些问题的研究可能会提出关于生命出现时火星和地球环境的新见解，甚至可能了解地球上生命起源的特殊环境条件和化学途径。就这点而言，火星探测对于进一步探寻太阳系演化和生命起源具有十分重要的意义。此外，通过探测火星环境的磁层、电离层、磁场、重力场等，可检测火星大气层的结构与成分，寻找过去气候变化的证据，研究火星气象与气候的演化历史及未来变化趋势；通过探测火星地形、地貌、地质构造及土壤与岩石的矿物与化学成分特征，特别是探测沉积岩的分布范围和形成的相对年龄，以及极地水冰与干冰的分布与变化特征，可研究火星水体的产生、演化与消失的过程；通过对火星内部结构的探测及与地球的对比研究，可探寻火星历史和演化规律，探讨类地行星的演化史。这些问题的研究对于揭示太阳系各行星演化的共性和特性，具有重大的科学价值[1]。

在工程应用方面，火星探测是一项庞杂的系统工程，存在较高的风险，面临诸多挑战。开展火星探测需要突破多项多学科交叉的关键技术，包括探测器轨道设计技术、高精度姿态确定与控制技术、高精度制导导航技术、火星大气气动再入技术、着陆缓冲技术、自动巡视勘察技术、遥操作与控制技术、深空测控通信技术等[2]。未来的火星采样返回任务还需要突破重型运载火箭技术、火星表面采样与封装技术等关键技术。火星探测工程涉及的诸多高新技术领域的突破将促进系统工程、自动控制、计算机、能源动力、材料、通信、遥感等学科的快速发展。这些领域突破的核心技术、获得的科技创新成果，将带动国家基础科学和应用科学的深入发展，促进多学科领域的交叉融合，从而带动国家科技水平的整体跃升。

在社会影响方面，以火星探测为代表的深空探测既是各航天大国竞相展示新科技成果的重要舞台，也是国家综合国力和国际竞争力的重要体现，还是衡量国家现代化和国际地位的重要标志。深空探测的领先地位对国家政治、经济等方面影响深远，对于增强民族自豪感、提振文化自信、打造国家品牌等方面具有重要的激励和促进作用，对于广大民众（尤其是青少年）具有较好的教育和激励意义，有助于在全社会形成爱科学的良好风尚，进而提高全民族的科学素养和自主创新意识。同时，火星上也存在重要的矿产资源和潜在的环境资源，有利于拓展人类新的生存空间，甚至未来也可能建立火星基地、开展太空旅游等活动，促进相关产业的发展，带动更广泛的经济和社会效益[3]。

■ 1.2　火星系统特性

1.2.1　火星的基本物理特征

火星（图 1.2.1）是距离太阳第四近的行星，是太阳系四颗类地行星之一，因其地表广泛分布氧化铁而呈橘红色。在希腊和罗马神话中，火星被称为"战神"；在我国古代记载中，因其荧荧如火，位置和亮度时常变化，让人无法捉摸，被称为"荧惑"。在太阳系八大行星中，火星仅比水星略大，为第二小的行星，其自转轴倾角、自转周期与地球相当，而绕太阳公转周期约为地球的两倍。

图 1.2.1　"天问一号"探测器拍摄的火星南半球侧身影像

（图像来源：国家航天局）

火星的直径约为地球的一半，体积约为地球的 15%，表面积相当于地球陆地的面积，质量约为地球的 11%，密度比其他三颗类地行星（地球、金星、水星）小得多。火星与地球的物理特性对比如表 1.2.1 所示。

表 1.2.1 火星与地球的物理特性[4-5]

天体	火星	地球
质量/kg	6.42×10^{23}	5.98×10^{24}
引力常数/(km³·s⁻²)	42 840	398 600
影响球半径/km	5.78×10^{5}	9.29×10^{5}
密度/(kg·m⁻³)	4 200	5 520
赤道半径/km	3 398	6 378
平均半径/km	3 388	6 371
J_2	1.96×10^{-3}	1.08×10^{-3}
体积/km³	1.63×10^{11}	1.08×10^{12}
表面积/km²	1.44×10^{8}	5.11×10^{8}
重力加速度/(m·s⁻²)	3.71	9.83
逃逸速度/(km·s⁻¹)	5.03	11.19
平均温度/K	210	275
大气压/Pa	560	1.01×10^{5}
大气边界高度/km	100	120
太阳辐射强度/(W·m⁻²)	589.2	1 367.1
天然卫星数目	2	1

火星与太阳的平均距离为 1.52AU（天文单位），其公转周期为 687 个地球日（以下称为"天"），即 1.88 个地球年（以下称为"年"），或 668.6 个火星日。1 个火星日平均为 24 小时 39 分 35.244 秒，或 1.027 491 251 天。火星与地球的会合周期为 780 天，是太阳系各大行星中与地球会合周期最长的。当火星与地球运行到太阳同一侧，并排列在一条直线上时，称为火星"冲日"，火星冲日的发生频率为每个会合周期一次。如果火星正好在近日点附近出现"冲日"，则称为"大冲"，大冲约每 15 年或 17 年一次。火星的自转轴倾角约为 25.19°，与地球的相近，因此火星也有四季，只是季节时长约为地球的两倍。火星的公转轨道偏心率较大，约为 0.093（而地球仅为 0.017），使得各季节时长不一致。火星与地球的轨道特性对比如表 1.2.2 所示。

表 1.2.2　火星与地球的轨道特性[4]

天体	火星	地球
公转周期/天	686.98	365.24
自转周期/h	24.623	23.934
轨道相对黄道的倾角/(°)	1.850 4	0
黄赤交角	25°11′	23°26′
轨道偏心率	0.093 27	0.016 73
轨道半长轴/km	2.279×10^8	1.496×10^8
平均轨道速度/(km·s^{-1})	24.15	29.78
近日点半径/km	2.065×10^8	1.471×10^8
远日点半径/km	2.491×10^8	1.521×10^8

与地球类似，火星的轨道受太阳系其他天体引力影响而不断变化。火星的轨道偏心率有两个变化周期，分别约为 9.6 万年和 2 100 万年，在 0.002 ~ 0.12 之间变化；而地球轨道偏心率的变化周期是 10 万年和 41.3 万年，在 0.005 ~ 0.058 之间变化。目前火星与地球最近距离正在慢慢减小。

1.2.2　火星气候环境与地形地貌

1.2.2.1　火星气候环境

1. 温度

火星轨道的离心率较大，在近日点和远日点处受太阳照射的位置，火星表面温差近 160 ℃，这对火星的气候产生了巨大的影响。火星的平均温度约为 − 55 ℃，其温度跨度巨大，冬季白天的平均温度约为 − 133 ℃，而夏季白天的平均温度将近 27 ℃。

2. 大气

火星上的大气密度只有地球的 1% 左右，稀薄的大气主要成分有二氧化碳（95.3%）、氮气（2.7%）、氩气（1.6%）和微量的氧气（0.15%）与水汽（0.03%）。火星表面平均大气压强仅约 7 mbar①（比地球上的 1% 还小），火星表

① 1 mbar = 100 Pa。

面的大气压随着高度的变化而变化，在盆地最深处可达 9 mbar，而在奥林巴斯山脉（火星的最高山）的顶端只有 1 mbar，但这也足以支持席卷火星的飓风和大风暴。火星稀薄的大气层虽然也能产生温室效应，但仅能使其表面温度提升 5 ℃，比金星和地球产生的温室效应小得多。

1.2.2.2 火星地形地貌

火星和地球一样拥有高山、平原和峡谷等多样的地形地貌，在其地表遍布沙丘、砾石。火星南北半球的地形地貌有着显著的不同，北半球多为被熔岩填平的平地，南半球多为充满陨石坑的古老高地，两者之间以明显的斜坡分隔，火山地形穿插其中，众多峡谷分布各地，南北极则有以干冰和水冰组成的极冠，风成沙丘亦广布整个星球。随着火星探测器获得越来越多的遥感图像，科学家们也发现了很多独特的地形地貌。

1. 高原与火山

火星的火山与地球不同，除了重力较小、山很高之外，其缺乏明显的板块运动，分布不像地球的火山那样呈环形构造。火星的火山主要分布在塔尔西斯高原、埃律西姆地区，零星分布于南方高原，如希腊平原东北的泰瑞纳山。火星的地形地貌如图 1.2.2 所示。

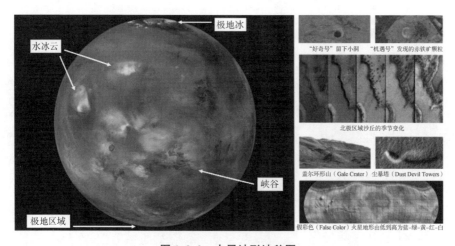

图 1.2.2 火星地形地貌图

（图像来源：NASA）

图 1.2.2 右下角的火星地形地貌示意图中，西半球有一个醒目的特征区域，

即塔尔西斯高原（高约 14 000 m，宽约 6 500 km），并伴随着火山作用的遗迹。该区域包含五座大盾状火山，其中最高的是奥林帕斯山（高约 27 000 m，宽约 600 km），其他四座分别是艾斯克雷尔斯山、帕弗尼斯山、阿尔西亚山和亚拔山。艾斯克雷尔斯山高约 18 225 m；帕弗尼斯山高约 14 000 m；阿尔西亚山高约 17 700 m，火山口直径约 116 km；亚拔山在塔尔西斯高原最北边，是五大火山中最大的一座，其基座宽达 1 600 km，最高点只有约 6 000 m，但火山口直径约 136 km。在大火山之间散布着零星的小火山。火星的东半球还有一个较小的火山群，以埃律西姆山（高约 14 127 m）为主体，其南北分别有较矮的欧伯山和赫克提斯山。

2. 峡谷

在火星赤道南部，西经 40°～110°之间分布着几条大峡谷/深谷，合称水手大峡谷（图 1.2.3），其东西方向延伸超过 4 000 km，宽约 150～170 km，最深处可达 7 km。火星上多数峡谷延伸范围达 150 km，梅拉斯深谷接近 300 km。水手大峡谷中间的三条峡谷合并成一个横跨 600 km 的大洼地，大部分峡谷深度都超过 6 km，其中最深的区域为科普莱特斯深谷，低于峡谷边缘 10 km 以上。这些峡谷主要由断层作用形成，其成因可能类似于地球上的东非大裂谷。峡谷东部的大部

图 1.2.3　水手大峡谷

（图像来源：NASA）

分地区都分布有层状的富硫酸盐沉积物，这表明以前可能存在过较深的湖泊。水手大峡谷中各种地貌形态、复杂峡谷壁以及层状的沉积物表明，其可能经历了多次冲蚀、滑坡、沉积和侵蚀作用的改造。

1.2.3　火星的卫星

1877 年，在火星冲日期间发现了火星的两颗卫星，即福布斯（Phobos）和戴莫斯（Deimos）。

福布斯又称火卫一，是火星两颗自然卫星中距离火星较近且较大的一颗，如图 1.2.4 所示。它的形状不规则，用三轴椭球逼近的半长轴分别约为 13.4 km、11.2 km、9.2 km，平均半径为 11.27 km。它的质量为 $1.065\ 9 \times 10^{16}$ kg，密度为 1.876 g/cm³。如此低的密度表明它的内部可能存在空洞或大量冰块，也或者像碎石堆小行星一样通过自身引力作用堆积在一起。福布斯围绕火星运行的轨道半长轴为 9 376 km，距离火星表面约 6 000 km，绕火星飞行的周期约为 0.318 9 天，即福布斯在一个火星日内可以绕火星飞行三圈。从火星表面看，福布斯从西边升起，划过天空后由东边落下，每个火星日升落各两次。它的轨道偏心率为0.015 1，与火星公转轨道的倾角为 1.075°。福布斯的自转与其绕火星的公转周期同步，即其自转周期等于其轨道公转周期，约为 0.318 9 天。

图 1.2.4　福布斯（火卫一）

（图像来源：NASA）

福布斯的轨道低于火星的同步轨道（即它绕火星一圈的时间比火星自转周期

短），因而福布斯和火星之间的潮汐力将消耗其轨道能量。这使得福布斯的轨道高度每百年下降约 1.8 m，大约 5.0×10^7 年后，它可能撞击火星表面或分解成一个围绕火星运转的火星环。福布斯是太阳系中反照率极低的天体之一，其反照率仅为 0.071，所以它的颜色很暗。福布斯的表面曾被多次撞击，产生了巨大的撞击坑，其中备受关注的一个撞击坑称为斯蒂克尼撞击坑。在福布斯的表面也存在一些沟槽和条纹，这些条纹通常深约 30 m、宽约 100～200 m，最长的条纹可达 20 km。许多沟槽和条纹都靠近斯蒂克尼撞击坑，科学家认为这些条纹与沟槽是与斯蒂克尼撞击坑在同一撞击事件中形成的，也有科学家推测是内部较深处空洞的断裂在福布斯表面的体现。

　　戴莫斯又称火卫二，是火星较小的一颗卫星，也是两颗卫星中距离火星较远的那颗，如图 1.2.5 所示。与福布斯类似，戴莫斯的形状也不规则，用三轴椭球体逼近的半长轴分别约为 7.5 km、6.1 km、5.5 km，平均半径为 (6.2 ± 0.18) km。戴莫斯的质量为 $1.476\,2 \times 10^{15}$ kg，密度为 (1.471 ± 0.166) g/cm³，它也像福布斯一样可能内含空洞或由碎石堆积而成。

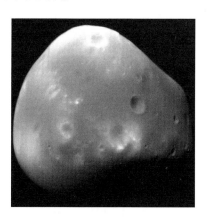

图 1.2.5　戴莫斯（火卫二）

（图像来源：NASA）

　　戴莫斯绕火星公转的轨道半径为 23 458 km，周期为 1.262 44 天，轨道近圆，偏心率仅为 0.000 2，轨道倾角为 1.788°。戴莫斯的自转与其绕火星公转轨道的周期同步，即 1.262 44 天。戴莫斯的反照率也很低，仅为 0.068 ± 0.007。它的表面也被多次撞击，但与福布斯相比，它相对光滑。戴莫斯的表面看上去像被一层厚尘埃所覆盖，这些尘埃可能是碰撞溅起的粉碎物。

火卫一与火卫二的轨道参数和物理特性，如表 1.2.3 和表 1.2.4 所示。

表 1.2.3　火卫一与火卫二的轨道参数[6]

天体	半长轴/km	偏心率	近心点幅角/(°)	平近点角/(°)	轨道倾角/(°)	升交点经度/(°)	公转周期/天
火卫一	9 376	0.015 1	150.057	91.059	1.075	207.784	0.318 9
火卫二	23 458	0.000 2	260.729	325.329	1.788	24.525	1.262 4

表 1.2.4　火卫一与火卫二的物理特性[6]

天体	火卫一	火卫二
大小/km	$26.8 \times 22.4 \times 18.4$	$15.0 \times 12.2 \times 10.9$
平均半径/km	11.266 7	6.2 ± 0.18
表面积/km^2	1 548.3	495.154 8
体积/km^3	5 783.61	999.78
质量/kg	$1.065\ 9 \times 10^{16}$	$1.476\ 2 \times 10^{15}$
平均密度/$(g \cdot cm^{-3})$	1.876	1.471 ± 0.166
表面重力加速度/$(m \cdot s^{-2})$	0.005 7	0.003 9
逃逸速度/$(m \cdot s^{-1})$	11.39	5.556
自转周期	同步	同步
反照率	0.07	0.068 ± 0.007
温度/K	≈ 233	≈ 233
视星等	11.3	12.4

■ 1.3　火星探测任务

火星与地球的会合周期约为 26 个月，在每个会合周期内均能找到能量消耗较低的发射窗口，因此火星探测大约每隔 26 个月会出现一次小高潮[7]。截至 2021 年 10 月，苏联、美国、欧盟、日本、印度、俄罗斯、中国等共发射 48 颗探测器（包括环绕器、着陆器和漫游车），用于研究火星的表面、地质和气候等。

在这些火星探测任务中，大约有三分之二因种种原因而失败；美国、俄罗斯、欧盟、印度和中国已成功实现火星环绕探测，仅美国和中国成功实现火星着陆与巡视探测。尽管俄罗斯和欧盟进行了多次尝试，但均未能成功实现软着陆。下面将分别介绍具有代表性的数次火星探测任务。

1. "水手"系列探测器

1964 年 11 月 28 日，美国发射"水手 4 号"（Mariner 4，图 1.3.1），其成为人类历史上第一个成功飞越火星的探测器。"水手 4 号"于 1965 年 7 月 14 日开始接近火星，同年 7 月 15 日成功飞越火星，飞越的最近距离为 9 280 km，传回了 21 幅火星的图像。1969 年 2 月 24 日，"水手 6 号"（Mariner 6）也成功飞越火星，传回了 75 幅火星图像。随后，1969 年 3 月 27 日，"水手 7 号"（Mariner 7）成功飞越火星，传回了 126 幅图像[8]。

图 1.3.1　"水手 4 号"

（图像来源：NASA/JPL）

第一个成功实现环绕火星飞行的探测器是"水手 9 号"（Mariner 9，图 1.3.2），它于 1971 年 5 月 30 日发射，同年 11 月 14 日抵达火星，成功实现环绕飞行，成为火星的第一个轨道器。"水手 9 号"在 1 300 km 高的轨道上飞行，对火星开展了比较全面的探测，绘制了 80% 火星表面的地形地貌图（包括火山、峡谷、极冠等），获得了火卫一和火卫二的第一批详细图像，还获得了有关火星全球性尘暴、三轴形状、不均匀重力场以及火星表面风活动的重要信息。

图 1.3.2　"水手 9 号"

（图像来源：NASA/JPL）

2. "海盗"系列探测器

　　1975 年美国发射了"海盗"系列探测器，包括两组轨道器和着陆器[9]。"海盗 1 号"（Viking 1，图 1.3.3）于 1975 年 8 月 20 日发射，次年 6 月 19 日进入环绕火星轨道，1976 年 7 月 20 日在火星表面的黄金平原成功着陆。"海盗 1 号"成为第一个在火星上着陆并成功向地球发回图像的探测器。

图 1.3.3　"海盗 1 号"着陆器

（图像来源：NASA/JPL）

　　"海盗 2 号"于 1975 年 9 月 9 日发射，次年 8 月 7 日进入火星轨道。与"海盗 1 号"一样，"海盗 2 号"先形成环绕轨道，勘测地形，再释放着陆器。1976

年 9 月 3 日，"海盗 2 号"在乌托邦平原成功软着陆。"海盗 2 号"在火星表面拍摄到的第一幅彩色图像如图 1.3.4 所示。

图 1.3.4　"海盗 2 号"在火星表面拍摄到的第一幅彩色图像（附彩图）

（图像来源：NASA/JPL）

3. "火星全球勘测者"与"火星探路者"

美国在 1992 年发射"火星观察者"失败后，于 1996 年 11 月 7 日发射了"火星全球勘测者"（Mars Global Surveyor，MGS，图 1.3.5），其于 1997 年 9 月 11 日成功进入火星环绕轨道。进入的初始轨道是近心点 110 km、远心点 56 662 km，周期为 48 h 的极轨，经过约 130 天的变轨机动后，于 1998 年 3 月进入高为 450 km 的圆轨道开始工作[10]。"火星全球勘测者"于 2001 年完成了原定的火星地图绘制工作，并三次延长任务，直至 2006 年 11 月 2 日因失联而结束任务。

图 1.3.5　"火星全球勘测者"

（图像来源：NASA/JPL）

　　在发射"火星全球勘测者"一个月后，美国发射了"火星探路者"（Mars Pathfinder），它是美国第一颗短周期、低成本研制的行星科学探测器，包括一个着陆器和一辆漫游车（"火星旅居者"，Mars Sojourner），如图 1.3.6 所示。"火星探路者"于 1996 年 12 月 4 日发射，于次年 7 月 4 日到达火星，借助气动外形、降落伞和制动火箭减速后，采用气囊着陆缓冲方式着陆在阿瑞斯峡谷。"火星探路者"是历史上第三颗成功实现火星表面软着陆的探测器，它携带的"火星旅居者"是人类送往火星的第一辆火星车。"火星探路者"和"火星旅居者"在火星表面工作了近 3 个月，向地球传回了 10 000 多幅图像和大量科学数据。

图 1.3.6　"火星旅居者"漫游车

（图像来源：NASA/JPL）

　　4. "火星奥德赛号"

　　2001 年 4 月 7 日，美国发射了"火星奥德赛号"（Mars Odyssey，图 1.3.7），同年 10 月 24 日通过主发动机点火使其减速进入火星轨道。从 2001 年 10 月 26 日起，"火星奥德赛号"采用火星大气制动调整轨道，历时 3 个多月变轨机动，最终进入距离火星表面 400 km 的圆轨道[11]。"火星奥德赛号"的主要任务是采集用于判断火星环境是否适合生命生存的数据，描述火星气候与地貌概况，研究潜在的可能会对宇航员造成危险的辐射等。同时，它也是"火星探测漫游者任务"（Mars Exploration Rover Mission）和"凤凰号"（Phoenix）火星探测器与地球通信的中继卫星。

图 1.3.7　"火星奥德赛号"

（图像来源：NASA/JPL）

5. "火星快车号"

2003 年 6 月 2 日，欧洲空间局（简称"欧空局"，ESA）发射了"火星快车号"（Mars Express，图 1.3.8），同年 12 月 25 日进入环绕火星轨道，并于 2004 年 1 月 28 日成功进入 258 km×11 560 km（倾角为 86°，周期为 7.5 h）的火星测绘轨道[12]。"火星快车号"由 1 个轨道器和 1 个"小猎犬 2 号"（Beagle 2）着陆器组成。2003 年 12 月 19 日（到达火星前 6 天），"小猎犬 2 号"与"火星快

图 1.3.8　"火星快车号"

（图像来源：ESA）

车"分离；12 月 25 日，轨道器成功进入环绕轨道；"小猎犬 2 号"于 2004 年 2 月降落时降落伞未及时打开，以过大速度撞击火星表面而宣告失败。"火星快车号"轨道器进行了一系列卓有成效的火星观测，并开展了多项试验，发回了大量有价值的数据，基本确认了火星南极极冠区有水冰存在。

6. "火星探测漫游者"

2003 年，美国发射了两台相同的"火星探测漫游者"（Mars Exploration Rover）——"勇气号"（MER - A，图 1.3.9）和"机遇号"（MER - B，图 1.3.10）。

图 1.3.9　MER - A "勇气号"

（图像来源：NASA/JPL）

图 1.3.10　MER - B "机遇号"

（图像来源：NASA/JPL）

　　"勇气号"（Spirit）于 2003 年 6 月 10 日发射升空，2004 年 1 月 3 日在古谢夫撞击坑着陆。"机遇号"（Opportunity）于 2003 年 7 月 7 日发射升空，2004 年 1 月 25 日在梅里迪亚尼平原着陆。与以前的"火星探路者"一样，"机遇号"和"勇气号"也采用气囊方式软着陆[13]。

　　"勇气号"的主要任务是探测火星上是否存在水和生命，并分析其物质成分，以推断火星能否通过改造适合生命生存。"机遇号"的主要任务是搜寻具有水流动过痕迹的大范围岩石和土壤。为了搜寻到水存在的证据，"机遇号"也获得了大量天文和大气的资料。"勇气号"和"机遇号"都实现超期服役。

　　7. "火星勘测轨道器"

　　2005 年 8 月 12 日，美国发射了"火星勘测轨道器"（Mars Reconnaissance Orbiter，MRO，图 1.3.11）。它是基于气动减速原理设计的，在进入环绕火星轨道飞行后，利用火星大气阻力作用进行了 5 个月的气动减速，于 2006 年 3 月 11 日进入高度为 300 km、倾角为 92.6°的环火目标轨道[14]。"火星勘测轨道器"搭载了更为先进的通信系统，带宽超过之前任务的总和；携带了分辨率高达 0.3 m 的科学实验相机——HiRISE、火星气候探测仪和浅层地下雷达等。根据 2009 年"火星勘测轨道器"的雷达测量数据显示，火星北极地区冰盖下存在大量冰，总量约等于地球上格陵兰岛冰块的 30%。

图 1.3.11　"火星勘测轨道器"

（图像来源：NASA/JPL）

8．"凤凰号"

2007 年 8 月 4 日美国发射了"凤凰号"（Phoenix，图 1.3.12）火星探测器，它于 2008 年 5 月 25 日在火星北纬 68°的极区着陆。"凤凰号"到达火星后，以受控方式进入火星大气层，通过重心偏置产生一定的升阻比，采用改进的"阿波罗"导引方式大幅度减小着陆误差，确保其着陆点在预定位置 15 km 范围内。"凤凰号"采用了经典的支架式着陆，是继"海盗 2 号"在 1976 年着陆之后，唯——个未使用气囊缓冲技术而成功着陆火星的探测器。2008 年 6 月 20 日，"凤凰号"确认发现了水冰。2008 年 11 月，火星进入冬季，"凤凰号"与地面控制中心失去联络，随后任务结束。

图 1.3.12　"凤凰号"

（图像来源：NASA/JPL）

9．"好奇号"

继"凤凰号"之后，美国于 2011 年 11 月 26 日发射了"火星科学实验室"（Mars Science Laboratory，MSL），又名"好奇号"（Curiosity，图 1.3.13），它于 2012 年 8 月 6 日成功着陆火星赤道附近的盖尔撞击坑。与以前"勇气号"和"机遇号"所采用的气囊缓冲方式不同，"好奇号"火星车在着陆的最后阶段，采用一种称为"空中吊车"的新型着陆方式，用以提高着陆点精度，并可将着陆点控制在 20 km×7 km 的椭圆范围内，显著优于"勇气号"和"机遇号"的着陆精度（150 km×20 km）。

图 1. 3. 13　"好奇号"拍摄的自拍照

（图像来源：NASA）

　　"好奇号"的主要任务是探测火星气候及地质，特别是探测"盖尔撞击坑"（Gale Crater）内的环境是否曾经能够支持生命的存在，探测火星上的水及研究未来载人火星探测的可行性。与之前其他火星探测任务相比，"好奇号"携带了更多先进科学仪器，例如搭载了激光化学检测仪，可在 13 m 外分析岩石的组成，如图 1. 3. 14 所示。2015 年 9 月 26 日，美国航空航天局科学家报告"好奇号"发现火星土壤含有丰富的水分（约占质量的 1.5% ~ 3%），这表明火星有足够的水资源可供给未来火星移民。

图 1. 3. 14　"好奇号"拍摄的盖尔环形山崖径侵蚀照

（图像来源：NASA/JPL）

10. "曼加里安号"

2013 年 11 月 5 日，印度发射了"火星轨道探测器"（Mars Orbiter Mission，MOM），又称"曼加里安号"（Mangalyaan，图 1.3.15、图 1.3.16），并于 2014 年 9 月 24 日成功进入近心点 365 km、远心点 80 000 km 的环绕火星轨道，也使得印度成为亚洲第一个实现火星环绕探测的国家。"曼加里安号"携带四台科学设备和一台相机，其主要任务是分析火星大气和获得火星的地质地貌，以及寻找甲烷，证明火星曾有生物存在。

图 1.3.15　"曼加里安号"实物图　　　　图 1.3.16　"曼加里安号"概念图

（图像来源：ISRO）　　　　　　　　　（图像来源：ISRO）

11. 火星大气与挥发物演化任务探测器

2013 年 11 月 18 日，美国发射了火星大气与挥发物演化任务探测器（Mars Atmosphere and Volatile Evolution Mission，MAVEN，图 1.3.17），它于 2014 年 9 月 22 日进入近心点 150 km、远心点 6 200 km 的椭圆轨道。MAVEN 的主要任务是探究火星大气失踪之谜，并寻找火星早期水源及二氧化碳消失的原因。

12. 微量气体轨道探测器

2016 年 3 月 14 日，欧空局与俄罗斯合作的微量气体轨道探测器 TGO（Trace Gas Orbiter）成功发射；同年 10 月 17 日，该任务的两个探测器——TGO 及

Schiaparelli 探测器分离，TGO 探测器于 10 月 19 日成功进入火星环绕轨道，Schiaparelli 探测器在着陆过程中不幸坠毁。TGO 探测器携带高灵敏的光谱仪，可分析甲烷气体的来源，绘制火星甲烷分布图，揭示火星甲烷气体的来源之谜。

图 1.3.17 MAVEN 概念图

（图像来源：NASA/JPL）

13. "洞察号"探测器

2018 年 5 月 5 日美国发射了"洞察号"（Insight）探测器，同年 11 月 26 日它在火星成功着陆，它是首个研究火星内部结构的探测器。"洞察号"探测器通过地震调查、测地学及热传导实施内部探测。2019 年 2 月 19 日起，根据"洞察号"探测器提供的数据，美国航空航天局开始在网上发布火星每日天气报告，提供火星气温、风速、气压等信息。

14. "天问一号"探测器

2020 年 7 月 23 日中国成功发射了"天问一号"探测器（图 1.3.18），执行首次自主火星探测任务，通过一次任务实现火星环绕、着陆和巡视探测。"天问一号"探测器由环绕器、着陆器和巡视器组成，总质量在 5 t 左右，其中火星车（巡视器）称为"祝融号"。2021 年 5 月 15 日，"天问一号"探测器成功着陆于火星乌托邦平原南部预选着陆区。"祝融号"火星车将开展巡视区地形地貌和地质构造、土壤结构、大气与表面环境探测，以及水冰、元素、矿物和岩石类型探查。

图1.3.18　"天问一号"探测器携带的分离测量传感器拍摄飞行图像

（图像来源：国家航天局）

15. "希望号"

2020年7月20日，阿联酋的首枚火星探测器"希望号"（Hope）在日本种子岛航天中心发射升空。该探测器由阿联酋和美国共同研制，于2021年2月9日捕获进入火星环绕轨道。"希望号"主要开展火星大气层的监测，拍摄火星大气层图像，并研究火星大气的日常和季节变化，获取火星任意地理位置上低层大气的全天变化信息，以及低层和高层大气之间的联系。

16. "毅力号"

2020年7月30日美国发射了"毅力号"（Perseverance）火星探测器，它于2021年2月19日成功着陆在火星杰泽罗陨石坑。它携带的"机智号"火星直升机于2021年4月19日成功在火星表面起飞，验证了旋翼飞行器地外天体飞行技术。"毅力号"将搜寻火星上过去生命存在的证据，寻找微生物化石迹象，并从火星岩石中提取生物标记，采集并保存火星样本。

历次火星任务的相关信息（截至2021年10月），如表1.3.1所示。

表1.3.1　历次火星探测任务[15]

任务名称	发射日期，国家（组织）	任务类型	探测情况
水手4号（Mariner 4）	1964年11月28日，美国	飞越	成功飞越火星，并传送回第一幅火星表面的图像
水手6号（Mariner 6）	1969年2月24日，美国	飞越	成功飞越火星，传送回75幅火星图像并进行大气观测

续表

任务名称	发射日期，国家（组织）	任务类型	探测情况
水手 7 号（Mariner 7）	1969 年 3 月 27 日，美国	飞越	成功飞越火星，获得 126 幅火星图像并进行大气观测
火星 3 号（Mars 3）	1971 年 5 月 28 日，苏联	着陆	世界上第一颗成功在火星表面软着陆的探测器，但着陆十几秒后即失去联系
水手 9 号（Mariner 9）	1971 年 5 月 30 日，美国	环绕	进入火星轨道，提供了完整的火星地貌图，并对火星大气层进行了研究
火星 5 号（Mars 5）	1973 年 7 月 26 日，苏联	环绕	1974 年 2 月 12 日进入火星环绕轨道
海盗 1 号（Viking 1）	1975 年 8 月 20 日，美国	环绕、着陆	1976 年 7 月 20 日在 Chryse 平原斜坡软着陆，工作至 1980 年 8 月
海盗 2 号（Viking 2）	1975 年 9 月 9 日，美国	环绕、着陆	成功软着陆，工作至 1978 年 7 月，共传回了近 16 000 幅图像
福布斯 2 号（Phobos 2）	1988 年 7 月 12 日，苏联	环绕、探测火卫一	1989 年 1 月 28 日进入环绕火星飞行轨道；2 月 23 日，与火卫一近距离交会。其拍摄了火卫一的图像，并得到了火卫一的引力场数据
火星全球勘测者（Mars Global Surveyor）	1996 年 11 月 7 日，美国	环绕	采用气动减速进入火星极轨，发现火星北极地区冰盖下存在大量水冰
火星探路者（Mars Pathfinder）	1996 年 12 月 4 日，美国	着陆	1997 年 7 月 4 日在火星阿瑞斯平原着陆。其首次在火星上使用漫游车，找到了火星发生过洪水的有力证据

续表

任务名称	发射日期，国家（组织）	任务类型	探测情况
火星奥德赛号（Mars Odyssey）	2001 年 4 月 7 日，美国	环绕	采用了大气制动的方法将大偏心率的捕获轨道变成圆形的工作轨道，探测了火星的气候、地貌、辐射等情况
火星快车号（Mars Express）	2003 年 6 月 2 日，欧空局	环绕	欧洲的第一个火星探测器，其主要任务是寻找火星上生命的痕迹。"小猎犬 2 号"在火星着陆过程中失败
小猎犬 2 号（Beagle‑2）		着陆	
勇气号（Spirit）	2003 年 6 月 10 日，美国	着陆	2004 年 1 月 3 日在火星南半球的古谢夫陨石坑成功着陆，工作至 2009 年 10 月。其间发回大量有科学价值的图像，并找到火星存在水的证据
机遇号（Opportunity）	2003 年 7 月 7 日，美国	着陆	2004 年 1 月 25 日成功着陆，开展火星巡视探测长达六年。其首次在火星上发现陨石，并抵达维多利亚陨坑，对其进行了为期两年多的勘测
火星勘测轨道器（Mars Reconnaissance Orbiter）	2005 年 8 月 12 日，美国	环绕	2006 年 3 月 10 日成功入轨，随后进入 3 657.5 km 的近圆近极轨（92.6°）的工作轨道。其主要任务是勘察火星气候和探测火星浅表层等。2007 年 2 月，探测器出现故障，随后结束任务
凤凰号（Phoenix）	2007 年 8 月 4 日，美国	着陆	2008 年 5 月 25 日成功着陆，成为人类历史上第一个降落在火星北极区的探测器。其确认了火星上存在水，于 2008 年 11 月与地面失去联系

续表

任务名称	发射日期，国家（组织）	任务类型	探测情况
火星科学实验室（Mars Science Laboratory）	2011 年 11 月 26 日，美国	着陆	2012 年 8 月 6 日成功着陆，是首辆采用核动力驱动的火星车，发现了火星有足够的水资源
曼加里安号（Mangalyann）	2013 年 11 月 5 日，印度	环绕	2014 年 9 月 24 日成功入轨，随后进入近心点 365 km、远心点 80 000 km 的椭圆轨道，其主要任务是分析火星大气、探测火星地形地貌
火星大气与挥发物演化探测器（MAVEN）	2013 年 11 月 18 日，美国	环绕	2014 年 9 月 21 日成功入轨，随后进入近心点 150 km、远心点 6 200 km 的椭圆轨道，其主要任务是探究火星大气失踪之谜
微量气体轨道探测器（TGO）	2016 年 3 月 14 日，欧空局	环绕，着陆	2016 年 10 月 19 日成功入轨，随后进入近心点 200 km、远心点 37 150 km 的椭圆轨道，但探测器 Schiaparelli 在着陆过程中不幸坠毁
洞察号（Insight）	2018 年 5 月 5 日，美国	着陆	2018 年 11 月 27 日成功着陆。其主要任务是通过地震调查、测地学及热传导实现内部探测
天问一号（Tianwen 1）	2020 年 7 月 13 日，中国	环绕，着陆	中国首次自主火星探测任务，于 2021 年 2 月 10 日成功捕获进入火星环绕轨道，5 月 15 日着陆巡视器成功着陆于乌托邦平原南部，其主要任务是探测火星生命活动信息，火星演化历程以及与类地行星的比较研究

续表

任务名称	发射日期，国家（组织）	任务类型	探测情况
希望号（Hope）	2020 年 7 月 20 日，阿联酋	环绕	2021 年 2 月 9 日成功入轨，其主要任务是探测火星大气层并监测气候变化
毅力号（Perseverance）	2020 年 7 月 30 日，美国	着陆	2021 年 2 月 19 日在火星杰泽罗陨石坑着陆；4 月 19 日，其搭载的"机智号"直升机在火星表面起飞。主要任务是搜寻火星远古生命迹象，研究陨坑地质结构，采集并保存火星样本

由以上火星探测的历程和任务可以看出，随着航天技术的进步，人类探测火星的方式也在不断演化，将经历以下几个阶段：

（1）飞越火星或硬着陆，探测火星环境并拍摄火星图像。

（2）进入火星绕飞轨道，获取火星全球信息。

（3）火星表面软着陆，利用火星车在火星表面移动做大范围的考察，拍摄局部地区的高分辨率图像，分析火星表面土壤，探究生命所需元素的存在性。

（4）火星土壤采样返回，利用地面仪器对其进行详查。

（5）载人火星着陆及往返任务。这也是人类未来火星探测最具挑战性的阶段。

参 考 文 献

［1］喻圣贤.深空探测中的轨道分析、设计与控制［D］.南京：南京大学,2013.

［2］李桢.载人火星探测任务轨道和总体方案研究［D］.长沙：国防科学技术大学,2011.

［3］李军锋.基于精确动力学模型的火星探测轨道设计研究［D］.北京：清华大学,2012.

［4］KONOPLIV A S,ASMAR S W,FOLKNER W M,et al. Mars high resolution gravity fields from MRO, Mars seasonal gravity, and other dynamical parameters [J]. Icarus,2011,211(1):401 – 428.

[5] LODDERS K,FEGLEY B. The planetary scientist's companion [M]. New York: Oxford University Press,1998.

[6] MURCHIE S L,THOMAS P C,RIVKIN A S,et al. Phobos and Deimos [J]. Asteroids Ⅳ,2015,4:451.

[7] MICHEL C. Handbook of satellite orbits:from Kepler to GPS [M]. New York: Springer Science & Business,2014.

[8] RASOOL S I,HOGAN J S,STEWART R W,et al. Temperature distributions in the lower atmosphere of Mars from Mariner 6 and 7 radio occultation data[J]. Journal of the atmospheric sciences,1970,27(5):841 – 843.

[9] HESS S L,RYAN J A,TILLMAN J E,et al. The annual cycle of pressure on Mars measured by Viking Landers 1 and 2 [J]. Geophysical research letters,2013, 7(3):197 – 200.

[10] MELLON M T,JAKOSKY B M,KIEFFER H H,et al. High – resolution thermal inertia mapping from the Mars Global Surveyor Thermal Emission Spectrometer [J]. Icarus,2015,148(2):437 – 455.

[11] SMITH J C,BELL J L. 2001 Mars Odyssey aerobraking[J]. Journal of spacecraft and rockets,2015,42(3):406 – 415.

[12] BIBRING J P,LANGEVIN Y,MUSTARD J F,et al. Global mineralogical and aqueous Mars history derived from OMEGA/Mars Express data [J]. Science, 2006,312(5772):400 – 404.

[13] MADSENM B. Magnetic Properties Experiments on the Mars Exploration Rover mission[J]. Journal of geophysical research,2003,108(E12):185 – 189.

[14] LONG S M,YOU T H,HALSELL C A,et al. Mars Reconnaissance Orbiter aerobraking navigation operation[C]//SpaceOps 2008 Conference,2008:3349.

[15] 陈若颖.火星探测史[J].百科探秘:航空航天,2020(7):5 – 13.

第2章
火星探测转移轨道基础理论

本章主要介绍火星探测转移轨道设计与分析的基础理论。2.1 节对时间系统及其相互转换进行介绍，2.2 节重点阐述火星探测轨道涉及的坐标系统及其转换关系，2.3 节简要讨论轨道力学中的二体问题，2.4 节介绍火星探测任务轨道涉及的一些基本原理与计算方法。

■ 2.1 火星探测中的时间系统

2.1.1 时间系统

对于火星探测而言，既需要一个探测器状态测量的确定时间，又需要一个反映探测器运动历程的均匀时间间隔。因此，需要建立相应的时间基准。探测器轨道计算所涉及的时间基准主要有以下几种。[1-5]

1）国际原子时

国际原子时（international atomic time，TAI）是一种基于原子能迁频率的时间系统，具有极高的稳定性和精密度，是一个均匀的时间尺度。

2）质心动力学时

质心动力学时（barycentric dynamic time，TDB）是一种基于太阳系质心坐标系中天体相对太阳质心运动采用的时间系统。质心动力学时主要用于太阳系中天体的星历描述，其秒长采用国际原子时的定义。

3）地球时

地球时（terrestrial time，TT）是一种基于地球质心坐标系，描述天体相对地球质心运动所采用的时间系统，即原地球动力学时（terrestrial dynamic time，TDB）。地球时主要用于在近地空间运动的天体的星历描述，其秒长采用国际原子时的定义。

4）世界时

世界时（universal time，UT）是基于地球自转运动的时间系统，对地球自转轴的极移效应进行修正后的世界时称为一类世界时（UT1），该时间系统可真实地反映地球自转的统一时间。

5）协调世界时

协调世界时（coordinated universal time，UTC）是一种既具有均匀时间尺度又能反映地球自转特性的时间系统。协调世界时通常作为探测器从地面发射和飞行跟踪的时间记录标准，其时间计量单位为原子时的秒长。

6）儒略日

儒略日（Julian day，JD）是一种以天数为单位计算两个日期之间相隔天数的记时法，其起始点为公元前 4713 年 1 月 1 日世界时的 12:00。由于儒略日的记数位较长，国际天文联合会引入了简化儒略日（modified Julian day，MJD），其定义为：MJD = JD − 2400000.5。

2.1.2　时间系统之间的转换

在天体运动的实际计算过程中，涉及不同时间系统之间的转换，下面将对此进行简要介绍。

1）UTC 与 UT1 的关系

国际地球自转服务（International Earth Rotation Service，IERS）是专门从事地球自转参数服务和参考系建立的国际组织，其定期提供 UTC 与 UT1 的关系。这两者之间的转换关系为

$$\Delta UT1 = UT1 - UTC \tag{2.1.1}$$

IERS 每周发布一次 $\Delta UT1$ 的预测值，每月发布一次经过天文观测后并处理得到的准确值，$\Delta UT1$ 的绝对值在 0.9 s 之内。

2）UTC 与 TAI 的关系

UTC 与 TAI 之间的关系由 IERS 协议提供，两者之间的转换关系为

$$\Delta UTC = TAI - UTC \qquad (2.1.2)$$

1972 年以后的 ΔUTC 可在 IERS 的官方网站上查表得到。

3）TAI 与 TT 的关系

TT 采用 TAI 的秒长，只是两者的初始历元不同，因此 TAI 与 TT 之间的偏差为常值，可表示为

$$TT - TAI = 32.184(s) \qquad (2.1.3)$$

4）TDB 和 TT 的关系

TDB 与 TT 之间的关系可根据相对论公式推导得出，其可近似表示为

$$TDB - TT \approx 1.918\,981\,15 \times 10^{-8} \sin E_{EM} + 2.399\,305 \times 10^{-2} \sin(L_S - L_J)$$

$$(2.1.4)$$

式中，E_{EM}——地月系质心的偏近点角；

L_S, L_J——太阳和木星的平黄经。

2.2　火星探测中的坐标系统及其转换

探测器行星际飞行状态的描述离不开坐标系统。火星探测器的飞行轨道通常分为地心飞行段、日心飞行段和火心飞行段。为了便于计算和描述，在不同的飞行阶段选择了不同的坐标系统。本节将对地心坐标系统、日心坐标系统和火心坐标系统进行简要介绍。

2.2.1　地心坐标系统

1. 地心赤道惯性坐标系统

地心赤道惯性坐标系的基本定义：坐标系的原点为地球质心；X 轴在地球赤道面内指向春分点；Z 轴垂直于地球赤道面；Y 轴、X 轴和 Z 轴垂直，构成右手坐标系。由于地球赤道面和春分点参考基准定义的不同，常用的地心赤道惯性坐标系分为以下三种[2,4-5]。

1）标准历元地心平赤道惯性坐标系

标准历元定义为地球时（TT）2000 年 1 月 1 日 12 时。标准历元地心平赤道

惯性坐标系简称为 J2000 地心惯性坐标系，其参考基准为标准历元时刻的地球平赤道面和标准历元时刻的平春分点。

2）瞬时真赤道地心惯性坐标系

瞬时真赤道地心惯性坐标系的参考基准为瞬时的地球真赤道面和瞬时的真春分点。

3）瞬时平赤道地心惯性坐标系

瞬时平赤道地心惯性坐标系的参考基准为瞬时的地球平赤道面和瞬时的平春分点，该坐标系是通过对瞬时真赤道地心惯性坐标系进行章动修正后得到的。

2. 地心固连坐标系统

为了便于描述探测器相对于地球表面的状态信息，需要定义与地球表面固连的坐标系统，常用的与地球表面固连的坐标系有地心固连坐标系和协议地球坐标系。

1）地心固连坐标系

地心固连坐标系的坐标原点为地球质心；X 轴在地球的真赤道面内，指向格林尼治子午线与赤道的交点；Z 轴垂直于真赤道面指向地球北极方向；Y 轴、X 轴和 Z 轴垂直，构成右手坐标系。

2）协议地球坐标系

由于地球存在极移运动，因此地心固连坐标系也随时间变化。为了便于描述地面点的位置，通常采用与地球固连的协议地球坐标系。协议地球坐标系的参考基准为国际协议地极（conventional terrestrial pole，CTP）和与其对应的协议赤道面，通过 CTP 和格林尼治天文台的子午线与协议赤道的交点为经度零点。协议地球坐标系定义为：坐标原点为地球质心；X 轴在协议赤道面内指向经度零点；Z 轴指向协议地极 CTP；Y 轴、X 轴和 Z 轴垂直，构成右手坐标系。

3. 地心坐标系之间的转换

为了方便描述坐标系之间的转换关系，定义 $\boldsymbol{R}_X(\alpha)$、$\boldsymbol{R}_Y(\alpha)$、$\boldsymbol{R}_Z(\alpha)$ 分别为绕坐标系 X 轴、Y 轴和 Z 轴旋转 α 角形成的旋转矩阵。

1）J2000 地心惯性坐标系与瞬时平赤道地心惯性坐标系的转换

这两个坐标系之间的差别是由岁差带来的，岁差是春分点在黄道上发生西移而产生的。假设空间点 P 在 J2000 地心惯性坐标系中的位置矢量为 $\boldsymbol{r}_{E1}$，在瞬时平赤道地心惯性坐标系中的位置矢量为 $\boldsymbol{r}_{E2}$，则由 $\boldsymbol{r}_{E1}$ 到 $\boldsymbol{r}_{E2}$ 的坐标转换关系为

$$r_{E2} = R_P r_{E1} \tag{2.2.1}$$

式中，R_P——岁差旋转矩阵，它由 3 个旋转矩阵构成，表示为

$$R_P = R_Z(-z_A) R_Y(\theta_A) R_Z(-\zeta_A) \tag{2.2.2}$$

ζ_A, θ_A, z_A——等效岁差参数，根据 IAU2000A 岁差模型定义得出：

$$\zeta_A = 2.597\,617\,6'' + 2\,306.080\,950\,6''T + 0.301\,901\,5''T^2$$
$$+ 0.017\,966\,3''T^3 - 0.000\,032\,7''T^4 - 0.000\,000\,2''T^5 \tag{2.2.3}$$

$$\theta_A = 2\,004.191\,747\,6''T - 0.426\,935\,3''T^2 - 0.041\,825\,1''T^3$$
$$- 0.000\,060\,1''T^4 - 0.000\,000\,1''T^5 \tag{2.2.4}$$

$$z_A = -2.597\,617\,6'' + 2\,306.080\,322\,6''T + 1.094\,779\,0''T^2$$
$$+ 0.018\,227\,3''T^3 + 0.000\,047\,0''T^4 - 0.000\,000\,3''T^5 \tag{2.2.5}$$

式中，T——标准历元 J2000.0 至当前历元 JD 的儒略世纪数，表示为

$$T = \frac{\text{JD} - 2\,451\,545.0}{36\,525} \tag{2.2.6}$$

2）瞬时平赤道地心惯性坐标系与瞬时真赤道地心惯性坐标系的转换

这两个坐标系之间的差异是由地球自转轴章动带来的。假设空间点 P 在瞬时真赤道地心惯性坐标系中的位置矢量为 r_{E3}，则由 r_{E2} 到 r_{E3} 的坐标转换关系为

$$r_{E3} = R_N r_{E2} \tag{2.2.7}$$

式中，R_N——章动旋转矩阵，它也由 3 个旋转矩阵构成，表示为

$$R_N = R_X(-\varepsilon - \Delta\varepsilon) R_Z(-\Delta\psi) R_X(\varepsilon) \tag{2.2.8}$$

式中，ε——黄赤交角；

$\Delta\varepsilon$——交角章动；

$\Delta\psi$——黄经章动。

黄赤交角 ε 的表达式为

$$\varepsilon = 23°26'21''.448 - 46''.815\,0T - 0''.000\,59T^2 + 0''.001\,813T^3 \tag{2.2.9}$$

式中，T——式（2.2.6）中定义的儒略世纪数。

根据 IAU 2000A 章动模型，黄经章动 $\Delta\psi$ 和交角章动 $\Delta\varepsilon$ 的计算公式为

$$\Delta\psi = \sum_{i=1}^{678} (A_i + A_i'T)\sin\beta + (A_i'' + A_i'''T)\cos\beta \tag{2.2.10}$$

$$\Delta\varepsilon = \sum_{i=1}^{678} (B_i + B'_i T)\cos\beta + (B''_i + B'''_i T)\sin\beta \qquad (2.2.11)$$

章动模型中包含与日月引力相关和与行星相关的 678 项，其具体系数定义与幅角 β 的计算可参见 IERS 网站。

3）J2000 地心惯性坐标系与瞬时真赤道地心惯性坐标系的转换

由式（2.2.1）、式（2.2.7）可以得到由 r_{E1} 到 r_{E3} 的坐标转换关系为

$$r_{E3} = R_N R_P r_{E1} \qquad (2.2.12)$$

4）瞬时真赤道地心惯性坐标系与地心固连坐标系的转换

这两个坐标系之间的差别是由地球自转造成的。假设空间点 P 在地心固连坐标系中的位置矢量为 r_{E4}，则由 r_{E3} 到 r_{E4} 的坐标转换关系为

$$r_{E4} = R_W r_{E3} \qquad (2.2.13)$$

式中，R_W——地球自转转换矩阵，表示为

$$R_W = R_Z(S_A) \qquad (2.2.14)$$

式中，S_A——格林尼治真恒星时，表示为

$$S_A = S_M + \Delta\psi\cos(\varepsilon + \Delta\varepsilon) \qquad (2.2.15)$$

式中，S_M——格林尼治平恒星时。

5）地心固连坐标系与协议地球坐标系的转换

这两个坐标系之间的差别是由地球极移造成的。假设空间点 P 在协议地球坐标系中的位置矢量为 r_{E5}，则由 r_{E4} 到 r_{E5} 的坐标转换关系为

$$r_{E5} = R_M r_{E4} \qquad (2.2.16)$$

式中，R_M——极移旋转矩阵，表示为

$$R_M = R_Y(-x_p)R_X(-y_p) \qquad (2.2.17)$$

式中，(x_p, y_p)——地极的瞬时坐标，可由 IERS 的公报得到。

基于给出的坐标旋转矩阵 R_P，R_N，R_W 和 R_M，可以实现任意两个地心坐标系之间的转化，这里不再赘述。

2.2.2　日心坐标系统

火星探测器逃逸地球引力场后，将进入以太阳为主引力的区域。此时，在日心坐标系中描述探测器的运动状态更为方便。下面将对日心坐标系统进行简要介绍。

1. 日心坐标系的定义

1）J2000 日心黄道惯性坐标系

J2000 日心黄道惯性坐标系的原点为太阳质心；X 轴在黄道面内指向标准历元平春分点；Z 轴垂直于黄道面；Y 轴、X 轴和 Z 轴垂直，构成右手坐标系。

2）J2000 日心赤道惯性坐标系

J2000 日心赤道惯性坐标系是由 J2000 地心赤道惯性坐标系平移得到的。该坐标系的原点为太阳的质心；X 轴在标准历元时刻对应的地球平赤道面内指向平春分点；Z 轴垂直于地球赤道面；Y 轴、X 轴和 Z 轴垂直，构成右手坐标系。

2. 日心坐标系之间的转换

这两个坐标系之间的差别是由黄赤交角带来的。假设空间点 P 在 J2000 日心黄道惯性坐标系中的位置矢量为 $\boldsymbol{r}_{S1}$，在 J2000 日心赤道惯性坐标系中的位置矢量为 $\boldsymbol{r}_{S2}$，则由 $\boldsymbol{r}_{S1}$ 到 $\boldsymbol{r}_{S2}$ 的坐标转换关系为

$$\boldsymbol{r}_{S1} = \boldsymbol{R}_S \boldsymbol{r}_{S2} \qquad (2.2.18)$$

式中，$\boldsymbol{R}_S$ 的表达式为

$$\boldsymbol{R}_S = \boldsymbol{R}_X(\varepsilon) \qquad (2.2.19)$$

式中，ε ——黄赤交角，计算方法可参考式（2.2.9）。

2.2.3 火心坐标系统

火星探测器经过行星际飞行后到达火星附近，将进入以火星为主引力的区域，进行捕获、环绕及着陆探测。此时在火心坐标系统下描述探测器的运动状态，主要涉及四种火心坐标系——J2000 火心平赤道坐标系、瞬时火心平赤道惯性坐标系、J2000 火心天球坐标系、火星固连坐标系[2,6-7]。

1. 火心坐标系的定义

1）J2000 火心平赤道坐标系

J2000 火心平赤道坐标系的参考基准为 J2000.0 时刻火星平赤道面和平北极。该坐标系的原点为火星的质心；X 轴在火星平赤道面内指向火星的历元平春分点，即 J2000 地球平赤道与 J2000 火心平赤道的交点方向；Z 轴指向火星的平北极方向；Y 轴、X 轴和 Z 轴垂直，构成右手坐标系。

2）瞬时火星平赤道惯性坐标系

瞬时火星平赤道惯性坐标系的参考基准为瞬时火星平赤道面和瞬时平北极。该坐标系的原点为火星的质心；X 轴在火星平赤道面内指向火星的瞬时平春分点，即 J2000 地球平赤道与瞬时火星平赤道的交点方向；Z 轴指向火星的平北极方向；Y 轴、X 轴和 Z 轴垂直，构成右手坐标系。

3）J2000 火心天球坐标系

J2000 火心天球坐标系的 XY 平面是 J2000 的地球平赤道面，可由 J2000 地心惯性坐标系平移得到。该坐标系的原点为火星的质心；X 轴在标准历元时刻对应的地球平赤道面内指向平春分点；Z 轴垂直于地球赤道面；Y 轴、X 轴和 Z 轴垂直，构成右手坐标系。

4）火星固连坐标系

火星固连坐标系的坐标原点为火星质心，XY 平面为与自转轴垂直的火星赤道面，X 轴为赤道面与火星本初子午面交线方向；Z 轴垂直于火星赤道面指向火星北天极方向（即火星自转轴方向）；Y 轴、X 轴和 Z 轴垂直，构成右手坐标系。

2. 火心坐标系之间的转换

1）瞬时火星平赤道坐标系与 J2000 火星平赤道坐标系间的转换

J2000 地球平赤道与 J2000 火星平赤道及瞬时火星平赤道之间的空间几何关系，如图 2.2.1 所示。该图反映了因岁差引起的火星平赤道面变化。图中的点 Q 和点 Q' 分别为火星坐标系统中的历元平春分点和瞬时平春分点。α_{m0}、δ_{m0} 为 J2000 时火星平极的赤经、赤纬，有 $\alpha_{m0} = 317.681\,43°$，$\delta_{m0} = 52.886\,50°$；$\alpha_m$、$\delta_m$ 为 t 时刻瞬时火星平极的赤经、赤纬，有

$$\alpha_m = 317.681\,43° - 0.106\,1°T \qquad (2.2.20)$$

$$\delta_m = 52.886\,50° - 0.060\,9°T \qquad (2.2.21)$$

式中，T——式（2.2.6）定义的儒略世纪数。

若分别用 r_{M1} 和 r_{M2} 记作 J2000 火星平赤道坐标系和瞬时火星平赤道坐标系中探测器的位置矢量，则它们之间的转换关系为

$$r_{M2} = R_P^m r_{M1} \qquad (2.2.22)$$

式中，R_P^m——火星岁差矩阵，

$$R_P^m = R_X(90° - \delta) R_Z(\alpha_0 - \alpha) R_X(90° - \delta_0) \qquad (2.2.23)$$

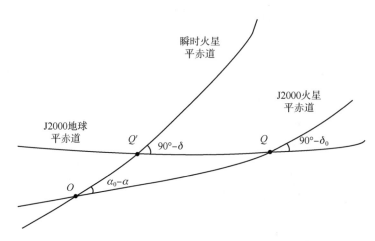

图 2.2.1 J2000 火星平赤道与瞬时火星平赤道

2）J2000 火星平赤道坐标系与火星固连坐标系间的转换

假设探测器在火星固连坐标系中的位置矢量为 r_{M3}，那么在不考虑火星地极移动和天极章动的前提下，这两个坐标系之间的转换关系为

$$r_{M3} = R_M^m r_{M1} \qquad (2.2.24)$$

式中，坐标转换矩阵 R_M^m 表示为

$$R_M^m = R_R^m R_P^m \qquad (2.2.25)$$

式中，R_R^m——火星自转矩阵，

$$R_R^m = R_Z(W)，W = 176.630° + 350.891\ 982\ 26°d \qquad (2.2.26)$$

式中，d——自 J2000 起算的儒略日。

3）瞬时火星平赤道坐标系与 J2000 火心天球坐标系间的转换

假设探测器在 J2000 火心天球坐标系中的位置矢量为 r_{M4}，则由 r_{M1} 到 r_{M4} 的坐标转换关系为

$$r_{M4} = R_H r_{M1} \qquad (2.2.27)$$

式中，R_H 表示为

$$R_H = R_X(90° - \delta_m) R_Z(90° + \alpha_m) \qquad (2.2.28)$$

■ 2.3 火星探测中的二体轨道力学理论

二体轨道力学理论在火星探测中经常用到，本节将简要介绍二体问题的运动

方程及解，论述在二体问题框架下的轨道根数与位置、速度之间的关系。

2.3.1　二体动力学方程

在惯性坐标系中，假设天体 P_1 和 P_2 的质量分别为 m_1 和 m_2，它们的位置矢量分别为 $\boldsymbol{r}_1$ 和 $\boldsymbol{r}_2$，如图 2.3.1 所示，则它们之间的相对位置矢量 $\boldsymbol{r}$ 为

$$\boldsymbol{r} = \boldsymbol{r}_1 - \boldsymbol{r}_2 \tag{2.3.1}$$

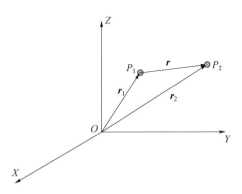

图 2.3.1　二体问题的几何关系

假设 P_1 和 P_2 的质量中心 C 点的位置矢量为 $\boldsymbol{r}_c$，将质量与位置矢量的乘积相加，可得

$$m_1(\boldsymbol{r}_1 - \boldsymbol{r}_c) + m_2(\boldsymbol{r}_2 - \boldsymbol{r}_c) = \mathbf{0} \tag{2.3.2}$$

将式（2.3.1）代入式（2.3.2），消去 $\boldsymbol{r}_2$，可得

$$\boldsymbol{r}_1 - \boldsymbol{r}_c = \frac{m_2}{m_1 + m_2}\boldsymbol{r} \tag{2.3.3}$$

同理，消去 $\boldsymbol{r}_1$，可得

$$\boldsymbol{r}_2 - \boldsymbol{r}_c = -\frac{m_1}{m_1 + m_2}\boldsymbol{r} \tag{2.3.4}$$

式（2.3.3）和式（2.3.4）分别表示质量中心 C 到 P_1 和 P_2 的相对位置矢量。再假设作用于 P_1 的力为 $\boldsymbol{F}_1$，作用于 P_2 的力为 $\boldsymbol{F}_2$，则

$$\begin{cases} \boldsymbol{F}_1 = m_1\ddot{\boldsymbol{r}}_1 = m_1\ddot{\boldsymbol{r}}_c + \dfrac{m_1 m_2}{m_1 + m_2}\ddot{\boldsymbol{r}} \\[3mm] \boldsymbol{F}_2 = m_2\ddot{\boldsymbol{r}}_2 = m_2\ddot{\boldsymbol{r}}_c - \dfrac{m_1 m_2}{m_1 + m_2}\ddot{\boldsymbol{r}} \end{cases} \tag{2.3.5}$$

根据牛顿第三运动定律可得

$$\boldsymbol{F}_1 = -\boldsymbol{F}_2 \qquad (2.3.6)$$

将式 (2.3.5) 代入式 (2.3.6)，可得

$$m_1\ddot{\boldsymbol{r}}_c = -m_2\ddot{\boldsymbol{r}}_c \qquad (2.3.7)$$

式 (2.3.7) 只有在 $\ddot{\boldsymbol{r}}_c = 0$ 时才成立，因此二体系统的质量中心无加速度。将此结果用于式 (2.3.5)，可得

$$\boldsymbol{F}_1 = -\boldsymbol{F}_2 = \frac{m_1 m_2}{m_1 + m_2}\ddot{\boldsymbol{r}} \qquad (2.3.8)$$

由牛顿万有引力定律可得

$$\boldsymbol{F}_1 = -\boldsymbol{F}_2 = -G\frac{m_1 m_2}{r^3}\boldsymbol{r} \qquad (2.3.9)$$

将式 (2.3.8) 代入式 (2.3.9)，可得

$$\ddot{\boldsymbol{r}} + \frac{\mu}{r^3}\boldsymbol{r} = 0 \qquad (2.3.10)$$

式中，$\mu = G(m_1 + m_2)$。

式 (2.3.10) 是 P_1 相对于 P_2 的运动方程，也是二体系统的基本运动方程。对于环绕火星飞行的探测器而言，$\mu = G(m_1 + m_2) \approx 42\ 840\ \text{km}^3/\text{s}^2$。

式 (2.3.10) 是一个六阶非线性常微分方程组，若要完全求解该方程组，必须找出包含六个相互独立的积分常数的解。下面首先给出二体问题的积分不变量，进而推导得到六个积分常数。

2.3.2　二体问题的积分常数

1. 面积积分

根据矢量运算法则可知

$$\frac{\mathrm{d}}{\mathrm{d}t}(\boldsymbol{r} \times \dot{\boldsymbol{r}}) = \dot{\boldsymbol{r}} \times \dot{\boldsymbol{r}} + \boldsymbol{r} \times \ddot{\boldsymbol{r}} = \boldsymbol{r} \times \ddot{\boldsymbol{r}} \qquad (2.3.11)$$

用 $\boldsymbol{r}$ 叉乘式 (2.3.10)，可得

$$\boldsymbol{r} \times \ddot{\boldsymbol{r}} + \frac{\mu}{r^3}\boldsymbol{r} \times \boldsymbol{r} = \boldsymbol{r} \times \ddot{\boldsymbol{r}} = \boldsymbol{0} \qquad (2.3.12)$$

将式 (2.3.12) 代入式 (2.3.11)，可得

$$\frac{\mathrm{d}}{\mathrm{d}t}(\boldsymbol{r} \times \dot{\boldsymbol{r}}) = \boldsymbol{0} \qquad (2.3.13)$$

即有

$$\boldsymbol{r} \times \dot{\boldsymbol{r}} = \boldsymbol{h} \qquad (2.3.14)$$

式中，$\boldsymbol{h}$——积分常矢量。

实际上，$\boldsymbol{h}$ 表示单位质量的动量矩，因为 $\boldsymbol{h}$ 是常矢量，所以二体系统的动量矩守恒。由式（2.3.14）也可看出，$\boldsymbol{h}$ 垂直于运动平面。

为了便于讨论，这里定义一个轨道坐标系 $Oxyz$，其 x 轴与 $\boldsymbol{r}$ 重合，z 轴与 $\boldsymbol{h}$ 重合，y 轴、x 轴和 z 轴构成右手坐标系，如图 2.3.2 所示。

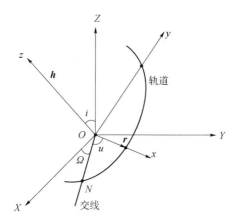

图 2.3.2　定义轨道坐标系 $Oxyz$

假设 u 为纬度幅角，即从轨道升交点 N 的方向到 x 轴指向之间的夹角。在轨道坐标系 $Oxyz$ 中有

$$\boldsymbol{h} = \begin{bmatrix} 0 & 0 & h \end{bmatrix}^{\mathrm{T}}, \boldsymbol{r} = \begin{bmatrix} r & 0 & 0 \end{bmatrix}^{\mathrm{T}}, \dot{\boldsymbol{r}} = \begin{bmatrix} \dot{r} & r\dot{u} & 0 \end{bmatrix}^{\mathrm{T}} \qquad (2.3.15)$$

惯性坐标系 $OXYZ$ 与轨道坐标系 $Oxyz$ 的转换关系为

$$\begin{bmatrix} X \\ Y \\ Z \end{bmatrix} = \boldsymbol{R}_3(-\varOmega)\boldsymbol{R}_1(-i)\boldsymbol{R}_3(-u)\begin{bmatrix} x \\ y \\ z \end{bmatrix} \qquad (2.3.16)$$

式中，$\boldsymbol{R}_1, \boldsymbol{R}_3$——绕 x 轴和 z 轴的旋转矩阵，

$$\boldsymbol{R}_1(\theta) = \begin{bmatrix} 1 & 0 & 0 \\ 0 & \cos\theta & \sin\theta \\ 0 & -\sin\theta & \cos\theta \end{bmatrix}, \boldsymbol{R}_3(\theta) = \begin{bmatrix} \cos\theta & \sin\theta & 0 \\ -\sin\theta & \cos\theta & 0 \\ 0 & 0 & 1 \end{bmatrix}$$

根据式 (2.3.15) 和式 (2.3.16)，可得

$$\begin{bmatrix} h_X \\ h_Y \\ h_Z \end{bmatrix} = \boldsymbol{R}_3(-\Omega)\boldsymbol{R}_1(-i)\boldsymbol{R}_3(-u)\begin{bmatrix} 0 \\ 0 \\ h \end{bmatrix} = \begin{bmatrix} h\sin\Omega\sin i \\ -h\cos\Omega\sin i \\ h\cos i \end{bmatrix} \quad (2.3.17)$$

由式 (2.3.17) 可得

$$\cos i = h_Z/h, \tan\Omega = -h_X/h_Y \quad (2.3.18)$$

由式 (2.3.14) 可得

$$h = |\boldsymbol{r} \times \dot{\boldsymbol{r}}| = r^2\dot{u} \quad (2.3.19)$$

即 h 为面积变化率的两倍，故称式 (2.3.19) 为运动方程的面积积分。

2. 轨道积分

将式 (2.3.10) 与 $\boldsymbol{h}$ 叉乘，并将式 (2.1.14) 代入右端，可得

$$\ddot{\boldsymbol{r}} \times \boldsymbol{h} = -\frac{\mu}{r^3}\boldsymbol{r} \times \boldsymbol{h} = -\frac{\mu}{r^3}\boldsymbol{r} \times (\boldsymbol{r} \times \dot{\boldsymbol{r}}) \quad (2.3.20)$$

式 (2.3.20) 可化简为

$$\ddot{\boldsymbol{r}} \times \boldsymbol{h} = \frac{\mu}{r^3}[r^2\dot{\boldsymbol{r}} - (r\dot{r})\boldsymbol{r}] = \mu\frac{\mathrm{d}}{\mathrm{d}t}\left(\frac{\boldsymbol{r}}{r}\right) \quad (2.3.21)$$

将式 (2.3.21) 积分后可得

$$\dot{\boldsymbol{r}} \times \boldsymbol{h} = \frac{\mu}{r}(\boldsymbol{r} + r\boldsymbol{e}) \quad (2.3.22)$$

式中，$\boldsymbol{e}$——积分常矢量。

假设在惯性坐标系 $OXYZ$ 中，$\boldsymbol{e}$ 为

$$\boldsymbol{e} = [e_X, e_Y, e_Z]^\mathrm{T} \quad (2.3.23)$$

将式 (2.3.22) 与 $\boldsymbol{h}$ 点乘，可得

$$(\dot{\boldsymbol{r}} \times \boldsymbol{h}) \cdot \boldsymbol{h} = \dot{\boldsymbol{r}} \cdot (\boldsymbol{h} \times \boldsymbol{h})$$

$$= \frac{\mu}{r}(\boldsymbol{r} \cdot \boldsymbol{h} + r\boldsymbol{e} \cdot \boldsymbol{h})$$

$$= \mu\boldsymbol{e} \cdot \boldsymbol{h} = 0 \quad (2.3.24)$$

由式 (2.3.24) 可知

$$\boldsymbol{e} \cdot \boldsymbol{h} = 0 \quad (2.3.25)$$

式 (2.3.25) 表明：$\boldsymbol{e}$ 位于轨道平面内，且 e_X、e_Y 和 e_Z 中只有两个独立积分常数。

这里假设矢量 e 的模为 e，ω 为从轨道升交点方向到 e 矢量之间的夹角。为了便于讨论，这里引入轨道坐标系 $Ox_1y_1z_1$。其中，x_1 轴与 e 重合，z_1 轴与 h 重合，y_1 轴、x_1 轴和 z_1 轴构成右手坐标系，几何关系如图 2.3.3 所示。

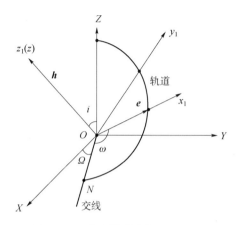

图 2.3.3　定义轨道坐标系 $Ox_1y_1z_1$

由图 2.3.3 可以看出，惯性坐标系 $OXYZ$ 与轨道坐标系 $Ox_1y_1z_1$ 的转换关系为

$$\begin{bmatrix} X \\ Y \\ Z \end{bmatrix} = \boldsymbol{R}_3(-\Omega)\boldsymbol{R}_1(-i)\boldsymbol{R}_3(-\omega)\begin{bmatrix} x_1 \\ y_1 \\ z_1 \end{bmatrix} \tag{2.3.26}$$

在轨道坐标系 $Ox_1y_1z_1$ 中，$\boldsymbol{e} = \begin{bmatrix} e & 0 & 0 \end{bmatrix}^{\mathrm{T}}$，由式（2.3.23）和式（2.3.26）可得

$$\begin{bmatrix} e_X \\ e_Y \\ e_Z \end{bmatrix} = \boldsymbol{R}_3(-\Omega)\boldsymbol{R}_1(-i)\boldsymbol{R}_3(-\omega)\begin{bmatrix} e \\ 0 \\ 0 \end{bmatrix} = e\begin{bmatrix} \cos\Omega\cos\omega - \sin\Omega\sin\omega\cos i \\ \sin\Omega\cos\omega + \cos\Omega\sin\omega\cos i \\ \sin\omega\sin i \end{bmatrix}$$

$$\tag{2.3.27}$$

由式（2.3.27）可得

$$\begin{cases} e_X = e(\cos\Omega\cos\omega - \sin\Omega\sin\omega\cos i) \\ e_Y = e(\sin\Omega\cos\omega + \cos\Omega\sin\omega\cos i) \\ e_Z = e\sin\omega\sin i \end{cases} \tag{2.3.28}$$

将式（2.3.28）中的第一式两边乘 $\cos\Omega$，则有

$$e_X\cos\Omega = e(\cos^2\Omega\cos\omega - \sin\Omega\cos\Omega\sin\omega\cos i) \qquad (2.3.29)$$

将式（2.3.28）中的第二式两边乘 $\sin\Omega$，则有

$$e_Y\sin\Omega = e(\sin^2\Omega\cos\omega + \sin\Omega\cos\Omega\sin\omega\cos i) \qquad (2.3.30)$$

将式（2.3.29）与式（2.3.30）相加，可得

$$e_X\cos\Omega + e_Y\sin\Omega = e\cos\omega \qquad (2.3.31)$$

整理式（2.3.28）中的第三式，有

$$e\sin\omega = e_Z/\sin i \qquad (2.3.32)$$

由式（2.3.31）和式（2.3.32）可得

$$\tan\omega = \frac{e_Z}{(e_Y\sin\Omega + e_X\cos\Omega)\sin i} \qquad (2.3.33)$$

设 f 为轨道面内从 e 到 r 之间的夹角，称为真近点角，则有

$$\begin{cases} f = u - \omega \\ \cos f = \dfrac{\boldsymbol{r}\cdot\boldsymbol{e}}{re} \end{cases} \qquad (2.3.34)$$

故有

$$\dot{u} = \dot{f} \qquad (2.3.35)$$

式（2.3.19）变为

$$h = \|\boldsymbol{r}\times\dot{\boldsymbol{r}}\| = r^2\dot{f} \qquad (2.3.36)$$

将式（2.3.22）与 $\boldsymbol{r}$ 点乘，可得

$$r = \frac{h^2/\mu}{1 + e\cos f} = \frac{h^2/\mu}{1 + e\cos(u - \omega)} \qquad (2.3.37)$$

式（2.3.37）是二体运动的轨道方程，称为轨道积分，它是极坐标形式的圆锥曲线方程。e 为圆锥曲线的偏心率，故将 e 称为偏心率矢量。e 描述了轨道的形状：$e=0$，为圆轨道；$0<e<1$，为椭圆轨道；$e=1$，为抛物线轨道；$e>1$，为双曲线轨道。

假设 p 为圆锥曲线的半通径，则

$$p = \frac{h^2}{\mu} = a(1 - e^2) \qquad (2.3.38)$$

式中，a——圆锥曲线的长半轴。

因此，式（2.3.37）又可写为

$$r = \frac{p}{1 + e\cos f} = \frac{p}{1 + e\cos(u - \omega)} \tag{2.3.39}$$

3. 活力积分

用 $\dot{r}$ 点乘式（2.3.10），可得

$$\dot{r} \cdot \ddot{r} + \mu \frac{\dot{r} \cdot r}{r^3} = \frac{\mathrm{d}}{\mathrm{d}t}\left(\frac{1}{2}\dot{r} \cdot \dot{r} - \frac{\mu}{r}\right) = 0 \tag{2.3.40}$$

将其积分，可得

$$\frac{1}{2}\dot{r} \cdot \dot{r} - \frac{\mu}{r} = \xi \text{ 或 } \frac{1}{2}v^2 - \frac{\mu}{r} = \xi \tag{2.3.41}$$

式中，ξ——积分常数，表示单位质量的总能量；

$\quad\quad v$——轨道速度。

由（2.3.41）可得

$$v^2 = \mu\left(\frac{2}{r} - \frac{1}{a}\right) \tag{2.3.42}$$

式（2.3.42）称为活力积分，又称活力公式。利用它可以很方便地计算在轨道上任意点的速度，同时也可得到

$$v^2 = \dot{r} \cdot \dot{r} = \dot{r}^2 + r^2\dot{u}^2 = \dot{r}^2 + r^2\dot{f}^2 \tag{2.3.43}$$

即轨道的切向速度 v_t 和径向速度 v_r 为

$$\begin{cases} v_t = r\dot{f} = \dfrac{h}{p}(1 + e\cos f) = \sqrt{\dfrac{\mu}{p}}(1 + e\cos f) \\ v_r = \dot{r} = \dfrac{h}{p}e\sin f = \sqrt{\dfrac{\mu}{p}}e\sin f \end{cases} \tag{2.3.44}$$

4. 开普勒积分

第 6 个积分即开普勒积分，若令 $\mu = 1$，则以上基本运动方程可简化为

$$\begin{cases} r^2\dot{f} = h = \sqrt{a(1 - e^2)} \\ v^2 = \dot{r}^2 + r^2\dot{f}^2 = \dfrac{2}{r} - \dfrac{1}{a} \end{cases} \tag{2.3.45}$$

消去 $\dot{f}$，可得

$$\dot{r}^2 + \frac{a(1 - e^2)}{r^2} = \frac{2}{r} - \frac{1}{a} \tag{2.3.46}$$

整理后可得

$$\dot r^2 = \frac{1}{r^2 a}\left[a^2 e^2 - (a-r)^2 \right] \tag{2.3.47}$$

引入平均角速度 $n = 2\pi/T$，由于 $n^2 a^3 = 1$，因此式（2.3.47）可变为

$$\dot r^2 = \frac{n^2 a^2}{r^2}\left[a^2 e^2 - (a-r)^2 \right] \tag{2.3.48}$$

即

$$\frac{\mathrm{d}r}{\mathrm{d}t} = \frac{na\sqrt{a^2 e^2 - (a-r)^2}}{r} \Rightarrow n\mathrm{d}t = \frac{r\mathrm{d}r}{a\sqrt{a^2 e^2 - (a-r)^2}} \tag{2.3.49}$$

对于椭圆轨道，有

$$a(1-e) \leqslant r \leqslant a(1+e) \tag{2.3.50}$$

即 $|a(1-e)| \leqslant ae$，故可引入辅助量偏近点角 E：

$$a - r = ae\cos E$$
$$\Rightarrow r = a(1 - e\cos E) \tag{2.3.51}$$

将式（2.3.51）代入式（2.3.49），可得

$$n\mathrm{d}t = (1 - e\cos E)\mathrm{d}E \tag{2.3.52}$$

积分后可得

$$E - e\sin E = nt + M_0 \quad \text{或} \quad E - e\sin E = n(t - \tau) \tag{2.3.53}$$

式（2.3.53）为二体轨道的最后一个积分常数，即 M_0 或 τ。引入角度 $M = nt + M_0$，称其为平近点角，式（2.3.53）称为开普勒方程。

2.3.3　开普勒方程求解

为了通过平近点角 M 得到 t 时刻航天器在轨道平面的位置，需要求解开普勒方程，即求解式（2.3.53）。常用的求解方法是牛顿迭代法，可假设初值为

$$E_0 = M \text{ 或 } E_0 = \pi \tag{2.3.54}$$

定义辅助函数如下：

$$f(E) = E - e\sin E - M \tag{2.3.55}$$

则求解开普勒方程等价于给定平近点角 M 求 $f(E)$ 的根，其迭代方程为

$$E_{n+1} = E_n - \frac{f(E)}{f'(E)} = E_n - \frac{E_n - e\sin E_n - M}{1 - e\cos E_n} \tag{2.3.56}$$

若 $|E_{n+1} - E_n|$ 小于给定的阈值，则认为 E_{n+1} 满足要求的偏近点角；然后，通过式 (2.3.51) 求得 t 时刻航天器在轨道平面上的位置。对于小偏心率 ($e <$ 0.8)，建议选择的迭代初值为 $E_0 = M$；对于大偏心率 ($e > 0.8$)，为避免迭代过程的收敛问题，建议选择的初值为 $E_0 = \pi$。

2.3.4　位置、速度矢量与轨道根数

二体问题解析解中的 6 个积分常数 $(a, e, i, \omega, \Omega, \tau)$ 称为轨道要素，也称轨道根数 σ，其中 a 和 e 表示轨道的大小和形状，Ω 和 i 表示轨道面在空间中的指向，ω 表示在轨道面内近拱点方向的指向，τ 表示过近拱点的时间。

1）由轨道根数计算位置、速度矢量

若已知任何时刻 t 时探测器的 r 和 f，则在轨道坐标系 $Ox_1y_1z_1$ 中有

$$\begin{bmatrix} x_1 \\ y_1 \\ z_1 \end{bmatrix} = \begin{bmatrix} r\cos f \\ r\sin f \\ 0 \end{bmatrix} \qquad (2.3.57)$$

根据惯性坐标系与轨道坐标系的转换关系，可得位置矢量的表达式：

$$\boldsymbol{r} = \begin{bmatrix} X \\ Y \\ Z \end{bmatrix} = \boldsymbol{R}_3(-\Omega)\boldsymbol{R}_1(-i)\boldsymbol{R}_3(-\omega) \begin{bmatrix} r\cos f \\ r\sin f \\ 0 \end{bmatrix} \qquad (2.3.58)$$

将旋转矩阵展开，可得

$$\boldsymbol{r} = r\cos f \cdot \boldsymbol{P} + r\sin f \cdot \boldsymbol{Q} \qquad (2.4.59)$$

式中，$\boldsymbol{P}, \boldsymbol{Q}$ —— x_1 轴、y_1 轴的单位向量，即

$$\boldsymbol{P} = \boldsymbol{R}_3(-\Omega)\boldsymbol{R}_1(-i)\boldsymbol{R}_3(-\omega) \begin{bmatrix} 1 \\ 0 \\ 0 \end{bmatrix} = \begin{bmatrix} \cos\Omega\cos\omega - \sin\Omega\sin\omega\cos i \\ \sin\Omega\cos\omega + \cos\Omega\sin\omega\cos i \\ \sin\omega\sin i \end{bmatrix}$$

$$(2.3.60)$$

$$\boldsymbol{Q} = \boldsymbol{R}_3(-\Omega)\boldsymbol{R}_1(-i)\boldsymbol{R}_3(-\omega - 90°) \begin{bmatrix} 1 \\ 0 \\ 0 \end{bmatrix} = \begin{bmatrix} -\cos\Omega\sin\omega - \sin\Omega\cos\omega\cos i \\ -\sin\Omega\sin\omega + \cos\Omega\cos\omega\cos i \\ \cos\omega\sin i \end{bmatrix}$$

$$(2.3.61)$$

P、Q 为轨道根数 Ω、ω、i 的函数，是常向量。式（2.3.59）中除真近点角 f 外，都是常量。所以速度矢量的表达式为

$$\dot{r} = (\cos f \cdot P + \sin f \cdot Q)\dot{r} + (-r\sin f \cdot P + r\cos \cdot Q)\dot{f} \qquad (2.3.62)$$

式（2.3.61）可进一步简化为

$$\dot{r} = -\frac{h}{p}\sin f \cdot P + \frac{h}{p}(e + \cos f) \cdot Q \qquad (2.3.63)$$

若探测器的轨道为椭圆轨道，则（2.3.59）可以写为

$$r = a(\cos E - e) \cdot P + a\sqrt{1 - e^2}\sin E \cdot Q \qquad (2.3.64)$$

式（2.3.64）即位置矢量的表达式，式中除偏近点角 E 以外都是常量，而 E 可通过开普勒方程表示为时间 t 的函数。将式（2.3.64）对 t 求导，可得

$$\dot{r} = (-a\sin E \cdot P + a\sqrt{1 - e^2}\cos E \cdot Q)\dot{E} \qquad (2.3.65)$$

由基本的关系式可得

$$\dot{E} = \frac{\mathrm{d}E}{\mathrm{d}t} = \frac{n}{1 - e\cos E} = \frac{an}{r} \qquad (2.3.66)$$

由此可得速度矢量表达式如下：

$$\dot{r} = -\frac{a^2 n}{r}\sin E \cdot P + \frac{a^2 n}{r}\sqrt{1 - e^2}\cos E \cdot Q \qquad (2.3.67)$$

若探测器的轨道为抛物线轨道，则位置矢量的表达式为式（2.3.59）。在式（2.3.63）中取 $e = 1$，即得速度矢量的表达式：

$$\dot{r} = -\frac{h}{p}\sin f \cdot P + \frac{h}{p}(1 + \cos f) \cdot Q \qquad (2.3.68)$$

若探测器的轨道为双曲线轨道，则位置矢量的表达式可写为

$$r = a(e - \cosh H) \cdot P + a\sqrt{e^2 - 1}\sinh H \cdot Q \qquad (2.3.69)$$

式中，H——双曲线的偏近点角，可表示为时间 t 的函数：

$$e\sinh H - H = \sqrt{\frac{\mu}{a^3}}(t - \tau) = M \qquad (2.3.70)$$

将式（2.3.70）对 t 求导，可得

$$(e\cosh H - 1)\dot{H} = \sqrt{\frac{\mu}{-a^3}} \qquad (2.3.71)$$

$$\dot{\boldsymbol{r}} = -\frac{a^2 n_1}{r}\sinh H \cdot \boldsymbol{P} + \frac{a^2 n_1}{r}\sqrt{1 - e^2}\cosh H \cdot \boldsymbol{Q} \tag{2.3.72}$$

式中，$n_1 = \sqrt{\mu/a^3}$。

2）由位置、速度矢量计算轨道根数

已知某时刻 t 的位置矢量 $\boldsymbol{r}$ 和速度矢量 $\dot{\boldsymbol{r}}$，首先可以求解出角动量 $\boldsymbol{h}$，即

$$\boldsymbol{h} = \boldsymbol{r} \times \dot{\boldsymbol{r}} = \begin{bmatrix} h_X \\ h_Y \\ h_Z \end{bmatrix} \tag{2.3.73}$$

由 $h = \|\boldsymbol{h}\| = \sqrt{h_X^2 + h_Y^2 + h_Z^2}$ 可计算出轨道倾角 i 和升交点赤经 Ω，即

$$\begin{cases} \cos i = h_Z/h \\ \tan \Omega = -h_X/h_Y \end{cases} \tag{2.3.74}$$

偏心率矢量 $\boldsymbol{e}$ 可以通过角动量 $\boldsymbol{h}$、位置矢量 $\boldsymbol{r}$ 和速度矢量 $\dot{\boldsymbol{r}}$ 求得，即

$$\boldsymbol{e} = \frac{1}{\mu}(\dot{\boldsymbol{r}} \times \boldsymbol{h}) - \frac{\boldsymbol{r}}{r} = \begin{bmatrix} e_X \\ e_Y \\ e_Z \end{bmatrix} \tag{2.3.75}$$

由偏心率矢量 $\boldsymbol{e}$ 可以计算出近心点角距 ω，即

$$\tan \omega = \frac{e_Z}{(e_Y\sin \Omega + e_X\cos \Omega)\sin i} \tag{2.3.76}$$

同样，由角动量和偏心率可以求得半长轴 a，即

$$a = \frac{h^2}{\mu(1 - e^2)} \tag{2.3.77}$$

式中，$e = \|\boldsymbol{e}\| = \sqrt{e_X^2 + e_Y^2 + e_Z^2}$。

纬度幅角 u 可由位置矢量 $\boldsymbol{r}$、升交点赤经 Ω 和轨道倾角 i 求得，即

$$\tan u = \frac{Z}{(Y\sin \Omega + X\cos \Omega)\sin i} \tag{2.3.78}$$

所以，可得真近点角 f，即

$$f = u - \omega \tag{2.3.79}$$

过近拱点的时间 τ 可根据不同的轨道类型求解，当为椭圆轨道时（$e < 1$），

可通过式（2.3.80）先求解出 E：

$$\tan \frac{E}{2} = \sqrt{\frac{1-e}{1+e}} \tan \frac{f}{2} \qquad (2.3.80)$$

然后由式（2.3.81）计算 τ：

$$n(t-\tau) = E - e\sin E \qquad (2.3.81)$$

若为抛物线轨道（ $e=1$ ），则可通过式（2.3.82）求得时间 τ：

$$2\sqrt{\frac{\mu}{p^3}}(t-\tau) = \tan \frac{f}{2} + \frac{1}{3}\tan^3 \frac{f}{2} \qquad (2.3.82)$$

式中，$p = a(1-e^2)$。

若为双曲线轨道（ $e>1$ ），则需先由式（2.3.83）求得双曲线近拱点角 H，即

$$\tan \frac{H}{2} = \sqrt{\frac{e-1}{1+e}} \tan \frac{f}{2} \qquad (2.3.83)$$

然后计算 τ：

$$\sqrt{\frac{\mu}{a_1^3}}(t-\tau) = e\sinh H - H \qquad (2.3.84)$$

式中，$a_1 = -a$。

■ 2.4 火星探测中的基本轨道设计方法

2.4.1 兰伯特问题

理论上，如果不受发射能量和任务所需速度增量的约束，那么行星探测发射和到达的时间（或机会）可以任意选择。然而，由于受到运载能力、发射成本、研制周期等因素影响，所以对行星探测任务转移轨道的设计、发射机会的搜索提出了更高的要求。对于该问题的研究，要从兰伯特问题入手。

早在 1761 年，兰伯特（Lambert）就提出了著名的 Lambert 定理。该定理可描述为：椭圆弧上两点（ F, F^* ）间的飞行时间 t 只取决于椭圆的半长轴 a、弧上两点（ P_1, P_2 ）到焦点的距离之和（ $r_1 + r_2$ ），以及连接弧上两点的弦长 c[8]，

其几何关系如图 2.4.1 所示，数学表达式为

$$t = f(a, r_1 + r_2, c) \tag{2.4.1}$$

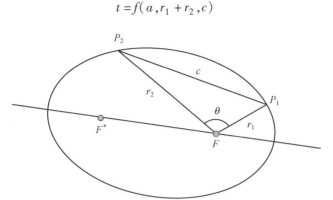

图 2.4.1　Lambert 定理的几何关系

兰伯特给出了该定理的几何证明。随后，高斯（Gauss）给出了求解飞行时间的解析方法，并将其归结为如何根据两个位置矢量和飞行时间来确定飞行器运行轨道的问题，即兰伯特问题（或称高斯问题）。这个经典的天体力学问题就是非常著名的轨道两点边值问题。

兰伯特问题在星际飞行、飞行器拦截与交会等方面有着广泛的应用，因而许多学者对兰伯特问题的求解方法进行了深入研究。其中，Battin[9] 提出的采用 p 迭代求解兰伯特问题的方法比较经典，这种方法克服了用高斯（Gauss）方法求解兰伯特问题时，当飞行转角为 180° 时出现奇异的缺点。此外，Prussing 等[10] 还讨论了绕中心体多圈飞行的兰伯特问题求解。在此，主要介绍 Battin 的方法。

根据轨道动力学理论，连接两个位置矢量的飞行时间可表示为平近点角的形式，即

$$M_2 - M_1 = n(t_2 - t_1) = \sqrt{\frac{\mu}{a^3}}(t_2 - t_1) \tag{2.4.2}$$

式中，M_1, M_2——点 P_1 和 P_2 的平近点角；

n——轨道的平均角速度。

根据开普勒方程，则有

$$t_2 - t_1 = \sqrt{\frac{a^3}{\mu}} \left[E_2 - E_1 - e(\sin E_2 - \sin E_1) \right]$$

$$= 2\sqrt{\frac{a^3}{\mu}} \left[\frac{E_2 - E_1}{2} - e\left(\sin \frac{E_2 - E_1}{2} \cdot \cos \frac{E_2 + E_1}{2} \right) \right] \quad (2.4.3)$$

定义中间变量 A 和 B：

$$A = \frac{E_2 - E_1}{2}, \quad \cos B = e\cos \frac{E_2 + E_1}{2} \quad (2.4.4)$$

则式 (2.4.3) 为

$$t_2 - t_1 = 2\sqrt{\frac{a^3}{\mu}} (A - \sin A\cos B) \quad (2.4.5)$$

由图 2.4.1 中的三角形，可得连接两个位置矢量的弦长 c 为

$$c = \sqrt{r_1^2 + r_2^2 - 2r_1 r_2 \cos\theta} \quad (2.4.6)$$

根据关系式 $r_1 = a(1 - e\cos E_1)$ 和 $r_2 = a(1 - e\cos E_2)$，可得

$$r_1 + r_2 = 2a(1 - \cos A \cos B) \quad (2.4.7)$$

则可得

$$c = 2a\sin A \sin B \quad (2.4.8)$$

定义连接三角形的半周长 s 为

$$s = \frac{r_1 + r_2 + c}{2} \quad (2.4.9)$$

这里定义中间变量 α 和 β，分别为 $\alpha = A + B$，$\beta = B - A$，由式 (2.4.7) ~ 式 (2.4.9) 可得

$$\sin^2\frac{\alpha}{2} = \frac{s}{2a}, \quad \sin^2\frac{\beta}{2} = \frac{s - c}{2a} \quad (2.4.10)$$

则式 (2.4.5) 可以变换为

$$t_2 - t_1 = \sqrt{\frac{a^3}{\mu}} \left[(\alpha - \sin\alpha) - (\beta - \sin\beta) \right] \quad (2.4.11)$$

求解式 (2.4.10) 和式 (2.4.11) 比较困难，这里还需要定义辅助变量。定义最小能量的半长轴和相关变量分别为

$$a_{\mathrm{m}} = \frac{s}{2} = \frac{r_1 + r_2 + c}{2}, \quad \sin \frac{\beta_{\mathrm{m}}}{2} = \sqrt{\frac{s - c}{s}} \quad (2.4.12)$$

$$t_{\mathrm{m}} = \sqrt{\frac{a_{\mathrm{m}}^3}{\mu}} (\pi - \beta_{\mathrm{m}} + \sin \beta_{\mathrm{m}}) \tag{2.4.13}$$

对于椭圆轨道，有

$$\beta' = \begin{cases} \beta, & \pi > \theta > 0, \\ -\beta, & 2\pi > \theta > \pi \end{cases}; \qquad \alpha' = \begin{cases} \alpha, & t_{\mathrm{m}} > t_2 - t_1 \\ 2\pi - \alpha, & t_2 - t_1 > t_{\mathrm{m}} \end{cases}$$

如果飞行时间太短，则可能对应的是双曲线轨道。在这种情况下，有

$$t_2 - t_1 = \sqrt{\frac{-a^3}{\mu}} [(\sinh \alpha - \alpha) - (\sinh \beta - \beta)] \tag{2.4.14}$$

式中，

$$\sinh^2 \frac{\alpha}{2} = -\frac{s}{2a}, \qquad \sinh^2 \frac{\beta}{2} = -\frac{s-c}{2a} \tag{2.4.15}$$

注意：在双曲线轨道中，a 为负值。

由式（2.4.11）和式（2.4.14）可以迭代估算出半长轴 a，半通径 p 的计算式为

$$p = \frac{4a(s-r_1)(s-r_2)}{c^2} \sin^2 \frac{\alpha+\beta}{2} \tag{2.4.16}$$

或者，

$$p = \frac{4ar_1r_2}{c^2} \sin^2 \frac{\theta}{2} \sin^2 \frac{\alpha+\beta}{2} \tag{2.4.17}$$

在双曲线轨道中，p 的计算式为

$$p = -\frac{4ar_1r_2}{c^2} \sin^2 \frac{\theta}{2} \sinh^2 \frac{\alpha+\beta}{2} \tag{2.4.18}$$

转移轨道的偏心率 e 可由 $p = a(1 - e^2)$ 计算得到。

2.4.2　引力影响球

太阳是太阳系的中心天体，其质量为最大行星——木星的 1 000 多倍，为地球质量的 300 000 倍。根据万有引力定律，在太阳引力的作用下，太阳系内的行星在围绕太阳做椭圆运动。然而在一个行星的附近，该行星的引力远超过太阳的引力。例如，在地球表面，地球的引力比太阳引力要大 1 600 多倍。引力的平方

反比性质意味着：引力将随着与引力中心距离的增大而迅速减少。假设 F_{g_0} 为半径 r_0 的行星表面的引力，引力随着距离的增加而快速减小，当距离为 $10r_0$ 时，引力只有 F_{g_0} 的 1%。

通常情况下，若要准确分析星际航行的轨道问题，则需要应用 N 体问题，即将与空间有关的星体视为万有引力源，在它们的共同作用下研究探测器的运动。然而，至今 N（$N \geq 3$）体问题的一般解析解尚无法得到，只能依靠数值计算研究有关内容。不过，在做初步分析或精度要求不高时，可以采用星体影响球的概念来研究。在星体影响球内，该星体的引力远大于其他星体，因而可以考虑略去其他星体的影响，并按二体中心引力场的理论进行分析；若探测器进入另一个星体的影响球，就以另一个星体为中心体，构成新的二体中心力场。

为了评估行星引力影响球的作用半径，这里考虑图 2.4.2 所示的三体系统：由质量为 m_p 的行星、质量为 m_s 的太阳以及质量为 m_v 的航天器组成；行星和航天器相对于以太阳为中心的惯性坐标系的位置矢量分别为 $\boldsymbol{R}$ 和 $\boldsymbol{R}_v$；航天器相对于行星的位置矢量为 $\boldsymbol{r}$（在 2.4.2 节中，以大写字母表示相对于太阳的位置、速度和加速度；以小写字母表示相对于行星的位置、速度和加速度）。行星作用在航天器上的引力记为 $\boldsymbol{F}_p^{(v)}$，太阳作用在航天器上的引力记为 $\boldsymbol{F}_s^{(v)}$。同样地，作用在行星上的力为 $\boldsymbol{F}_s^{(p)}$ 和 $\boldsymbol{F}_v^{(p)}$，作用在太阳上的力为 $\boldsymbol{F}_v^{(s)}$ 和 $\boldsymbol{F}_p^{(s)}$。由万有引力定律和牛顿运动定律可知，这些力为

$$\boldsymbol{F}_p^{(v)} = -\frac{Gm_v m_p}{r^3}\boldsymbol{r} \tag{2.4.19a}$$

$$\boldsymbol{F}_s^{(v)} = -\frac{Gm_v m_s}{R_v^3}\boldsymbol{R}_v \tag{2.4.19b}$$

$$\boldsymbol{F}_s^{(p)} = -\frac{Gm_p m_s}{R^3}\boldsymbol{R} \tag{2.4.19c}$$

注意到

$$\boldsymbol{R}_v = \boldsymbol{R} + \boldsymbol{r} \tag{2.4.20}$$

由图 2.4.2 及余弦定理可知，$\boldsymbol{R}_v$ 的大小为

$$R_v = (R^2 + r^2 - 2Rr\cos\theta)^{1/2} = R\left[1 - 2\frac{r}{R}\cos\theta + \left(\frac{r}{R}\right)^2\right]^{1/2} \tag{2.4.21}$$

假定在行星的引力范围内 $r/R \ll 1$。因此，含有 r/R 的所有项均可舍去，即可近似表达为

$$R_v = R \tag{2.4.22}$$

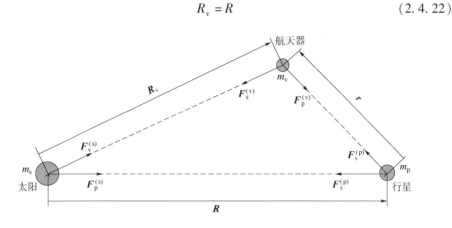

图 2.4.2　三体间相对位置矢量与引力矢量

航天器在以太阳为中心的惯性坐标系中的运动方程为

$$m_v \ddot{\boldsymbol{R}}_v = \boldsymbol{F}_s^{(v)} + \boldsymbol{F}_p^{(v)} \tag{2.4.23}$$

从中解出 $\ddot{\boldsymbol{R}}_v$，并将式（2.4.19）中的引力代入，可得

$$\ddot{\boldsymbol{R}}_v = \frac{1}{m_v}\left(-\frac{Gm_v m_s}{R_v^3}\boldsymbol{R}_v\right) + \frac{1}{m_v}\left(-\frac{Gm_v m_p}{r^3}\boldsymbol{r}\right) = -\frac{Gm_s}{R_v^3}\boldsymbol{R}_v - \frac{Gm_p}{r^3}\boldsymbol{r} \quad (2.4.24)$$

将其写为

$$\ddot{\boldsymbol{R}}_v = \boldsymbol{A}_s + \boldsymbol{P}_p \tag{2.4.25}$$

式中，$\boldsymbol{A}_s$——在太阳引力作用下航天器的主加速度，$\boldsymbol{A}_s = -\dfrac{Gm_s}{R_v^3}\boldsymbol{R}_v$；

　　　$\boldsymbol{P}_p$——在行星作用下产生的次加速度或摄动加速度，$\boldsymbol{P}_p = -\dfrac{Gm_p}{r^3}\boldsymbol{r}$。

$\boldsymbol{A}_s$ 和 $\boldsymbol{P}_p$ 的大小分别为

$$A_s = \frac{Gm_s}{R^2}, \quad P_p = \frac{Gm_p}{r^2} \tag{2.4.26}$$

这里用了近似。摄动加速度与主加速度的比值为

$$\frac{P_{\mathrm{p}}}{A_{\mathrm{s}}} = \frac{\dfrac{Gm_{\mathrm{p}}}{r^2}}{\dfrac{Gm_{\mathrm{s}}}{R^2}} = \frac{m_{\mathrm{p}}}{m_{\mathrm{s}}}\left(\frac{R}{r}\right)^2 \tag{2.4.27}$$

行星相对于惯性坐标系的运动方程为

$$m_{\mathrm{p}}\ddot{\boldsymbol{R}} = \boldsymbol{F}_{\mathrm{v}}^{(\mathrm{p})} + \boldsymbol{F}_{\mathrm{s}}^{(\mathrm{p})} \tag{2.4.28}$$

从中解出 $\ddot{\boldsymbol{R}}$。注意到 $\boldsymbol{F}_{\mathrm{v}}^{(\mathrm{p})} = -\boldsymbol{F}_{\mathrm{p}}^{(\mathrm{v})}$，利用式 (2.4.19) 和式 (2.4.23)，可得

$$\ddot{\boldsymbol{R}} = \frac{1}{m_{\mathrm{p}}}\left(\frac{Gm_{\mathrm{v}}m_{\mathrm{p}}}{r^3}\boldsymbol{r}\right) + \frac{1}{m_{\mathrm{p}}}\left(-\frac{Gm_{\mathrm{p}}m_{\mathrm{s}}}{R^3}\boldsymbol{R}\right) = \frac{Gm_{\mathrm{v}}}{r^3}\boldsymbol{r} - \frac{Gm_{\mathrm{s}}}{R^3}\boldsymbol{R} \tag{2.4.29}$$

从式 (2.4.24) 减去式 (2.4.29)，整理后可得

$$\ddot{\boldsymbol{R}}_{\mathrm{v}} - \ddot{\boldsymbol{R}} = -\frac{Gm_{\mathrm{p}}}{r^3}\boldsymbol{r}\left(1 + \frac{m_{\mathrm{v}}}{m_{\mathrm{p}}}\right) - \frac{Gm_{\mathrm{s}}}{R_{\mathrm{v}}^3}\left[\boldsymbol{R}_{\mathrm{v}} - \left(\frac{R_{\mathrm{v}}}{R}\right)^3\boldsymbol{R}\right] \tag{2.4.30}$$

利用式 (2.4.15)，可将式 (2.4.30) 写为

$$\ddot{\boldsymbol{r}} = -\frac{Gm_{\mathrm{p}}}{r^3}\boldsymbol{r}\left(1 + \frac{m_{\mathrm{v}}}{m_{\mathrm{p}}}\right) - \frac{Gm_{\mathrm{s}}}{R_{\mathrm{v}}^3}\left\{\boldsymbol{r} + \left[1 - \left(\frac{R_{\mathrm{v}}}{R}\right)^3\right]\boldsymbol{R}\right\} \tag{2.4.31}$$

式 (2.4.31) 即航天器相对于行星运动的方程。当 $m_{\mathrm{v}} \ll m_{\mathrm{p}}$、$R_{\mathrm{v}} \approx R$ 时，式 (2.4.31) 可近似写为

$$\ddot{\boldsymbol{r}} = \boldsymbol{a}_{\mathrm{p}} + \boldsymbol{p}_{\mathrm{s}} \tag{2.4.32}$$

式中，$\boldsymbol{a}_{\mathrm{p}}$——由于行星作用而产生的航天器主加速度，$\boldsymbol{a}_{\mathrm{p}} = -\dfrac{Gm_{\mathrm{p}}}{r^3}\boldsymbol{r}$；

$\boldsymbol{p}_{\mathrm{s}}$——太阳引起的摄动加速度，$\boldsymbol{p}_{\mathrm{s}} = -\dfrac{Gm_{\mathrm{s}}}{R^3}\boldsymbol{r}$。

$\boldsymbol{a}_{\mathrm{p}}$ 和 $\boldsymbol{p}_{\mathrm{s}}$ 的大小分别为

$$a_{\mathrm{p}} = \frac{Gm_{\mathrm{p}}}{r^2}, \quad p_{\mathrm{s}} = \frac{Gm_{\mathrm{s}}}{R^3}r \tag{2.4.33}$$

摄动加速度与主加速度大小之比为

$$\frac{p_{\mathrm{s}}}{a_{\mathrm{p}}} = \frac{Gm_{\mathrm{s}}\dfrac{r}{R^3}}{\dfrac{Gm_{\mathrm{p}}}{r^2}} = \frac{m_{\mathrm{s}}}{m_{\mathrm{p}}}\left(\frac{r}{R}\right)^3 \tag{2.4.34}$$

相对于行星运动而言，$p_{\mathrm{s}}/a_{\mathrm{p}}$ 反映了航天器真实轨道偏离行星单独作用时轨

道 $(p_s/a_p=0)$ 的程度；同理，P_p/A_s 反映了行星对航天器在太阳作用下的轨道的影响。若

$$\frac{p_s}{a_p} < \frac{P_p}{A_s} \tag{2.4.35}$$

则太阳对绕行星飞行的航天器轨道摄动影响小于行星对绕太阳飞行航天器轨道的摄动影响。因此，若航天器位于行星的影响球范围内，则将式（2.4.27）和式（2.4.34）代入式（2.4.35），可得

$$\frac{m_s}{m_p}\left(\frac{r}{R}\right)^3 < \frac{m_p}{m_s}\left(\frac{R}{r}\right)^2 \tag{2.4.36}$$

即

$$\left(\frac{r}{R}\right)^5 < \left(\frac{m_p}{m_s}\right)^2 \tag{2.4.37}$$

令 r_{SOI} 表示影响球半径，有

$$\frac{r_{SOI}}{R} = \left(\frac{m_p}{m_s}\right)^{\frac{2}{5}} \tag{2.4.38}$$

则在行星的影响球范围内，航天器的轨道由相对于行星的运动方程决定；在行星的影响球范围之外，航天器的轨道由相对于太阳的运动方程确定。式（2.4.38）给出的影响球作用半径并非精确值，仅为简单估计值。在大于该距离的范围，太阳的引力作用将超过行星的引力作用。

利用式（2.4.38）对太阳系各行星的影响球半径进行评估，结果如表 2.4.1 所示。由表 2.4.1 可以看出，水星、金星、地球、火星的引力影响球属于同一个数量级（即 10^5 km），而木星、土星、天王星、海王星的影响球比较大，数量级为 10^7 km。

表 2.4.1　太阳系各大行星的影响球半径的估算

行星	影响球半径/km	行星	影响球半径/km
水星	1.12×10^5	木星	4.82×10^7
金星	6.16×10^5	土星	5.45×10^7
地球	9.29×10^5	天王星	5.19×10^7
火星	5.78×10^5	海王星	8.68×10^7

2.4.3 圆锥曲线拼接原理

在进行行星际轨道初步设计时，若航天器位于行星的影响球范围内，则可认为航天器绕行星的轨道为无摄动的开普勒轨道；若航天器位于行星的影响球范围之外，则可认为其围绕太阳的轨道也是无摄动的开普勒轨道。由于行星际距离非常大，对于日心轨道，可忽略影响球的大小并将其看作与所围绕的行星一样，均为空间中的点，且该点与其相对应的行星中心重合。在每个行星的影响球之内，以整个太阳系的尺度来看，行星的引力影响球仅为一个点；而从行星自身角度来看，引力影响球则非常大，甚至可以看作延伸至无穷远处。

运用圆锥曲线拼接法来分析由行星 1 至行星 2 的行星际飞行任务，需首先确定日心轨道，如霍曼转移轨道，此轨道将与两行星轨道相交于期望的位置。航天器将经此轨道由行星 1 的影响球转移至行星 2 的影响球。在影响球的边界处，转移轨道的日心速度是相对于行星的，以此来建立"无穷远处"的速度，继而确定行星 1 处的出发轨道和行星 2 处的到达轨道。此后将三条曲线（其中一条是以太阳为中心的圆锥曲线，而另外两条分别为以两颗行星为中心的圆锥曲线）拼接，构成一条完整的行星际转移轨道。月球探测的飞行轨道较为特殊，由于地球的影响球半径远大于地月距离（384 400 km），因此运用圆锥曲线拼接法设计月球探测器轨道时，需忽略太阳，只考虑地球和月球对航天器的影响[9-10]。

参 考 文 献

[1] 吴伟仁,董光亮,李海涛,等.深空测控通信系统工程与技术[M].北京:科学出版社,2013.

[2] 黄珹,刘林.参考坐标系及航天应用[M].北京:电子工业出版社,2015.

[3] 刘佳成,朱紫.2000 年以来国际天文联合会(IAU)关于基本天文学的决议及其应用[J].天文学进展,2014,30(4):411-437.

[4] LUZUM B,PETIT G. The IERS Conventions (2010):reference systems and new models[J].Proceedings of the International Astronomical Union,2012,10(H16):227-228.

［5］刘林.航天器轨道理论［M］.北京：国防工业出版社,2000.

［6］刘林,胡松杰,曹建峰,等.航天器定轨理论与应用［M］.北京：电子工业出版社,2015.

［7］ARCHINAL B A, A'HEARN M F, BOWELL E, et al. Report of the IAU Working Group on Cartographic Coordinates and Rotational Elements：2009［J］. Celestial mechanics & dynamical astronomy,2011,109:101－135.

［8］崔平远,乔栋,崔祜涛.深空探测轨道设计与优化［M］.北京：科学出版社,2013.

［9］BATTIN R H. An introduction to the mathematics and methods of astrodynamics ［M］. Rev. ed. Reston：American Institute of Aeronautics and Astronautics,Inc,1999.

［10］PRUSSING J E, CONWAY B A. Orbital mechanics［M］. New York：Oxford University Press,1993.

第3章
火星探测脉冲转移轨道设计与优化

转移轨道设计是火星探测任务设计与规划的关键问题之一，也是进行火星探测任务轨道详细设计的基础。本章首先简要阐述火星探测中的发射机会搜索；其次，重点讨论火星探测器多脉冲转移轨道的设计与优化方法，并结合 B 平面参数和微分修正算法讨论火星探测脉冲转移轨道的精确打靶设计；最后，考虑实际工程中的约束，给出转移轨道的中途修正方法，并对中途修正的误差进行分析。

■ 3.1 火星探测发射机会搜索

发射机会搜索是行星际探测轨道设计中的基本问题。在发射机会搜索阶段，探测器的发射能量、发射双曲线轨道的赤经角和赤纬角，以及到达火星时的到达能量都是需要考察的主要参数。等高线图法是搜索发射机会的经典方法，现已广泛应用于深空任务的设计与规划中[1]。为了更好地理解这种方法，本节首先给出主要参数的定义，然后介绍发射机会搜索的等高线图法，并给出火星探测的相关发射窗口。

3.1.1 双曲逃逸轨道参数

若要使探测器逃离地球的引力场，就需要使其速度达 11.2 km/s，即第二宇宙速度。然而，若要进行星际飞行，探测器仅具备此速度是不够的。这是因为，当探测器到达地球引力影响球边缘时，其相对于地球的速度已接近于零。所以，进行行星际探测时，要求探测器具备足够大的速度，使得探测器在到达地球引力影响球边缘时的速度有剩余，这个双曲线剩余速度 v_∞ 通常称为双曲线超速。

令 $\boldsymbol{S}$ 为逃逸地球双曲线轨道渐近线的单位矢量，α_∞ 和 δ_∞ 为该双曲线的赤经角和赤纬角，则可将 $\boldsymbol{S}$ 写为

$$\boldsymbol{S} = \begin{bmatrix} S_x \\ S_y \\ S_z \end{bmatrix} = \begin{bmatrix} \cos \delta_\infty \cos \alpha_\infty \\ \cos \delta_\infty \sin \alpha_\infty \\ \sin \delta_\infty \end{bmatrix} \tag{3.1.1}$$

根据双曲线轨道的性质，其双曲线渐近线还可表示为

$$\boldsymbol{S} = \frac{1}{1 + C_3 \frac{\parallel \boldsymbol{h} \parallel^2}{\mu^2}} \left[\left(\frac{\sqrt{C_3}}{\mu} \right) \boldsymbol{h} \times \boldsymbol{e} - \boldsymbol{e} \right] \tag{3.1.2}$$

式中，$\boldsymbol{h}, \boldsymbol{e}$——双曲线轨道的角动量和偏心率矢量，可分别表示为

$$\boldsymbol{h} = \boldsymbol{r} \times \boldsymbol{v} \tag{3.1.3}$$

$$\boldsymbol{e} = \frac{\boldsymbol{v} \times \boldsymbol{h}}{\mu} - \frac{\boldsymbol{r}}{r} = \frac{1}{\mu} \left[\left(v^2 - \frac{\mu}{r} \right) \boldsymbol{r} - (\boldsymbol{r} \cdot \boldsymbol{v}) \boldsymbol{v} \right] \tag{3.1.4}$$

C_3——发射能量，可表示为

$$C_3 = \parallel \boldsymbol{v} \parallel^2 - \frac{2\mu}{\parallel \boldsymbol{r} \parallel} \tag{3.1.5}$$

假设探测器处于地球影响球边缘，即 $\parallel \boldsymbol{r} \parallel \to \infty$，此时有

$$C_3 = \parallel \boldsymbol{v}_\infty \parallel^2 \tag{3.1.6}$$

根据式（3.1.1）可得

$$\begin{cases} \alpha_\infty = \arctan \dfrac{S_y}{S_x} \\ \delta_\infty = \arcsin S_z \end{cases} \tag{3.1.7}$$

与逃逸双曲线赤经角 α_∞ 相比，赤纬角 δ_∞ 是描述探测器从地球发射轨迹更重要的参数，原因主要有：

（1）δ_∞ 的绝对值等于逃逸地球双曲线轨道的最小可能倾角。

（2）在逃逸地球后的一段时间内，赤纬角近似等于探测器位置矢量对应的赤纬，这与地面站的测量密切相关。

3.1.2 发射机会搜索的等高线图法

等高线图可以直观地刻画出给定时间段内火星发射机会的变化情况，从而为最优发射机会的搜索提供良好的初值猜测。在实际计算过程中，发射机会搜索的等高线图是通过给定预期的发射时间段和飞行时间（或到达时间段），对发射时间区间和飞行时间区间进行网格化处理，针对各网格（发射时间和飞行时间对）通过求解相应的兰伯特问题得到的性能指标的等高线图[2-4]。

发射能量是影响任务初始设计的关键参数，在探测器质量一定的情况下，发射能量越大，所需运载火箭的运载能力越强。如果运载火箭一定，那么任务所需的发射能量越大，探测器的质量规模就越小。这里以探测火星为例，给出搜索发射机会的等高线图。假设探测器于 2020 年从地球发射飞向火星，在日心黄道坐标系下，发射能量（km^2/s^2）的等高线图如图 3.1.1 所示。

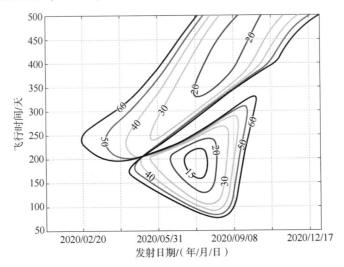

图 3.1.1　2020 年探测火星的发射能量等高线图

由图 3.1.1 可以看出，在 2020 年火星探测任务中，发射能量较小的机会主要集中在 2020 年 7 月 20 日左右，这时发射能量不超过 15 km^2/s^2，对应飞行时间约为 200 天。影响发射机会的参数较多，为了获得更好的发射机会，我们需要对与发射机会相关的重要参数进行全面分析。图 3.1.2 给出了探测器到达火星时的能量等高线图。

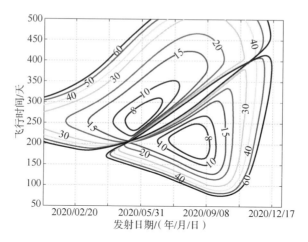

图 3.1.2　2020 年探测火星的到达能量等高线图

　　到达火星时的能量在很大程度上影响火星探测任务的成败。如果到达时的能量过大，导致近心点制动所需速度增量大于探测器推进系统的制动能力，将使得探测器无法被火星俘获，从而出现与火星擦肩而过的情况。由图 3.1.2 可以看出在 2020 年出发探测火星，探测器到达火星时的最小能量小于 8 km^2/s^2，而此时对应的时间为 2020 年 5 月底和 8 月中旬，飞行时间约为 270 天和 200 天。

　　火星探测所需总的速度增量（km/s）等高线图如图 3.1.3 所示。这里总的速度增量是指从地球 200 km 高圆停泊轨道出发时所需的速度增量与形成火星 200 km 高圆目标轨道所需的速度增量之和。

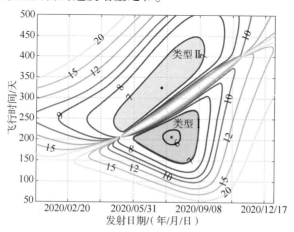

图 3.1.3　2020 年探测火星所需总的速度增量等高线图

　　由图 3.1.3 可以看出，2020 年出发探测火星较好的机会所需的总的速度增量小于 6 km/s，对应的时间在 2020 年 7 月下旬，飞行时间大约为 200 天。

　　赤经角和赤纬角的分布为发射场的选择提供了重要参考。不同时间发射和到达双曲超速的赤经角（°）和赤纬角（°）的等高线图如图 3.1.4 所示。

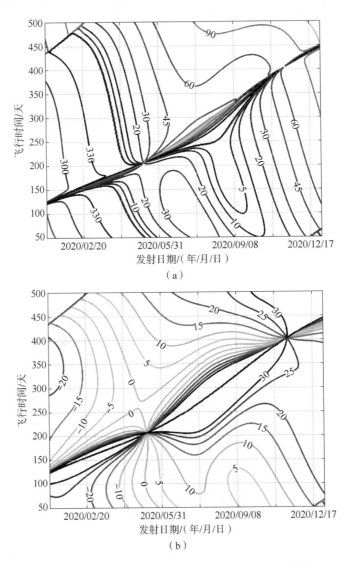

图 3.1.4　2020 年探测火星的双曲超速赤经角、赤纬角等高线图

（a）赤经角分布；（b）赤纬角分布

以上给出了 2020 年发射火星探测器时，脉冲转移轨道不同性能指标随发射时间和飞行时间变化的等高线图。由图 3.1.1 ~ 图 3.1.3 可以清楚地看出，该时间段内火星探测器所需的发射能量、到达能量及总的速度增量的变化趋势。通过综合分析这些等高线图，可以选择较好的火星探测发射机会，从而为火星探测轨道的进一步优化设计提供可靠的初值。

基于以上对火星发射机会的搜索和分析，可将等高线图法总结如下：

（1）根据探测任务的需求确定发射机会搜索的目标函数、发射时间区间，以及飞行时间区间。

（2）对发射时间区间和飞行时间区间进行网格化处理。针对每个网格点，通过星历获得在发射时刻，地球在日心黄道坐标系中的位置和速度矢量，以及在达到时刻，火星在日心黄道坐标系中的位置和速度矢量。

（3）根据已知条件求解兰伯特问题，得到各网格点处的日心转移轨道参数和目标函数。

（4）基于发射时间、飞行时间和转移轨道目标函数绘制等高线图。

（5）分析转移轨道目标函数等高线图，确定满足任务要求的发射机会。

3.1.3　火星探测发射机会分析

以 2020—2031 年内火星探测为例，给出总速度增量最小的发射机会（地球 200 km 高圆停泊轨道出发至火星 200 km 高圆目标轨道），如表 3.1.1 所示。其中，每个发射窗口内包含一个短程转移和长程转移，分别对应任务类型 I 和任务类型 II 。

表 3.1.1　地火转移发射机会搜索结果

任务类型	地球出发时间/（年/月/日）	火星到达时间/（年/月/日）	发射能量 C_3/（$km^2 \cdot s^{-2}$）	α_∞/（°）	δ_∞/（°）	到达双曲超速/（$km \cdot s^{-1}$）
类型 I	2020/07/27	2021/02/19	14.044 9	10.672 6	26.115 7	2.573 9
类型 II	2020/07/12	2021/06/02	20.768 1	54.800 5	- 10.601 8	2.984 4
类型 I	2022/09/20	2023/05/14	21.908 5	41.599 3	46.278 5	2.597 9
类型 II	2022/08/30	2023/08/12	15.152 7	80.373 2	3.280 3	2.604 2

任务类型	地球出发时间/(年/月/日)	火星到达时间/(年/月/日)	发射能量 C_3/($km^2 \cdot s^{-2}$)	α_∞/(°)	δ_∞/(°)	到达双曲超速/($km \cdot s^{-1}$)
类型Ⅰ	2024/10/27	2025/07/19	22.163 8	77.609 9	48.452 1	2.520 1
类型Ⅱ	2024/10/01	2025/08/30	11.363 4	102.508 0	15.071 9	2.446 2
类型Ⅰ	2026/11/15	2027/08/11	11.175 5	117.668 4	22.782 2	2.920 6
类型Ⅱ	2026/10/31	2027/09/07	9.225 4	133.820 7	28.720 3	2.570 9
类型Ⅰ	2028/12/29	2029/08/20	13.846 3	138.660 8	-7.232 9	3.828 8
类型Ⅱ	2028/11/24	2029/09/20	9.107 5	182.136 9	29.157 3	2.970 9
类型Ⅰ	2031/02/18	2031/09/17	14.077 7	173.539 1	-30.958 6	3.882 1
类型Ⅱ	2030/12/25	2031/10/04	10.780 9	229.589 0	15.234 6	3.480 7

■ 3.2　火星探测多脉冲转移轨道优化设计

3.1 节给出了火星探测两脉冲转移轨道的初始评估和发射机会搜索方法。实际上，对于火星探测任务而言，两脉冲转移轨道在某些情况下并非能量最省。本节将基于主矢量理论，讨论火星探测多脉冲转移轨道的优化设计问题。首先，介绍主矢量理论（即脉冲轨道机动的最优性必要条件），给出最优转移轨道的计算方法；其次，考虑地球–火星（以下简称"地火"）转移的始末端约束，推导满足终端约束的最优性条件，并给出求解端点时间固定情况下的多脉冲转移轨道设计方法；最后，以地火多脉冲转移为例进行轨道设计与分析。

3.2.1　最优多脉冲转移的主矢量方法

主矢量方法是一种间接优化方法，可用于判定探测器轨道最优性，以及是否有必要施加额外中间脉冲。在惯性空间中，探测器的动力学方程可以描述为

$$\begin{cases} \dot{r} = v \\ \dot{v} = g(r) + Tu \end{cases} \tag{3.2.1}$$

式中，r, v——探测器的位置和速度矢量；

　　　$g(r)$——探测器受到的引力加速度；

T——推力加速度；

u——沿推力方向的单位矢量。

对于脉冲轨道而言，施加推力可假定是瞬时完成的，即 $T_{max} \to \infty$。定义性能指标 J 为

$$J = \sum_k \| \Delta v_k \| \tag{3.2.2}$$

式中，Δv_k——速度变化量。

该类优化问题的实质是寻找最优转移轨道，使得其满足初始状态 (r_o, v_o)、终端状态 (r_f, v_f) 和给定转移时长 t_f 的情况下，性能指标 J 最小。

探测器动力学方程的哈密顿函数（Hamiltonian function）可写成如下形式[5]：

$$H = T + \lambda_r^T v + \lambda_v^T (g(r) + Tu) \tag{3.2.3}$$

协状态方程为

$$\dot{\lambda}_r^T = -\frac{\partial H}{\partial r} = -\lambda_v^T G(r) \tag{3.2.4}$$

$$\dot{\lambda}_v^T = -\frac{\partial H}{\partial v} = -\lambda_r^T \tag{3.2.5}$$

式中，$G(r)$——重力梯度矩阵，$G(r) = \dfrac{\partial g}{\partial r}$。

哈密顿函数可改写为

$$H = \lambda_v^T g(r) - \dot{\lambda}_v^T v + (\lambda_v^T u + 1) T \tag{3.2.6}$$

为了满足庞特里亚金（Pontryagin）极值定理以及最小化 H，单位矢量 u 的方向应设置为与协状态向量方向相反。鉴于协状态 λ_v^T 在优化过程中的重要性，Lawden 将其定义为主矢量[6]。

假设轨道 Γ 对应的状态为 $r(t)$、$v(t)$，受摄轨道 Γ' 所对应的状态为 $r'(t)$、$v'(t)$，两者满足如下方程：

$$\begin{cases} \delta r(t) = r'(t) - r(t) \\ \delta v(t) = v'(t) - v(t) \end{cases} \tag{3.2.7}$$

动力学方程（式（3.2.1））对应的线性摄动方程可描述为

$$\begin{bmatrix} \delta \dot{r} \\ \delta \dot{v} \end{bmatrix} = \begin{bmatrix} O & I \\ G & O \end{bmatrix} \begin{bmatrix} \delta r \\ \delta v \end{bmatrix} \tag{3.2.8}$$

式中，$\boldsymbol{I}$——3×3 的单位矩阵。

式（3.2.8）的解可写为状态转移矩阵 $\boldsymbol{\Phi}(t,t_0)$ 的形式：

$$\begin{bmatrix} \delta \boldsymbol{r}(t) \\ \delta \boldsymbol{v}(t) \end{bmatrix} = \boldsymbol{\Phi}(t,t_0) \begin{bmatrix} \delta \boldsymbol{r}(t_0) \\ \delta \boldsymbol{v}(t_0) \end{bmatrix} \tag{3.2.9}$$

式中，$\boldsymbol{\Phi}(t,t_0)$——状态转移矩阵，

$$\boldsymbol{\Phi}(t,t_0) \triangleq \begin{bmatrix} \boldsymbol{M}(t,t_0) & \boldsymbol{N}(t,t_0) \\ \boldsymbol{S}(t,t_0) & \boldsymbol{T}(t,t_0) \end{bmatrix} \tag{3.2.10}$$

主矢量对应的状态转移矩阵解的形式与式（3.2.9）相似，即

$$\begin{bmatrix} \boldsymbol{\lambda}_{\mathrm{v}}(t) \\ \dot{\boldsymbol{\lambda}}_{\mathrm{v}}(t) \end{bmatrix} = \boldsymbol{\Phi}_{tt_0} \begin{bmatrix} \boldsymbol{\lambda}_{\mathrm{v}}(t_0) \\ \dot{\boldsymbol{\lambda}}_{\mathrm{v}}(t_0) \end{bmatrix} \tag{3.2.11}$$

式中，$\boldsymbol{\Phi}_{tt_0}$——t_0 到 t 的状态转移矩阵。

从协状态的定义可知，其沿轨道 Γ 的方向满足下式[7]：

$$\boldsymbol{\lambda}_{\mathrm{v}} \cdot \delta \boldsymbol{v} - \dot{\boldsymbol{\lambda}}_{\mathrm{v}} \cdot \delta \boldsymbol{r} = \mathrm{const} \tag{3.2.12}$$

对于两脉冲转移轨道而言，即在 t_0 时刻施加 $\Delta \boldsymbol{v}_0$ 速度增量、在 t_{f} 时刻施加 $\Delta \boldsymbol{v}_{\mathrm{f}}$ 速度增量，其主矢量满足如下边界条件：

$$\begin{cases} \boldsymbol{\lambda}_{\mathrm{v}}(t_0) = \boldsymbol{\lambda}_{\mathrm{o}} = \Delta \boldsymbol{v}_0 \big/ \| \Delta \boldsymbol{v}_0 \| \\ \boldsymbol{\lambda}_{\mathrm{v}}(t_{\mathrm{f}}) = \boldsymbol{\lambda}_{\mathrm{f}} = \Delta \boldsymbol{v}_{\mathrm{f}} \big/ \| \Delta \boldsymbol{v}_{\mathrm{f}} \| \end{cases} \tag{3.2.13}$$

根据式（3.2.11），主矢量的终端状态可写成如下形式：

$$\begin{cases} \boldsymbol{\lambda}_{\mathrm{f}} = \boldsymbol{M}_{\mathrm{fo}} \boldsymbol{\lambda}_{\mathrm{o}} + \boldsymbol{N}_{\mathrm{fo}} \dot{\boldsymbol{\lambda}}_{\mathrm{o}} \\ \dot{\boldsymbol{\lambda}}_{\mathrm{f}} = \boldsymbol{S}_{\mathrm{fo}} \boldsymbol{\lambda}_{\mathrm{o}} + \boldsymbol{T}_{\mathrm{fo}} \dot{\boldsymbol{\lambda}}_{\mathrm{o}} \end{cases} \tag{3.2.14}$$

式中，$\boldsymbol{M}_{\mathrm{fo}} \triangleq \boldsymbol{M}(t_{\mathrm{f}},t_0)$，下标 o 表示轨道的初始状态，下标 f 表示轨道的终端状态；$\boldsymbol{N}_{\mathrm{fo}},\boldsymbol{S}_{\mathrm{fo}},\boldsymbol{T}_{\mathrm{fo}}$ 同理。

联立式（3.2.10）和式（3.2.11），可求解 t 时刻（$t \in [t_0,t_{\mathrm{f}}]$）沿轨道方向的主矢量：

$$\boldsymbol{\lambda}_{\mathrm{v}}(t) = \boldsymbol{N}_{\mathrm{to}} \boldsymbol{N}_{\mathrm{fo}}^{-1} \boldsymbol{\lambda}_{\mathrm{f}} + (\boldsymbol{M}_{\mathrm{to}} - \boldsymbol{N}_{\mathrm{to}} \boldsymbol{N}_{\mathrm{fo}}^{-1} \boldsymbol{M}_{\mathrm{fo}}) \boldsymbol{\lambda}_{\mathrm{o}} \tag{3.2.15}$$

对于性能指标 J 为式（3.2.2）形式的轨道交会问题，如果沿转移轨道的主矢量的模 $\| \boldsymbol{\lambda}_{\mathrm{v}} \| > 1$，就可以通过施加额外的中间脉冲得到更优解。通过主矢量还能够求解出中间脉冲的次数和位置。若 $\| \boldsymbol{\lambda}_{\mathrm{v}} \| \leqslant 1$ 始终成立，那么该转移轨道

即最优转移。

3.2.2　考虑发射约束的多脉冲主矢量优化方法

传统采用主矢量的转移轨道优化方法多数仅考虑中心天体的引力作用，而总的速度增量即始末端速度增量之和。但对于星际转移轨道优化而言，受出发天体和目标天体的引力作用，其所需的实际速度增量并不等于出发天体和目标天体对应的双曲超速之和，因此不能简单将其看成一个交会问题。如果仅通过主矢量原理直接优化日心段轨道，则可能无法反映行星探测转移过程中逃逸段和捕获段的情况。因此，有学者提出引入常值权重系数，用于描述考虑行星在逃逸段和捕获段燃料消耗的星际转移轨道的性能指标函数[8]，其形式如下：

$$J = K_o \parallel \Delta \boldsymbol{v}_0 \parallel + K_m \parallel \Delta \boldsymbol{v}_m \parallel + K_f \parallel \Delta \boldsymbol{v}_f \parallel \tag{3.2.16}$$

式中，$\Delta \boldsymbol{v}_m$——中间轨道机动的速度增量；

K_o, K_m, K_f——权重系数。

式（3.2.16）将星际转移逃逸段与捕获段所需的速度增量 $\Delta v_1 / \Delta v_2$ 与探测器相对出发天体和目标天体对应的双曲超速 $\Delta \boldsymbol{v}_0 / \Delta \boldsymbol{v}_f$ 视为线性关系，与实际情况仍存在较大差异。因此，本节给出一种更为普适的性能指标函数，其可描述为速度增量的函数：

$$J = f(\Delta \boldsymbol{v}_0) + h(\Delta \boldsymbol{v}_m) + g(\Delta \boldsymbol{v}_f) \tag{3.2.17}$$

式中，$h(\Delta \boldsymbol{v}_m)$——中间轨道机动速度增量的函数。

式（3.2.17）可看作式（3.2.16）的拓展形式。基于式（3.2.17），可在日心坐标系下对考虑始末约束的星际转移轨道进行优化，其中始末约束包括出发行星的停泊轨道和目标行星的任务轨道参数。

3.2.2.1　考虑始末约束的星际转移速度评估

对于一个行星际探测任务而言，其转移轨道根据圆锥曲线拼接法可分为三个阶段：在出发行星影响球范围内的逃逸段；在到达目标行星影响球范围内的捕获段；以太阳为中心天体的日心转移段。

相比于日心转移段，逃逸段和捕获段所需的时间通常都很短，因此逃逸段和捕获段的转移时间可以忽略不计。日心转移段的速度增量可以通过求解 Lambert 问题得到，其中初始和终端的速度增量（Δv_0，Δv_f）分别等于相对出发行星和到达行星的双曲超速（$v_{\infty 1}$，$v_{\infty 2}$），即 $\Delta v_0 = v_{\infty 1}$，$\Delta v_f = v_{\infty 2}$。对应的从出发行星

近心点出发的速度为

$$V_{\mathrm{Hpi}} = \sqrt{\| \boldsymbol{v}_{\infty 1} \|^2 + 2\mu_{\mathrm{i}}/R_{\mathrm{pi}}} \tag{3.2.18}$$

式中，μ_{i}——出发行星的引力常数；

R_{pi}——出发行星的近心点半径。

根据奥伯特（Oberth）效应[9]，最优逃逸速度增量 Δv_1 可表示为

$$\Delta v_1 = \sqrt{\| \Delta \boldsymbol{v}_0 \|^2 + 2\mu_{\mathrm{i}}/R_{\mathrm{pi}}} - \sqrt{(1 + e_{\mathrm{i}})\mu_{\mathrm{i}}/R_{\mathrm{pi}}} \tag{3.2.19}$$

式中，e_{i}——停泊轨道的偏心率。

类似地，到达目标行星捕获机动所需的速度增量 Δv_2 可表示为

$$\Delta v_2 = \sqrt{\| \Delta \boldsymbol{v}_{\mathrm{f}} \|^2 + 2\mu_{\mathrm{f}}/R_{\mathrm{pf}}} - \sqrt{(1 + e_{\mathrm{f}})\mu_{\mathrm{f}}/R_{\mathrm{pf}}} \tag{3.2.20}$$

式中，μ_{f}——目标行星的引力常数；

$R_{\mathrm{pf}}, e_{\mathrm{f}}$——任务轨道的近心点半径和轨道偏心率。

根据式（3.2.19）和式（3.2.20），假设停泊轨道和目标轨道的参数已知，则考虑始末约束的星际转移轨道总的速度增量可表示为双曲超速 $\Delta v_1 = f(\Delta \boldsymbol{v}_0)$ 和 $\Delta v_2 = g(\Delta \boldsymbol{v}_{\mathrm{f}})$ 的函数，即 $\Delta v = f(\Delta \boldsymbol{v}_0) + g(\Delta \boldsymbol{v}_{\mathrm{f}})$，其任务剖面如图 3.2.1 所示。

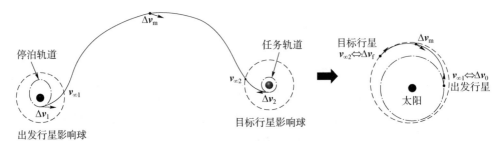

图 3.2.1 考虑始末约束的星际转移任务剖面

Δv_1 关于 $\| \Delta \boldsymbol{v}_0 \|$ 的偏导数为

$$\frac{\partial f}{\partial \| \Delta \boldsymbol{v}_0 \|} = \frac{\| \Delta \boldsymbol{v}_0 \|}{\sqrt{\| \Delta \boldsymbol{v}_0 \|^2 + 2\mu_{\mathrm{i}}/R_{\mathrm{pi}}}} \tag{3.2.21}$$

式（3.2.21）描述了双曲超速大小 $\| \Delta \boldsymbol{v}_0 \|$ 变化量和逃逸速度增量 Δv_1 变化量的关系。类似地，Δv_2 关于 $\| \Delta \boldsymbol{v}_{\mathrm{f}} \|$ 的偏导数为

$$\frac{\partial g}{\partial \| \Delta \boldsymbol{v}_{\mathrm{f}} \|} = \frac{\| \Delta \boldsymbol{v}_{\mathrm{f}} \|}{\sqrt{\| \Delta \boldsymbol{v}_{\mathrm{f}} \|^2 + 2\mu_{\mathrm{f}}/R_{\mathrm{pf}}}} \tag{3.2.22}$$

式（3.2.22）反映了双曲超速大小 $\| \Delta \boldsymbol{v}_f \|$ 变化量和捕获速度增量 Δv_2 变化量的关系。式（3.2.21）和式（3.2.22）是分析和研究最优星际转移的重要条件。

3.2.2.2　增广主矢量

考虑始末约束的初始两脉冲星际转移轨道 Γ 的总的速度增量可以通过下式得到：

$$J = f(\Delta \boldsymbol{v}_0) + g(\Delta \boldsymbol{v}_f) \tag{3.2.23}$$

假设 Γ' 是相邻的三脉冲转移轨道，在 t_m 时刻施加了中间轨道机动脉冲。该时刻关于轨道 Γ 的相对位置为 $\delta \boldsymbol{r}_m = \boldsymbol{r}'(t_m) - \boldsymbol{r}(t_m)$。轨道 Γ' 的总的速度增量为

$$J' = f(\Delta \boldsymbol{v}_0 + \delta \boldsymbol{v}_0) + g(\Delta \boldsymbol{v}_f - \delta \boldsymbol{v}_f) + h(\delta \boldsymbol{v}_m^+ - \delta \boldsymbol{v}_m^-) \tag{3.2.24}$$

这里假设 $h(\delta \boldsymbol{v}_m^+ - \delta \boldsymbol{v}_m^-) = \| \delta \boldsymbol{v}_m^+ - \delta \boldsymbol{v}_m^- \|$。舍弃高阶项，则总的速度增量差的一阶项 δJ 为

$$\delta J = J' - J = \frac{\partial f}{\partial \| \Delta \boldsymbol{v}_0 \|} \boldsymbol{\lambda}_o^T \delta \boldsymbol{v}_0 - \frac{\partial g}{\partial \| \Delta \boldsymbol{v}_f \|} \boldsymbol{\lambda}_f^T \delta \boldsymbol{v}_f + \| \delta \boldsymbol{v}_m^+ - \delta \boldsymbol{v}_m^- \| \tag{3.2.25}$$

定义逃逸指标系数 $\alpha \triangleq \dfrac{\partial f}{\partial \| \Delta \boldsymbol{v}_0 \|}$ 和捕获指标系数 $\beta \triangleq \dfrac{\partial g}{\partial \| \Delta \boldsymbol{v}_f \|}$，则总的速度增量的差为

$$\delta J = \alpha \boldsymbol{\lambda}_o^T \delta \boldsymbol{v}_0 - \beta \boldsymbol{\lambda}_f^T \delta \boldsymbol{v}_f + \| \delta \boldsymbol{v}_m^+ - \delta \boldsymbol{v}_m^- \| \tag{3.2.26}$$

根据式（3.2.12）和边界条件 $\delta \boldsymbol{r}(t_0) = \boldsymbol{0}, \delta \boldsymbol{r}(t_f) = \boldsymbol{0}$，可得 $\boldsymbol{\lambda}_o^T \delta \boldsymbol{v}_0 = \boldsymbol{\lambda}_m^T \delta \boldsymbol{v}_m^- - \dot{\boldsymbol{\lambda}}_m^T \delta \boldsymbol{r}_m$ 和 $\boldsymbol{\lambda}_f^T \delta \boldsymbol{v}_f = \boldsymbol{\lambda}_m^T \delta \boldsymbol{v}_m^+ - \dot{\boldsymbol{\lambda}}_m^T \delta \boldsymbol{r}_m$，则式（3.2.25）可变为

$$\delta J = (\alpha \boldsymbol{\lambda}_m^T \delta \boldsymbol{v}_m^- - \alpha \dot{\boldsymbol{\lambda}}_m^T \delta \boldsymbol{r}_m) - (\beta \boldsymbol{\lambda}_m^T \delta \boldsymbol{v}_m^+ - \beta \dot{\boldsymbol{\lambda}}_m^T \delta \boldsymbol{r}_m) + \| \delta \boldsymbol{v}_m^+ - \delta \boldsymbol{v}_m^- \|$$

$$\tag{3.2.27}$$

同时，根据式（3.2.11），任意经过向量 $\boldsymbol{r}(t_m) + \delta \boldsymbol{r}_m$ 的轨道 Γ' 都满足：

$$\begin{bmatrix} \delta \boldsymbol{r}_m \\ \delta \boldsymbol{v}_m^- \end{bmatrix} = \begin{bmatrix} \boldsymbol{M}_{mo} & \boldsymbol{N}_{mo} \\ \boldsymbol{S}_{mo} & \boldsymbol{T}_{mo} \end{bmatrix} \begin{bmatrix} \boldsymbol{0} \\ \delta \boldsymbol{v}_0 \end{bmatrix} \tag{3.2.28}$$

$$\begin{bmatrix} \delta \boldsymbol{r}_m \\ \delta \boldsymbol{v}_m^+ \end{bmatrix} = \begin{bmatrix} \boldsymbol{M}_{mf} & \boldsymbol{N}_{mf} \\ \boldsymbol{S}_{mf} & \boldsymbol{T}_{mf} \end{bmatrix} \begin{bmatrix} \boldsymbol{0} \\ \delta \boldsymbol{v}_f \end{bmatrix} \tag{3.2.29}$$

注意到 $\boldsymbol{M}_{mf} \neq \boldsymbol{M}_{fm}$，则 $\delta \boldsymbol{v}_m^-, \delta \boldsymbol{v}_m^+$ 可表示为

$$
\begin{cases}
\delta \boldsymbol{v}_{\mathrm{m}}^{+} = \boldsymbol{T}_{\mathrm{mf}} \boldsymbol{N}_{\mathrm{mf}}^{-1} \delta \boldsymbol{r}_{\mathrm{m}} \\
\delta \boldsymbol{v}_{\mathrm{m}}^{-} = \boldsymbol{T}_{\mathrm{mo}} \boldsymbol{N}_{\mathrm{mo}}^{-1} \delta \boldsymbol{r}_{\mathrm{m}}
\end{cases}
\tag{3.2.30}
$$

为方便起见，定义 $\boldsymbol{C} \triangleq \boldsymbol{T}_{\mathrm{mf}} \boldsymbol{N}_{\mathrm{mf}}^{-1}$ 和 $\boldsymbol{D} \triangleq \boldsymbol{T}_{\mathrm{mo}} \boldsymbol{N}_{\mathrm{mo}}^{-1}$，则 δJ 可变为

$$
\delta J = \alpha \boldsymbol{\lambda}_{\mathrm{m}}^{\mathrm{T}} \boldsymbol{D} \delta \boldsymbol{r}_{\mathrm{m}} - \alpha \dot{\boldsymbol{\lambda}}_{\mathrm{m}}^{\mathrm{T}} \delta \boldsymbol{r}_{\mathrm{m}} - \beta \boldsymbol{\lambda}_{\mathrm{m}}^{\mathrm{T}} \boldsymbol{C} \delta \boldsymbol{r}_{\mathrm{m}} + \beta \dot{\boldsymbol{\lambda}}_{\mathrm{m}}^{\mathrm{T}} \delta \boldsymbol{r}_{\mathrm{m}} + \parallel \boldsymbol{C} \delta \boldsymbol{r}_{\mathrm{m}} - \boldsymbol{D} \delta \boldsymbol{r}_{\mathrm{m}} \parallel
$$

$$
= (\alpha \boldsymbol{\lambda}_{\mathrm{m}}^{\mathrm{T}} \boldsymbol{D} - \alpha \dot{\boldsymbol{\lambda}}_{\mathrm{m}}^{\mathrm{T}} - \beta \boldsymbol{\lambda}_{\mathrm{m}}^{\mathrm{T}} \boldsymbol{C} + \beta \dot{\boldsymbol{\lambda}}_{\mathrm{m}}^{\mathrm{T}}) \delta \boldsymbol{r}_{\mathrm{m}} + \parallel (\boldsymbol{C} - \boldsymbol{D}) \delta \boldsymbol{r}_{\mathrm{m}} \parallel
$$

$$
\tag{3.2.31}
$$

假设中间轨道机动大小为 c，向量 $\delta \boldsymbol{v}_{\mathrm{m}}^{+} - \delta \boldsymbol{v}_{\mathrm{m}}^{-}$ 的单位方向向量为 $\boldsymbol{\eta}$，则

$$
(\boldsymbol{C} - \boldsymbol{D}) \delta \boldsymbol{r}_{\mathrm{m}} = c \boldsymbol{\eta}
\tag{3.2.32}
$$

δJ 可表示为

$$
\delta J = c [1 + (\alpha \boldsymbol{\lambda}_{\mathrm{m}}^{\mathrm{T}} \boldsymbol{D} - \alpha \dot{\boldsymbol{\lambda}}_{\mathrm{m}}^{\mathrm{T}} - \beta \boldsymbol{\lambda}_{\mathrm{m}}^{\mathrm{T}} \boldsymbol{C} + \beta \dot{\boldsymbol{\lambda}}_{\mathrm{m}}^{\mathrm{T}}) (\boldsymbol{C} - \boldsymbol{D})^{-1} \boldsymbol{\eta}]
\tag{3.2.33}
$$

如果 δJ 为负数，则轨道 Γ' 所需的速度增量小于轨道 Γ。

定义增广主矢量 $\boldsymbol{\lambda}^{*}$ 为

$$
(\boldsymbol{\lambda}^{*})^{\mathrm{T}} = - (\alpha \boldsymbol{\lambda}_{\mathrm{v}}^{\mathrm{T}} \boldsymbol{D} - \alpha \dot{\boldsymbol{\lambda}}_{\mathrm{v}}^{\mathrm{T}} - \beta \boldsymbol{\lambda}_{\mathrm{v}}^{\mathrm{T}} \boldsymbol{C} + \beta \dot{\boldsymbol{\lambda}}_{\mathrm{v}}^{\mathrm{T}}) (\boldsymbol{C} - \boldsymbol{D})^{-1}
\tag{3.2.34}
$$

式中，增广主矢量 $\boldsymbol{\lambda}^{*}$ 不仅包含主矢量 $\boldsymbol{\lambda}_{\mathrm{v}}$，而且包含主矢量的时间导数 $\dot{\boldsymbol{\lambda}}_{\mathrm{v}}$。

至此，式（3.2.31）可简化为

$$
\delta J = c [1 - (\boldsymbol{\lambda}_{\mathrm{m}}^{*})^{\mathrm{T}} \boldsymbol{\eta}]
\tag{3.2.35}
$$

式中，$\boldsymbol{\lambda}_{\mathrm{m}}^{*}$——$\boldsymbol{\lambda}^{*}$ 在 t_{m} 时刻的取值。

注意到根据 $\boldsymbol{\lambda}^{*}$ 的定义，其在轨道起始点和终端点可能出现奇异。因此，需要对 $\boldsymbol{\lambda}_{\mathrm{o}}^{*}$，$\boldsymbol{\lambda}_{\mathrm{f}}^{*}$ 单独分析。$t_{\mathrm{m}} \rightarrow t_{0}$ 时，$\boldsymbol{N}_{\mathrm{mo}} \rightarrow \boldsymbol{O}$ 和 $\boldsymbol{T}_{\mathrm{mo}} \rightarrow \boldsymbol{I}$，进而 $\alpha \boldsymbol{\lambda}_{\mathrm{m}}^{\mathrm{T}} \boldsymbol{D} \gg \alpha \dot{\boldsymbol{\lambda}}_{\mathrm{m}}^{\mathrm{T}} + \beta \boldsymbol{\lambda}_{\mathrm{m}}^{\mathrm{T}} \boldsymbol{C} - \beta \dot{\boldsymbol{\lambda}}_{\mathrm{m}}^{\mathrm{T}}$ 和 $\boldsymbol{C} \ll \boldsymbol{D}$，可得 $(\boldsymbol{\lambda}_{\mathrm{m}}^{*})^{\mathrm{T}} \rightarrow - (\alpha \boldsymbol{\lambda}_{\mathrm{m}}^{\mathrm{T}} \boldsymbol{D})(-\boldsymbol{D})^{-1} = \alpha \boldsymbol{\lambda}_{\mathrm{m}}^{\mathrm{T}}$；类似地，$t_{\mathrm{m}} \rightarrow t_{\mathrm{f}}$ 时，$\boldsymbol{N}_{\mathrm{mf}} \rightarrow \boldsymbol{O}$ 和 $\boldsymbol{T}_{\mathrm{mf}} \rightarrow \boldsymbol{I}$，进而 $\beta \boldsymbol{\lambda}_{\mathrm{m}}^{\mathrm{T}} \boldsymbol{C} \gg \alpha \boldsymbol{\lambda}_{\mathrm{m}}^{\mathrm{T}} \boldsymbol{D} - \alpha \dot{\boldsymbol{\lambda}}_{\mathrm{m}}^{\mathrm{T}} + \beta \dot{\boldsymbol{\lambda}}_{\mathrm{m}}^{\mathrm{T}}$ 和 $\boldsymbol{C} \gg \boldsymbol{D}$，可得 $(\boldsymbol{\lambda}_{\mathrm{m}}^{*})^{\mathrm{T}} \rightarrow (\beta \boldsymbol{\lambda}_{\mathrm{m}}^{\mathrm{T}} \boldsymbol{C}) \boldsymbol{C}^{-1} = \beta \boldsymbol{\lambda}_{\mathrm{m}}^{\mathrm{T}}$。因此，进行如下定义：

$$
\boldsymbol{\lambda}_{\mathrm{o}}^{*} = \alpha \boldsymbol{\lambda}_{\mathrm{o}}, \quad \boldsymbol{\lambda}_{\mathrm{f}}^{*} = \beta \boldsymbol{\lambda}_{\mathrm{f}}
\tag{3.2.36}
$$

根据式（3.2.36），由于 $\parallel \boldsymbol{\lambda}_{\mathrm{o}}^{*} \parallel = \alpha$ 和 $\parallel \boldsymbol{\lambda}_{\mathrm{f}}^{*} \parallel = \beta$，在轨道起始点和终端点处，增广主矢量 $\boldsymbol{\lambda}^{*}$ 的大小均不再等于1。

如果 $\parallel \boldsymbol{\lambda}_{\mathrm{m}}^{*} \parallel > 1$，则存在一条三脉冲轨道，且相比于参考两脉冲轨道，其所需的速度增量消耗更小。类似于主矢量原理，施加中间轨道机动脉冲的最佳时机

出现在 $\boldsymbol{\lambda}_m^*$ 达到其最大值时，且脉冲机动的施加方向平行于 $\boldsymbol{\lambda}_m^*$ 的演化方向。因此，最优位置偏差 $\delta\boldsymbol{r}_m$ 为

$$\delta\boldsymbol{r}_m = \varepsilon(\boldsymbol{C} - \boldsymbol{D})^{-1}\boldsymbol{\lambda}_m^* \qquad (3.2.37)$$

式中，ε——步长，小量参数。

若 $\delta\boldsymbol{r}_m$ 确定，则三脉冲转移轨道可通过求解两次 Lambert 问题得到。第一段转移从出发行星开始到中间脉冲修正位置 $(\boldsymbol{r}_m + \delta\boldsymbol{r}_m, t_m)$；第二段转移从中间脉冲修正位置 $(\boldsymbol{r}_m + \delta\boldsymbol{r}_m, t_m)$ 开始到目标行星。所得到的三脉冲转移轨道可作为进一步优化设计的初值。

3.2.2.3　横截条件

对于新的性能指标函数，接下来将推导其变分形式，可用于优化星际转移过程中的中间轨道机动脉冲施加的时间和位置。

考虑两条相邻的转移轨道 $\varGamma_1$ 和 $\tilde{\varGamma}_1$，两者均在 t_i 时刻自轨道 C_0 出发。对于轨道 $\varGamma_1$，分别在 t_i 和 t_f 时刻施加脉冲机动；对于轨道 $\tilde{\varGamma}_1$，探测器直到 $t_0^* = t_0 + dt_0$ 一直保持在轨道 C_0 上，随后分别在 t_0^* 和 t_f 时刻施加脉冲轨道机动，则性能指标可表示为初始速度增量和终端速度增量的函数。

轨道 $\varGamma_1$ 的性能指标函数可表示为

$$J_1 = f(\boldsymbol{v}_0^+ - \boldsymbol{v}_0^-) + g(\boldsymbol{v}_f^+ - \boldsymbol{v}_f^-) \qquad (3.2.38)$$

轨道 $\tilde{\varGamma}_1$ 的性能指标函数可表示为

$$J_1' = f(\boldsymbol{v}_1^+ - \boldsymbol{v}_1^-) + g(\boldsymbol{v}_f^+ - \boldsymbol{v}_f^- - \delta\boldsymbol{v}_f) \qquad (3.2.39)$$

两轨道速度增量的偏差可表示为

$$J_1' - J_1 = \delta J_1 = \alpha\boldsymbol{\lambda}_0^{\mathrm{T}}(\mathrm{d}\boldsymbol{v}_0^+ - \mathrm{d}\boldsymbol{v}_0^-) - \beta\boldsymbol{\lambda}_f^{\mathrm{T}}\delta\boldsymbol{v}_f^- \qquad (3.2.40)$$

式中，$\mathrm{d}\boldsymbol{v}_0^+ = \delta\boldsymbol{v}_0^+ + \dot{\boldsymbol{v}}_0^+ \mathrm{d}t_0$；$\mathrm{d}\boldsymbol{v}_0^- = \dot{\boldsymbol{v}}_0^- \mathrm{d}t_0$。

由于变量 $\boldsymbol{v}$ 是连续的，因此有

$$\mathrm{d}\boldsymbol{v}_0^+ - \mathrm{d}\boldsymbol{v}_0^- = \delta\boldsymbol{v}_0^+ \qquad (3.2.41)$$

根据式（3.2.12），转移轨道满足下式：

$$\boldsymbol{\lambda}_f^{\mathrm{T}}\delta\boldsymbol{v}_f^- - (\dot{\boldsymbol{\lambda}}_f^-)^{\mathrm{T}}\delta\boldsymbol{r}_f = \boldsymbol{\lambda}_0^{\mathrm{T}}\delta\boldsymbol{v}_0^+ - (\dot{\boldsymbol{\lambda}}_0^+)^{\mathrm{T}}\delta\boldsymbol{r}_0 \qquad (3.2.42)$$

考虑到 $\delta\boldsymbol{r}_f = \boldsymbol{0}$，速度增量的偏差可改写为

$$\delta J_1 = \alpha \boldsymbol{\lambda}_o^T \delta \boldsymbol{v}_0^+ - \beta (\boldsymbol{\lambda}_o^T \delta \boldsymbol{v}_0^+ - (\dot{\boldsymbol{\lambda}}_o^+)^T \delta \boldsymbol{r}_0)$$

$$= (\alpha - \beta) \boldsymbol{\lambda}_o^T \delta \boldsymbol{v}_0^+ + \alpha (\dot{\boldsymbol{\lambda}}_o^+)^T \delta \boldsymbol{r}_0 \tag{3.2.43}$$

由于 $\mathrm{d}\boldsymbol{r}_0 = \delta \boldsymbol{r}_0 + \dot{\boldsymbol{r}}_0^+ \mathrm{d}t_0$，因此式（3.2.43）可变为

$$\delta J_1 = (\alpha - \beta) \boldsymbol{\lambda}_o^T \delta \boldsymbol{v}_0^+ + \beta (\dot{\boldsymbol{\lambda}}_0^+)^T \mathrm{d}\boldsymbol{r}_0 - \beta (\dot{\boldsymbol{\lambda}}_0^+)^T \dot{\boldsymbol{r}}_0^+ \mathrm{d}t_0 \tag{3.2.44}$$

其横截条件代表两条相邻轨道之间的速度增量偏差，两者的初始状态差为 $\mathrm{d}\boldsymbol{r}_0$ 和 $\mathrm{d}t_0$。

类似地，终端状态的偏差可表示为

$$\delta J_2 = (\alpha - \beta) \boldsymbol{\lambda}_f^T \delta \boldsymbol{v}_f^- - \alpha (\dot{\boldsymbol{\lambda}}_f^-)^T \mathrm{d}\boldsymbol{r}_f + \alpha (\dot{\boldsymbol{\lambda}}_f^-)^T \dot{\boldsymbol{r}}_f^- \mathrm{d}t_f \tag{3.2.45}$$

式中，$\mathrm{d}\boldsymbol{r}_f, \mathrm{d}t_f$——终端状态差。

3.2.2.4　施加中间脉冲轨道机动的时间和位置

施加中间脉冲机动的时间和位置偏差可看作第一段转移轨道终端状态偏差和第二段转移轨道初始状态偏差同时作用的结果。因此，基于式（3.2.44）和式（3.2.45），两条相邻三脉冲转移轨道的速度增量偏差可表示为

$$\delta J = \delta J_1 + \delta J_2$$

$$= (1 - \beta) \boldsymbol{\lambda}_m^T \delta \boldsymbol{v}_m^+ + \beta (\dot{\boldsymbol{\lambda}}_m^+)^T \mathrm{d}\boldsymbol{r}_m - \beta (\dot{\boldsymbol{\lambda}}_m^+)^T \dot{\boldsymbol{r}}_m^+ \mathrm{d}t_m +$$

$$(\alpha - 1) \boldsymbol{\lambda}_m^T \delta \boldsymbol{v}_m^- - \alpha (\dot{\boldsymbol{\lambda}}_m^-)^T \mathrm{d}\boldsymbol{r}_m + \alpha (\dot{\boldsymbol{\lambda}}_m^-)^T \dot{\boldsymbol{r}}_m^- \mathrm{d}t_m \tag{3.2.46}$$

利用式（3.2.30）和式（3.2.41），可将式（3.2.46）写为

$$\delta J = (1 - \beta) \boldsymbol{\lambda}_m^T \boldsymbol{C} (\mathrm{d}\boldsymbol{r}_m - \dot{\boldsymbol{r}}_m^+ \mathrm{d}t_m) + \beta \dot{\boldsymbol{\lambda}}_m^T \mathrm{d}\boldsymbol{r}_m - \beta (\dot{\boldsymbol{\lambda}}_m^+)^T \dot{\boldsymbol{r}}_m^+ \mathrm{d}t_m +$$

$$(\alpha - 1) \boldsymbol{\lambda}_m^T \boldsymbol{D} (\mathrm{d}\boldsymbol{r}_m - \dot{\boldsymbol{r}}_m^- \mathrm{d}t_m) - \alpha \dot{\boldsymbol{\lambda}}_m^T \mathrm{d}\boldsymbol{r}_m + \alpha (\dot{\boldsymbol{\lambda}}_m^-)^T \dot{\boldsymbol{r}}_m^- \mathrm{d}t_m$$

$$\tag{3.2.47}$$

或写为

$$\delta J = \left[(1 - \beta) \boldsymbol{\lambda}_m^T \boldsymbol{C} + \beta (\dot{\boldsymbol{\lambda}}_m^+)^T + (\alpha - 1) \boldsymbol{\lambda}_m^T \boldsymbol{D} - \alpha (\dot{\boldsymbol{\lambda}}_m^-)^T \right] \mathrm{d}\boldsymbol{r}_m +$$

$$\left[(\beta - 1) \boldsymbol{\lambda}_m^T \boldsymbol{C} \dot{\boldsymbol{r}}_m^+ - \beta (\dot{\boldsymbol{\lambda}}_m^+)^T \dot{\boldsymbol{r}}_m^+ + (1 - \alpha)(\boldsymbol{\lambda}_m)^T \boldsymbol{D} \dot{\boldsymbol{r}}_m^- + \alpha (\dot{\boldsymbol{\lambda}}_m^-)^T \dot{\boldsymbol{r}}_m^- \right] \mathrm{d}t_m$$

$$\tag{3.2.48}$$

式（3.2.48）给出了速度增量函数相对于自变量 $\boldsymbol{r}_m$ 和 t_m 的梯度。中间脉冲轨道机动位置的最优条件为

$$\delta J = 0 \tag{3.2.49}$$

因此，最优解应满足如下条件：

$$\begin{cases} \boldsymbol{k}_1 = (1-\beta)\boldsymbol{\lambda}_{\mathrm{m}}^{\mathrm{T}}\boldsymbol{C} + \beta(\dot{\boldsymbol{\lambda}}_{\mathrm{m}}^{+})^{\mathrm{T}} + (\alpha-1)\boldsymbol{\lambda}_{\mathrm{m}}^{\mathrm{T}}\boldsymbol{D} - \alpha(\dot{\boldsymbol{\lambda}}_{\mathrm{m}}^{-})^{\mathrm{T}} = \boldsymbol{0} \\ k_2 = (\beta-1)\boldsymbol{\lambda}_{\mathrm{m}}^{\mathrm{T}}\boldsymbol{C}\dot{\boldsymbol{r}}_{\mathrm{m}}^{+} - \beta(\dot{\boldsymbol{\lambda}}_{\mathrm{m}}^{+})^{\mathrm{T}}\dot{\boldsymbol{r}}_{\mathrm{m}}^{+} + (1-\alpha)\boldsymbol{\lambda}_{\mathrm{m}}^{\mathrm{T}}\boldsymbol{D}\dot{\boldsymbol{r}}_{\mathrm{m}}^{-} + \alpha(\dot{\boldsymbol{\lambda}}_{\mathrm{m}}^{-})^{\mathrm{T}}\dot{\boldsymbol{r}}_{\mathrm{m}}^{-} = 0 \end{cases}$$

$$(3.2.50)$$

特别地，对于行星飞越任务而言，捕获指标系数 $\beta = 0$，则 $\boldsymbol{k}_1$ 和 k_2 变为

$$\begin{cases} \boldsymbol{k}_1 = \boldsymbol{\lambda}_{\mathrm{m}}^{\mathrm{T}}\boldsymbol{C} + (\alpha-1)\boldsymbol{\lambda}_{\mathrm{m}}^{\mathrm{T}}\boldsymbol{D} - \alpha(\dot{\boldsymbol{\lambda}}_{\mathrm{m}}^{-})^{\mathrm{T}} \\ k_2 = -\boldsymbol{\lambda}_{\mathrm{m}}^{\mathrm{T}}\boldsymbol{C}\dot{\boldsymbol{r}}_{\mathrm{m}}^{+} + (1-\alpha)\boldsymbol{\lambda}_{\mathrm{m}}^{\mathrm{T}}\boldsymbol{D}\dot{\boldsymbol{r}}_{\mathrm{m}}^{-} + \alpha(\dot{\boldsymbol{\lambda}}_{\mathrm{m}}^{-})^{\mathrm{T}}\dot{\boldsymbol{r}}_{\mathrm{m}}^{-} \end{cases}$$

$$(3.2.51)$$

对于直接逃逸轨道而言，逃逸指标系数 $\alpha = 0$，则 $\boldsymbol{k}_1$ 和 k_2 变为

$$\begin{cases} \boldsymbol{k}_1 = (1-\beta)\boldsymbol{\lambda}_{\mathrm{m}}^{\mathrm{T}}\boldsymbol{C} + \beta(\dot{\boldsymbol{\lambda}}_{\mathrm{m}}^{+})^{\mathrm{T}} - \boldsymbol{\lambda}_{\mathrm{m}}^{\mathrm{T}}\boldsymbol{D} \\ k_2 = (\beta-1)\boldsymbol{\lambda}_{\mathrm{m}}^{\mathrm{T}}\boldsymbol{C}\dot{\boldsymbol{r}}_{\mathrm{m}}^{+} - \beta(\dot{\boldsymbol{\lambda}}_{\mathrm{m}}^{+})^{\mathrm{T}}\dot{\boldsymbol{r}}_{\mathrm{m}}^{+} + \boldsymbol{\lambda}_{\mathrm{m}}^{\mathrm{T}}\boldsymbol{D}\dot{\boldsymbol{r}}_{\mathrm{m}}^{-} \end{cases}$$

$$(3.2.52)$$

对于一条次优的轨道而言，该问题转变为无约束的非线性规划问题。由于梯度可以根据轨道的状态转移矩阵、主矢量及其微分来解析获得，因此可采用 BFGS（Broydon‑Fletcher‑Goldfarb‑Shanno）梯度法解决转移轨道的优化问题。

BFGS 梯度法是一种迭代计算方法，每次迭代包含以下两个步骤：

第 1 步，根据梯度信息获得最优搜索方向 $\boldsymbol{p}_n$，其中 $\boldsymbol{p}_n$ 是 $[\boldsymbol{k}_1; k_2]$ 的函数，n 是迭代次数。

第 2 步，沿最优搜索方向获得最优计算步长 ε_n。因而，中间脉冲轨道机动施加位置和时间的变化量可通过下式获得：

$$\begin{bmatrix} \mathrm{d}\boldsymbol{r}_{\mathrm{m}_n} \\ \mathrm{d}t_{\mathrm{m}_n} \end{bmatrix} = \varepsilon_n \boldsymbol{p}_n \begin{bmatrix} \boldsymbol{k}_1 \\ k_2 \end{bmatrix}$$

$$(3.2.53)$$

所得到的三脉冲转移轨道将在位置 $(\boldsymbol{r}_{\mathrm{m}_{n-1}} + \mathrm{d}\boldsymbol{r}_{\mathrm{m}_n}, t_{\mathrm{m}_{n-1}} + \mathrm{d}t_{\mathrm{m}_n})$。此外，在每次迭代过程中，逃逸指标系数 α 和捕获指标系数 β 都需要进行修正，并在优化过程中保持常值不变。

经过以上多次迭代，即可获得最优的三脉冲转移轨道，而该轨道满足 $-\beta\boldsymbol{\lambda}_{\mathrm{m}}^{\mathrm{T}}\boldsymbol{C} + \beta(\dot{\boldsymbol{\lambda}}_{\mathrm{m}}^{+})^{\mathrm{T}} + \alpha\boldsymbol{\lambda}_{\mathrm{m}}^{\mathrm{T}}\boldsymbol{D} - \alpha(\dot{\boldsymbol{\lambda}}_{\mathrm{m}}^{-})^{\mathrm{T}} = -\boldsymbol{\lambda}_{\mathrm{m}}^{\mathrm{T}}(\boldsymbol{C} - \boldsymbol{D})$。于是增广主矢量可写为

$$(\boldsymbol{\lambda}_{\mathrm{m}}^*)^{\mathrm{T}} = -(\alpha\boldsymbol{\lambda}_{\mathrm{m}}^{\mathrm{T}}\boldsymbol{D} - \alpha(\dot{\boldsymbol{\lambda}}_{\mathrm{m}}^-)^{\mathrm{T}} - \beta\boldsymbol{\lambda}_{\mathrm{m}}^{\mathrm{T}}\boldsymbol{C} + \beta(\dot{\boldsymbol{\lambda}}_{\mathrm{m}}^+)^{\mathrm{T}})(\boldsymbol{C} - \boldsymbol{D})^{-1}$$

$$= \boldsymbol{\lambda}_{\mathrm{m}}^{\mathrm{T}}(\boldsymbol{C} - \boldsymbol{D})(\boldsymbol{C} - \boldsymbol{D})^{-1} = \boldsymbol{\lambda}_{\mathrm{m}}^{\mathrm{T}} \tag{3.2.54}$$

式（3.2.54）表明，在中间脉冲轨道机动位置，增广主矢量 $\boldsymbol{\lambda}_{\mathrm{m}}^*$ 与主矢量 $\boldsymbol{\lambda}_{\mathrm{m}}$ 相一致，并且二者的模在中间脉冲位置均等于1。

3.2.2.5　考虑始末约束的最优星际转移轨道设计步骤

3.2.2.4 节给出了考虑始末约束的星际转移脉冲轨道最优性判断条件，并给出了利用扩展主矢量增加中间脉冲轨道机动的方法。本节将详细给出利用扩展主矢量计算时间固定最优行星际转移轨道的设计步骤。

对于三脉冲转移轨道而言，可采用增广主矢量对其进行评估，若其满足 $\|\boldsymbol{\lambda}^*\| \leqslant 1$，则该转移轨道就是最优转移轨道；否则，可将 $\|\boldsymbol{\lambda}^*\| \geqslant 1$ 的转移轨道段作为新的时间固定两脉冲转移轨道 Γ^*，再利用 3.2.2.3 节中提到的方法得到轨道 Γ^* 的中间脉冲轨道机动状态。基于以上思路和方法，求解时间固定的最优行星际转移轨道的步骤可描述如下。

第 1 步，根据星际两脉冲转移轨道计算逃逸指标系数 α、捕获指标系数 β、主矢量 $\boldsymbol{\lambda}$ 和沿标称轨道的相对参数 $(\dot{\boldsymbol{\lambda}}_{\mathrm{v}}, \boldsymbol{C}, \boldsymbol{D})$。

第 2 步，计算沿标称轨道的增广主矢量 $\boldsymbol{\lambda}^*$ 并判断 $\|\boldsymbol{\lambda}^*\|$ 的值。若 $\|\boldsymbol{\lambda}^*\| \leqslant 1$，则该轨道为最优转移轨道；否则，施加一次中间脉冲轨道机动，其初始时刻为 t_{m_0}，该时刻在增广主矢量最大值为 $\|\boldsymbol{\lambda}^*(t_{\mathrm{m}})\| = \max(\|\boldsymbol{\lambda}^*(t)\|, t_0 < t < t_{\mathrm{f}})$，中间脉冲轨道的位置初值为 $\boldsymbol{r}_{\mathrm{m}_0} = \boldsymbol{r}(t_{\mathrm{m}_0}) + \delta\boldsymbol{r}_{\mathrm{m}_0}$。

第 3 步，原转移轨道被分为两段：第一段从 $(t_{\mathrm{i}}, \boldsymbol{R}_{\mathrm{i}})$ 到 $[t_{\mathrm{m}_0}, \boldsymbol{r}(t_{\mathrm{m}_0}) + \delta\boldsymbol{r}_{\mathrm{m}_0}]$；第二段从 $[t_{\mathrm{m}_0}, \boldsymbol{r}(t_{\mathrm{m}_0}) + \delta\boldsymbol{r}_{\mathrm{m}_0}]$ 到 $(t_{\mathrm{f}}, \boldsymbol{R}_{\mathrm{f}})$。求解这两段转移轨道并分别重新计算相关参数 $\alpha, \beta, \boldsymbol{C}, \boldsymbol{D}, \boldsymbol{\lambda}_{\mathrm{m}}, \dot{\boldsymbol{\lambda}}_{\mathrm{m}}$，同时计算 $\boldsymbol{k}_1, \boldsymbol{k}_2$ 和 $\mathrm{d}J = [\boldsymbol{k}_1; \boldsymbol{k}_2]$。

第 4 步，如果 $|\mathrm{d}J| < \delta$（如 $\delta = 10^{-5}$ 或更小），就执行第 5 步；否则，利用 BFGS 梯度法获得最优计算步长 $\mathrm{d}\boldsymbol{r}_{\mathrm{m}_n}$、$\mathrm{d}t_{\mathrm{m}_n}$，其中 $n(n \geqslant 1)$ 为迭代次数，施加中间脉冲轨道机动的时间变为 $t_{\mathrm{m}_n} = t_{\mathrm{m}_{n-1}} + \mathrm{d}t_{\mathrm{m}_n}$，位置变为 $\boldsymbol{r}_{\mathrm{m}_n} = \boldsymbol{r}_{\mathrm{m}_{n-1}} + \mathrm{d}\boldsymbol{r}_{\mathrm{m}_n}$，并回到第 3 步。

第 5 步，如果转移轨道为最优轨道，则执行第 6 步；否则，将最优转移段添加至整个星际转移轨道，再利用 BFGS 梯度法，对所有中间脉冲轨道机动的位置和时间同时进行优化，至其满足式（3.2.49）所述的最优条件。

第 6 步，计算整条转移轨道增广主矢量。如果所有转移段都满足 $\|\boldsymbol{\lambda}^*\| \leqslant 1$，就执行第 7 步；否则，将 $\|\boldsymbol{\lambda}^*\| \geqslant 1$ 的转移段作为新的两脉冲转移进行优化，更新参数 $t_i, t_f, \boldsymbol{R}_i, \boldsymbol{R}_f$，并回到第 1 步。

第 7 步，得到时间固定的最优多脉冲行星际转移轨道。计算每段轨道的两脉冲转移得到初始速度增量 Δv_1、终端速度增量 Δv_2 和中间脉冲机动 $\sum \Delta v_m$，得到转移轨道总速度增量为 $\Delta v_{\text{total}} = \Delta v_1 + \Delta v_2 + \sum \Delta v_m$。

3.2.3　火星探测多脉冲转移轨道设计与分析

本节基于前述讨论，考虑地球和火星的引力对地火转移轨道的影响，进行多脉冲转移轨道设计。假设探测器的初始状态为地球 200 km 高圆轨道，终端状态为火星 200 km 高圆轨道。探测器于 2020 年 7 月 27 日从地球发射，并于 2021 年 6 月 19 日到达火星。通过求解兰伯特问题可得到标称日心转移轨道，然后根据式（3.2.19）和式（3.2.20），利用双曲超速 $\boldsymbol{v}_{\infty 1}$ 和 $\boldsymbol{v}_{\infty 2}$ 等效计算所需施加的速度增量 $\Delta \boldsymbol{v}_1$ 和 $\Delta \boldsymbol{v}_2$。

设计结果表明，标称两脉冲转移所消耗的速度增量为 $\Delta v_{\text{total}} = 6.556$ km/s，初始参数分别为 $\alpha_1 = 0.386$ 和 $\beta_1 = 0.553$。增广主矢量的模 $\|\boldsymbol{\lambda}^*\|$ 沿标称轨道方向的变化情况如图 3.2.2 所示。与传统主矢量不同的是，增广主矢量在初始位置和终端位置的模分别等于 α 和 β。在整个转移过程中，$\|\boldsymbol{\lambda}^*\|$ 的最大值出现了大于 1 的情况，大约在逃逸地球后第 134 天，其值到达最大值 1.83。因此，可以通过施加一次中途脉冲得到更优的转移轨道。优化后得到最优地火转移轨道的总速度增量为 $\Delta v_{\text{total}}^{\text{opt}} = 6.416$ km/s（$\Delta v_1 = 3.858$ km/s，$\Delta v_2 = 2.060$ km/s，$\Delta v_m = 0.498$ km/s）。最优转移轨道的增广主矢量的变化情况如图 3.2.2 中的实线所示。

由图 3.2.2 可以看出，整个转移过程中增广主矢量的模均小于 1，满足最优条件，而且在中间脉冲施加位置增广主矢量的模等于 1，也符合上面的结论。最优地火转移轨道如图 3.2.3 所示。

相较于传统的两脉冲转移轨道，时间固定的最优多脉冲转移轨道所需的总速度增量下降了 140 m/s。为了验证结果，在相同的条件下，文献［10］采用微分进化（differential evolution，DE）算法对轨道进行优化，优化变量为中间脉冲的

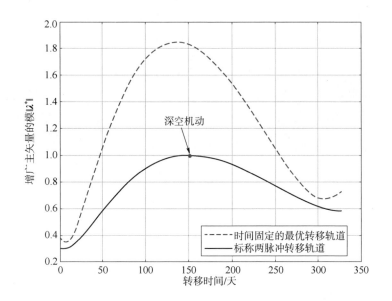

图 3.2.2 增广主矢量沿标称轨道和最优转移轨道的变化

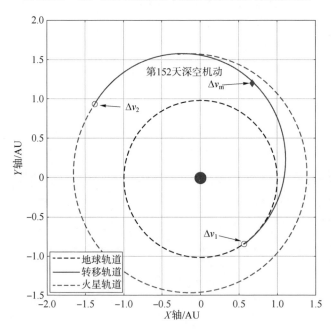

图 3.2.3 最优地火转移轨道示意图 (附彩图)

施加时间和位置。这两种方法得到的转移轨道对应的总速度增量偏差小于 1 m/s，如表 3.2.1 所示。进一步对两种方法的计算时间进行对比，分别计算 10 次并取其平均值。采用增广主矢量优化所需的平均时间为 0.162 s，而利用 DE 算法进行优化所需的平均时间为 0.754 s。

表 3.2.1　两种方法仿真结果的比较

轨道相关参数	两脉冲转移轨道	增广主矢量优化 多脉冲转移轨道	DE 算法
$\Delta v_{total}/(\mathrm{km \cdot s^{-1}})$	6.556	6.286	6.285
$\Delta v_1/(\mathrm{km \cdot s^{-1}})$	4.148	3.858	3.857
$\Delta v_m/(\mathrm{km \cdot s^{-1}})$	—	0.498	0.501
$\Delta v_2/(\mathrm{km \cdot s^{-1}})$	2.408	2.060	2.057
中间脉冲时间/(年/月/日)	—	2020/12/11	2020/12/11

■ 3.3　火星探测脉冲转移轨道的精确设计

3.1 节和 3.2 节给出了火星探测脉冲转移轨道的初始设计方法，包括等高线图法以及基于主矢量的最优多脉冲转移轨道设计方法。本节重点讨论火星探测任务脉冲转移轨道的精确设计问题。首先，对精确转移轨道设计问题进行具体描述；其次，分析火星探测转移轨道的特性，分别介绍日心转移段、地心逃逸段和火星捕获段轨道的设计方法；最后，结合 B 平面参数和微分修正算法讨论火星探测转移轨道的精确打靶设计，并进行仿真分析。

3.3.1　精确转移轨道设计问题描述

火星探测器在转移过程中处于复杂的引力场环境中，利用圆锥曲线拼接原理，可将其飞行过程分解为三个阶段——地心逃逸段、日心转移段和火心捕获段。在地球引力影响球内，探测器通过脉冲机动加速沿地心双曲线轨道运动；逃逸地球后，探测器将进入以太阳为中心的引力场，沿日心椭圆轨道飞向火星；到达火星影响球边界后，探测器将沿火心双曲线轨道运动，在近心点处施加机动，被捕获成为火星的卫星。采用圆锥曲线拼接法，可以确定探测器转移轨道的初步方案，在精确设计时需要对轨道参数进行修正。

实质上，火星探测器转移轨道的设计问题可以描述为一个两点边值问题。转移轨道的初始端点为逃逸地球时双曲线轨道的近地点，终止端点为进入火星时双曲线轨道的近心点。在日心黄道惯性坐标系中，考虑太阳、地球、火星和月球的引力影响，同时考虑太阳光压的摄动影响[11]，则探测器的轨道动力学模型可表示为

$$\ddot{\boldsymbol{r}} = -\mu_S \frac{\boldsymbol{r}}{r^3} + \mu_E \left(\frac{\boldsymbol{r}_E - \boldsymbol{r}}{\|\boldsymbol{r}_E - \boldsymbol{r}\|^3} - \frac{\boldsymbol{r}_E}{r_E^3} \right) + \mu_M \left(\frac{\boldsymbol{r}_M - \boldsymbol{r}}{\|\boldsymbol{r}_M - \boldsymbol{r}\|^3} - \frac{\boldsymbol{r}_M}{r_M^3} \right) + \mu_L \left(\frac{\boldsymbol{r}_L - \boldsymbol{r}}{\|\boldsymbol{r}_L - \boldsymbol{r}\|^3} - \frac{\boldsymbol{r}_L}{r_L^3} \right) + \boldsymbol{a}_p$$

$$(3.3.1)$$

式中，$\mu_S, \mu_E, \mu_M, \mu_L$——太阳、地球、火星、月球的引力常数；

$\boldsymbol{r}, \boldsymbol{r}_E, \boldsymbol{r}_M, \boldsymbol{r}_L$——探测器、地球、火星和月球在日心黄道惯性坐标系下的位置矢量；

$\boldsymbol{a}_p$——太阳光压的摄动加速度，具体表达式如下：

$$\ddot{\boldsymbol{r}} = -P_0 C_R \frac{A \boldsymbol{r}_\odot}{m r_\odot^3}$$

$$(3.3.2)$$

式中，P_0——1 个天文单位（AU）处太阳辐射压强，$P_0 \approx 4.560\,5 \times 10^{-6} \ \mathrm{N/m^2}$；

C_R——探测器表面反射系数，主要受探测器太阳能帆板的材质影响，这里取 1.2；

A——探测器受光照的参考面积，单位为 $\mathrm{m^2}$；

m——探测器质量，单位为 kg；

$\boldsymbol{r}_\odot$——探测器在日心黄道惯性坐标系下的归一化位置矢量（单位为 AU）。

记探测器从地球停泊轨道开始逃逸时刻为初始时刻 t_0，此时探测器的状态为 $\boldsymbol{X}_0 = [\boldsymbol{r}_0, \boldsymbol{v}_0]^T$，其中位置矢量 $\boldsymbol{r}_0$ 和速度矢量 $\boldsymbol{v}_0$ 均可由轨道拼接设计方法得到。根据轨道的初始状态，可以通过积分轨道动力学模型（式（3.3.1））得到探测器在任意时刻 t 的状态 $\boldsymbol{X}(t)$。由此，该转移轨道设计问题可以归结为：调整探测器的初始速度矢量 $\boldsymbol{v}_0$，使得转移轨道通过式（3.3.1）数值积分至终止时刻 t_f 满足终端约束，通常约束包括轨道倾角和近心点高度或 B 平面参数。

3.3.2 火星探测精确转移轨道设计方法

通过 3.1 节介绍的发射机会搜索和 3.2 节介绍的多脉冲转移轨道优化，可以

确定地火转移的发射窗口,即日心段转移轨道,同时可得到该发射窗口对应的逃逸地球双曲线超速矢量 $v_{\infty E}$ (相对地心惯性坐标系) 和到达火星时的双曲线超速矢量 $v_{\infty M}$ (相对火心惯性坐标系)。根据停泊轨道和任务轨道的倾角约束,可以初步确定地心逃逸段和火心捕获段的轨道,从而实现精确转移轨道的初始拼接。

3.3.2.1　地心逃逸轨道设计

根据日心转移轨道的设计结果,可得到探测器逃逸地球时的双曲线超速矢量 $v_{\infty E}$。由圆锥曲线拼接原理,进一步结合运载火箭发射约束条件,可确定地心逃逸段轨道参数[12]。

在地心惯性坐标系下, $v_{\infty E}$ 可以表示为

$$v_{\infty E} = [v_X, v_Y, v_Z] = v_{\infty E}[\cos\delta_{\infty E}\cos\alpha_{\infty E}, \cos\delta_{\infty E}\sin\alpha_{\infty E}, \sin\delta_{\infty E}]^T \quad (3.3.3)$$

式中, $\alpha_{\infty E}, \delta_{\infty E}$ ——矢量 $v_{\infty E}$ 的赤经角和赤纬角,具体可表示为

$$\alpha_{\infty E} = \arctan\frac{v_Y}{v_X} \quad (3.3.4)$$

$$\delta_{\infty E} = \arcsin\frac{v_Z}{v_\infty} \quad (3.3.5)$$

探测器停泊轨道的倾角 i_E 应满足如下关系:

$$|\delta_{\infty E}| \le i_E \le \pi - |\delta_{\infty E}| \quad (3.3.6)$$

此外,停泊轨道倾角的选择与发射场的地理纬度密切相关——直接发射轨道的倾角 i_E 应该大于发射场的纬度 δ_L,即

$$\delta_L \le i_E \quad (3.3.7)$$

暂不考虑其他任务约束,对于选定的发射场,为了充分利用地球自转速度,对地球停泊轨道一般选取该发射场能够发射的最小倾角顺行轨道。综合式 (3.3.6),可以确定发射轨道的倾角选择原则为:如果逃逸双曲线超速的赤纬 δ_∞ 小于发射场所在的纬度 δ_L,则地球停泊轨道的倾角可以选取为该发射场的最小可行发射倾角;如果逃逸双曲线超速的赤纬 $\delta_{\infty E}$ 大于发射场所在的纬度 δ_L,则地球停泊轨道的倾角可以选取为 $\delta_{\infty E}$。因此,发射的轨道倾角可以表示为

$$i_E = \max(|\delta_{\infty E}|, \delta_L) \quad (3.3.8)$$

表 3.3.1 给出了我国主要发射场所在的纬度 δ_L。

发射场	纬度 $\delta_{\mathrm{L}}/(°)$	发射场	纬度 $\delta_{\mathrm{L}}/(°)$
酒泉	40.97	西昌	28.25
太原	38.85	文昌	19.32

由表 3.3.1 可以看出，如果在西昌发射场发射火星探测器，则可选取的地球停泊轨道倾角为 28.5°；文昌发射场，则可为 19.5°。

对于任务要求的逃逸地球双曲超速矢量 $v_{∞\mathrm{E}}$，存在两组可行的轨道升交点赤经（$\Omega_{\mathrm{E}1}, \Omega_{\mathrm{E}2}$）和近地点幅角（$\omega_{\mathrm{E}1}, \omega_{\mathrm{E}2}$），即

$$\Omega_{\mathrm{E}1} = \alpha_{∞\mathrm{E}} + \arcsin\frac{\tan\delta_{∞\mathrm{E}}}{\tan i_{\mathrm{E}}} + \pi, \quad \omega_{\mathrm{E}1} = \arccos\frac{\sin\delta_{∞\mathrm{E}}}{\sin i_{\mathrm{E}}} - \beta_{\mathrm{E}} \quad (3.3.9)$$

$$\Omega_{\mathrm{E}2} = \alpha_{∞\mathrm{E}} - \arcsin\frac{\tan\delta_{∞\mathrm{E}}}{\tan i_{\mathrm{E}}}, \quad \omega_{\mathrm{E}2} = -\arccos\frac{\sin\delta_{∞\mathrm{E}}}{\sin i_{\mathrm{E}}} - \beta_{\mathrm{E}} \quad (3.3.10)$$

式中，

$$\beta_{\mathrm{E}} = \arcsin\left(1 + \frac{r_{\mathrm{pE}}v_{∞\mathrm{E}}^2}{\mu_{\mathrm{E}}}\right)^{-1} \quad (3.3.11)$$

式中，r_{pE}——探测器停泊轨道的近地点高度。

第一组参数（$\Omega_{\mathrm{E}1}, \omega_{\mathrm{E}1}$）表示逃逸地球双曲线轨道的近地点速度 Z 方向分量小于零，即降轨逃逸；第二组参数（$\Omega_{\mathrm{E}2}, \omega_{\mathrm{E}2}$）表示地球双曲线轨道的近地点速度 Z 方向分量大于零，即升轨逃逸。

3.3.2.2　火心捕获轨道设计

探测器进入火星引力影响球的双曲线轨道与地球逃逸双曲线轨道类似。火星任务轨道倾角 i_{M} 的取值应符合双曲线超速赤纬的要求，即 $i_{\mathrm{M}} \leqslant |\delta_{∞\mathrm{M}}|$。类似地，根据进入火星的双曲线超速矢量，也可以得到两组满足条件的捕获轨道升交点赤经 Ω 和近地点幅角 ω，分别为

$$\Omega_{\mathrm{M}1} = \alpha_{∞\mathrm{M}} + \arcsin\frac{\tan\delta_{∞\mathrm{M}}}{\tan i_{\mathrm{M}}} + \pi, \quad \omega_{\mathrm{M}1} = \arccos\frac{\sin\delta_{∞\mathrm{M}}}{\sin i_{\mathrm{M}}} + \beta_{\mathrm{M}} \quad (3.3.12)$$

$$\Omega_{\mathrm{M}2} = \alpha_{∞\mathrm{M}} - \arcsin\frac{\tan\delta_{∞\mathrm{M}}}{\tan i_{\mathrm{M}}}, \quad \omega_{\mathrm{M}2} = -\arccos\frac{\sin\delta_{∞\mathrm{M}}}{\sin i_{\mathrm{M}}} + \beta_{\mathrm{M}} \quad (3.3.13)$$

式中，

$$\beta_{\mathrm{M}} = \arcsin \left(1 + \frac{r_{\mathrm{pM}} v_{\infty \mathrm{M}}^2}{\mu_{\mathrm{M}}} \right)^{-1} \tag{3.3.14}$$

式中，r_{pM}——探测器停泊轨道的近心点高度。

3.3.2.3　精确转移轨道的 B 平面修正法

接下来，将基于高精度的动力学模型对探测器的转移轨道进行更详细的设计。根据 3.3.1 节对精确转移问题的描述，可以通过改变探测器的初始速度 v_0 使其满足终端轨道倾角和近心点高度约束。研究发现：通常轨道倾角和近拱点高度对轨道参数极为敏感，轨道修正的收敛性差。针对该问题，Kizner[13] 提出了 B 平面的概念，采用 B 平面内的一个矢量大小和方向来描述行星探测器相对目标点的距离误差，将该矢量记为 **B** 矢量。B 平面能够有效降低轨道终端约束对轨道初始参数的敏感度，因而在行星探测任务轨道设计中得到了广泛应用。下面将介绍基于 B 平面参数的火星探测脉冲转移轨道精确设计方法。

假定探测器进入目标天体引力影响球时的双曲线超速矢量为 V_∞，则 B 平面定义为过目标天体中心且垂直于 V_∞ 矢量的平面，如图 3.3.1 所示。通常，采用 B 平面内的两个单位矢量 **T** 和 **R** 描述 B 平面，其定义如下：

$$\begin{cases} \boldsymbol{T} = \dfrac{\boldsymbol{S} \times \boldsymbol{N}}{\|\boldsymbol{S} \times \boldsymbol{N}\|} \\ \boldsymbol{R} = \boldsymbol{S} \times \boldsymbol{T} \end{cases} \tag{3.3.15}$$

式中，**N**——单位参考矢量，一般取为目标天体的自转轴，或目标天体公转轨道的法向矢量；

S——双曲线超速矢量 V_∞ 的单位方向矢量。

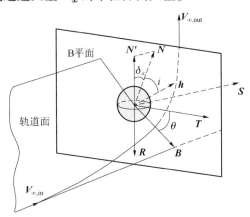

图 3.3.1　B 平面定义示意图

根据 B 平面定义可知，探测器进入时，双曲线轨道的平面和 B 平面正交。假设进入时双曲线轨道面的单位法向量为 h，其与矢量 N 的夹角即轨道的倾角 i，则 B 矢量的单位方向矢量 b 可表示为

$$b = \frac{B}{\|B\|} = S \times h \tag{3.3.16}$$

定义 θ 为 B 矢量与 T 矢量的夹角，沿顺时针方向为正。假设矢量 N 在 B 平面内的投影为 N'，则矢量 N 与矢量 h 的夹角为 i、与矢量 N' 的夹角为 δ_∞，矢量 N' 与矢量 h 的夹角为 θ。根据球面三角函数关系可得

$$\cos i = \cos \theta \cos \delta_\infty \tag{3.3.17}$$

$$\begin{cases} \cos \theta = \cos i / \cos \delta_\infty \\ \sin \theta = \sqrt{1 - \cos^2 \theta} \end{cases} \tag{3.3.18}$$

由式（3.3.17）可知，在探测器进入时双曲线轨道超速矢量和环绕火星任务轨道倾角给定的情况下，存在两条可能的火星捕获轨道：当 θ 值位于第一、第二象限时，探测器在经过近心点后进入轨道上升阶段，称为"升轨"；当 θ 值位于第三、第四象限时，探测器在经过近心点后进入轨道下降阶段，称为"降轨"。在具体轨道设计时，为区别这两种轨道，则需要对 θ 值进行适当选择。

B 矢量的大小与进入时双曲线矢量大小和近心点半径 r_p 的关系可表示为

$$b = \sqrt{r_p^2 + \frac{2 r_p \mu_M}{V_\infty^2}} \tag{3.3.19}$$

因此，B 矢量在 T 轴和 R 轴的分量分别表示为

$$B_T = B \cdot T = b \cos \theta \tag{3.3.20}$$

$$B_R = B \cdot R = b \sin \theta \tag{3.3.21}$$

式（3.3.20）和式（3.3.21）隐含了进入双曲线轨道的倾角和近心点距离信息。相比轨道倾角和近心点距离，B_T 和 B_R 对转移轨道初始状态的敏感度显著降低。因此，利用 B_T 和 B_R 约束替代轨道倾角和近心点距离约束，可以有效提高轨道设计的效率。

基于 B 平面参数，转移轨道的目标参数可以表示为

$$\boldsymbol{B}^{\text{t}} = \begin{bmatrix} B_T^{\text{t}} & B_R^{\text{t}} & \tau^{\text{t}} \end{bmatrix}^{\text{T}} \tag{3.3.22}$$

式中，τ^{t}——转移轨道积分终止状态到近心点的飞行时间，应设为 $\tau^{\text{t}} = 0$。

基于以上，火星探测器转移轨道设计问题可以归结为：调整探测器的初始速度矢量 $\boldsymbol{v}_0$，使得到达火星时满足式（3.3.22）给出的 B 平面参数约束。该问题可以转化为求解如下非线性方程组：

$$\boldsymbol{f}(\boldsymbol{v}_0) - \boldsymbol{B}^{\text{t}} = 0 \tag{3.3.23}$$

式中，$\boldsymbol{f}(\boldsymbol{v}_0)$——实际转移轨道终端状态对应的 B 平面参数，$\boldsymbol{f}(\boldsymbol{v}_0) = \begin{bmatrix} B_T^{\text{r}} & B_R^{\text{r}} & \tau^{\text{r}} \end{bmatrix}^{\text{T}}$。

利用 B 平面参数进行打靶修正可以较快获得精确轨道设计，B 平面修正法主要包括两方面：一是根据初始轨道状态计算实际的 B 平面参数 $\boldsymbol{f}(\boldsymbol{v}_0)$；二是设计合适的迭代算法求解式（3.3.23）。

$\boldsymbol{f}(\boldsymbol{v}_0)$ 的求解过程如下：根据当前转移轨道的初始状态 $\boldsymbol{r}_0$ 和 $\boldsymbol{v}_0$，数值积分轨道动力学模型至终端时刻 t_{f}，获得转移轨道的终端状态 $\boldsymbol{r}_{\text{f}}$ 和 $\boldsymbol{v}_{\text{f}}$；对 $\boldsymbol{r}_{\text{f}}$ 和 $\boldsymbol{v}_{\text{f}}$ 进行转换，获得在火星惯性坐标系下探测器相对火星轨道的半长轴 a、偏心率 e 和真近点角 θ。具体参数可根据如下关系[12]计算：

$$\boldsymbol{h} = \boldsymbol{r}_{\text{f}} \times \boldsymbol{v}_{\text{f}}, \quad \boldsymbol{n} = \frac{\boldsymbol{h}}{\|\boldsymbol{h}\|} \tag{3.3.24}$$

$$b = -a\sqrt{e^2 - 1} \tag{3.3.25}$$

$$\boldsymbol{S} = \frac{\boldsymbol{V}_\infty}{\|\boldsymbol{V}_\infty\|}, \quad \boldsymbol{N} = \begin{bmatrix} 0;0;1 \end{bmatrix} \tag{3.3.26}$$

$$\boldsymbol{T} = \frac{\boldsymbol{S} \times \boldsymbol{N}}{\|\boldsymbol{S} \times \boldsymbol{N}\|}, \quad \boldsymbol{R} = \boldsymbol{S} \times \boldsymbol{T} \tag{3.3.27}$$

$$\boldsymbol{B} = b(\boldsymbol{S} \times \boldsymbol{n}), \quad B_T = \boldsymbol{B} \cdot \boldsymbol{T}, \quad B_R = \boldsymbol{B} \cdot \boldsymbol{R} \tag{3.3.28}$$

$$F = 2\,\text{artanh}\left(\sqrt{\frac{e-1}{e+1}}\tan\frac{\theta}{2}\right) \tag{3.3.29}$$

$$M = e\sinh F - F \tag{3.3.30}$$

$$\tau = \frac{\|\boldsymbol{h}\|^3}{\mu_{\text{M}}^2}\frac{1}{(e^2-1)^{3/2}}M \tag{3.3.31}$$

$$\boldsymbol{f}(\boldsymbol{v}_0) = \begin{bmatrix} B_T & B_R & \tau \end{bmatrix}^{\text{T}} \tag{3.3.32}$$

在高精度模型下，探测器的动力学方程具有强非线性，难以解析求解式（3.3.23）。B 平面参数的微分修正算法可利用数值方法表征 v_0 对 $f(v_0)$ 的影响。对初始状态 v_0 施加小扰动 δv_0，并经过高精度动力学积分至终端时刻，可得到终端状态参数对扰动 δv_0 的响应，进而得到终端状态相对初始状态的敏度矩阵：

$$K = \begin{bmatrix} \dfrac{\partial B_T}{\partial v_{0x}} & \dfrac{\partial B_T}{\partial v_{0y}} & \dfrac{\partial B_T}{\partial v_{0z}} \\[3mm] \dfrac{\partial B_R}{\partial v_{0x}} & \dfrac{\partial B_R}{\partial v_{0y}} & \dfrac{\partial B_R}{\partial v_{0z}} \\[3mm] \dfrac{\partial \tau}{\partial v_{0x}} & \dfrac{\partial \tau}{\partial v_{0y}} & \dfrac{\partial \tau}{\partial v_{0z}} \end{bmatrix} \qquad (3.3.33)$$

即初始状态和终端状态满足如下关系：

$$\delta f(v_0) = \begin{bmatrix} \delta B_T \\ \delta B_R \\ \delta \tau \end{bmatrix} = K \cdot \begin{bmatrix} \delta v_{0x} \\ \delta v_{0y} \\ \delta v_{0z} \end{bmatrix} \qquad (3.3.34)$$

故而，可以得到微分修正脉冲和终端误差的关系为

$$\Delta v_0 = K^{-1} \begin{bmatrix} \delta B_T \\ \delta B_R \\ \delta \tau \end{bmatrix} \qquad (3.3.35)$$

　　基于上述方法进行数次迭代计算，即可得到精确动力学模型下满足终端误差条件的初始速度状态 v_0，这种微分修正的方法叫作牛顿 – 拉弗森法（Newton – Raphson method），整个算法的设计流程如图 3.3.2 所示。

3.3.3　火星探测精确转移轨道设计实例与分析

　　采用考虑地球、月球、太阳、火星等天体引力的高精度动力学模型，并引入太阳光压等摄动影响，行星星历根据 JPL DE421 星历表解算。以 2020 年的火星发射窗口为例，根据等高线图法得到的最优转移机会，并考虑地心逃逸段和火心捕获段轨道，对应的速度矢量参数如表 3.3.2 所示。

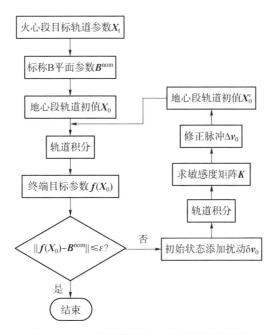

图 3.3.2　B 平面微分修正算法设计流程图

表 3.3.2　火星探测器出发和到达双曲线超速参数

双曲线参数	逃逸地球时双曲线超速 $v_{\infty E}$	达到火星时双曲线超速 $v_{\infty M}$
x 分量/$(\text{km} \cdot \text{s}^{-1})$	3.311 1	2.107 0
y 分量/$(\text{km} \cdot \text{s}^{-1})$	0.614 4	1.250 9
z 分量/$(\text{km} \cdot \text{s}^{-1})$	1.645 5	−0.791 1
赤经 α_∞/(°)	10.511 8	30.696 8
赤纬 δ_∞/(°)	26.040 8	−17.891 6

假设探测器停泊轨道的近地点高度为 $r_{pE} = 200\ \text{km}$，取式（3.3.9）对应的地心逃逸段轨道，得到的轨道参数如表 3.3.3 所示。

同时，选取探测器的任务轨道为火星极轨道，轨道倾角为 85°，近心点高度为 $r_{pM} = 400\ \text{km}$。进入火星时，双曲线超速的赤纬为 $|\delta_{\infty M}| = 17.9°$，对应的火心捕获段轨道参数如表 3.3.4 所示。

表 3.3.3　地心逃逸段轨道参数

逃逸双曲线轨道入轨日期/(年/月/日)	2020/07/27
入轨点位置/km	[− 4 376.887; − 4 633.402; − 1 626.201]
入轨点双曲线速度/(km·s⁻¹)	[6.835 8; − 8.123 2; 4.746 2]
近地点半径/km	6 578
轨道半长轴/km	− 28 372.798
轨道偏心率	1.231 8
轨道倾角/(°)	28.5
升交点赤经/(°)	254.659
近地点幅角/(°)	328.795
发射双曲超速/(km·s⁻¹)	3.748 2

表 3.3.4　火心捕获段轨道参数

进入双曲线轨道捕获日期/(年/月/日)	2021/02/19
捕获点位置/km	[2 869.962; 1 389.814; 2 059.454]
捕获点双曲线速度/(km·s⁻¹)	[2.379 8; 1.775 3; − 4.514 4]
近心点半径/km	3 796
轨道半长轴/km	− 6 459.673
轨道偏心率	1.587 6
轨道倾角/(°)	85.0
升交点赤经/(°)	209.078
近地点幅角/(°)	147.002
捕获双曲超速/(km·s⁻¹)	2.574 9

　　以表 3.3.3 中的参数作为设计初值,采用 B 平面打靶法可得到微分修正前后参数的对比情况,如表 3.3.5 所示。仍以表 3.3.1 中的参数进行地火转移轨道精确设计。由于地心逃逸段轨道和火星捕获段轨道均存在两组初值,因此对应 4 条转移轨道,根据始末双曲线轨道的特点可分为升 – 升、升 – 降、降 – 升和降 – 降 4 种类型。4 种类型修正轨道参数如表 3.3.6 所示。

表 3.3.5　微分修正参数对比

描述量	修正前	修正后	修正量
初始速度 $v_{0x}/(\mathrm{km \cdot s^{-1}})$	6.835 8	6.743 5	-0.092 3
初始速度 $v_{0y}/(\mathrm{km \cdot s^{-1}})$	-8.123 2	-8.108 3	0.014 9
初始速度 $v_{0z}/(\mathrm{km \cdot s^{-1}})$	4.746 2	4.892 9	0.146 7
B_T/km	-37 618.3	741.324	38 359.6
B_R/km	-490 761.1	8 014.754	498 775.9
τ/s	373 737.6	1.028	-373 736.6
捕获轨道高度 h_p/km	1 102 557.207	400.522	-1 102 156.685
捕获轨道倾角 $i/(°)$	72.241	85.061	12.820
升交点赤经 $\Omega/(°)$	206.744	209.179	2.435
近地点幅角 $\omega/(°)$	108.019	147.326	39.307

表 3.3.6　不同类型的修正轨道参数

设计变量	地心段参数			火心段参数				轨道类型
	$v_0/(\mathrm{km \cdot s^{-1}})$	$\Omega/(°)$	$\omega/(°)$	r_p/km	$i/(°)$	$\Omega/(°)$	$\omega/(°)$	
初值	11.629	254.659	328.795	距离火心 1.103×10^6 km				地球升
	11.629	306.365	282.662	距离火心 1.146×10^6 km				地球降
微分修正	11.626	253.753	329.457	400.522	85.061	209.179	147.326	升-升
	11.625	253.823	329.408	407.251	84.918	32.468	290.638	升-降
	11.625	304.569	284.473	405.862	84.790	209.019	147.344	降-升
	11.625	304.969	283.963	384.972	85.074	32.405	290.796	降-降

3.4　火星探测转移轨道中途修正策略

由于探测器在其发射及飞行过程中会受到发射误差、导航测量误差及修正执行误差等因素的影响，因此其实际飞行轨道会偏离预先设计的标称轨道。即使微小的误差经过了长时间的飞行后，积累的终端状态偏差也很大。为了完成预定的任务，必须对实际飞行轨道实施修正，使修正后的飞行轨道能够满足任务所要求的终端约束。本节围绕中途修正控制策略和轨道修正误差分析两部分内容，讨论火星探测转移轨道的中途修正问题。

3.4.1　火星探测转移轨道中途修正方法

　　为保证偏离标称轨道的探测器最终可达到目标点并满足终端状态约束，需在探测器日心轨道转移途中施加脉冲机动，即所谓的中途修正。在修正推力的作用下，探测器将沿着修正后的轨道准确地飞向目标点，并满足预设终端约束。中途修正的基本原理如图3.4.1所示。

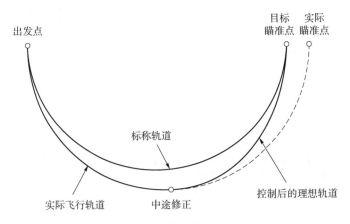

图 3.4.1　中途修正原理

　　探测器的中途修正通常包括：

　　(1) 逃逸段轨道修正，主要用于消除在发射时运载火箭的入轨误差，包括发射位置偏差和发射窗口偏差等。

　　(2) 日心转移段的轨道修正，主要用于修正飞行偏差，避免探测器碰撞行星并修正测控误差、轨道控制误差等。

　　(3) 捕获段轨道修正，主要用于修正满足探测的捕获入轨条件，确保安全稳定捕获入轨。

　　实际飞行中，探测器的中途修正不可能通过一次轨道机动完成，往往需要在不同阶段实施多次轨道修正。中途修正的次数和时间是影响中途修正燃料消耗与轨道精度的关键因素。针对中途修正问题，Breakwell 等[14]提出针对行星间直接转移轨道最小燃料消耗的 Breakwell 间距比策略；利用该策略，可得到终端误差精度和制导能力与中途修正次数的关系[15-16]。

在 Breakwell 间距比策略中，考虑终端 $\boldsymbol{B}$ 矢量作为脱靶量，$\boldsymbol{B}$ 矢量的大小 b 是时间、位置与速度的函数，即 $b = \boldsymbol{B}(t, x, y, z, \dot{x}, \dot{y}, \dot{z})$。

假设两次脉冲之间的脱靶量不变，即

$$\boldsymbol{B}(t_{n-1}, x_{n-1}, y_{n-1}, z_{n-1}, \dot{x}_{n-1}^{+}, \dot{y}_{n-1}^{+}, \dot{z}_{n-1}^{+}) = \boldsymbol{B}(t_n, x_n, y_n, z_n, \dot{x}_n^{-}, \dot{y}_n^{-}, \dot{z}_n^{-})$$

$$(3.4.1)$$

由于每一次修正的目标都是消除误差，因此修正速度脉冲分量在线性近似下应满足：

$$\tilde{\boldsymbol{B}}_{n-1} + \frac{\partial \boldsymbol{B}(t_n, x_n, y_n, z_n, \dot{x}_n, \dot{y}_n, \dot{z}_n)}{\partial \dot{x}_n} \tilde{\Delta} \dot{x}_n + \frac{\partial \boldsymbol{B}(t_n, x_n, y_n, z_n, \dot{x}_n, \dot{y}_n, \dot{z}_n)}{\partial \dot{y}_n} \tilde{\Delta} \dot{y}_n +$$

$$\frac{\partial \boldsymbol{B}(t_n, x_n, y_n, z_n, \dot{x}_n, \dot{y}_n, \dot{z}_n)}{\partial \dot{z}_n} \tilde{\Delta} \dot{z}_n = \boldsymbol{0} \tag{3.4.2}$$

式中，$\tilde{\boldsymbol{B}}_{n-1}$——第 $n-1$ 次修正和第 n 次修正间基于观测计算出的脱靶量，偏导数沿标称轨道计算。

用 $\dfrac{\partial \boldsymbol{B}(t_n)}{\partial \dot{x}}$，$\dfrac{\partial \boldsymbol{B}(t_n)}{\partial \dot{y}}$ 和 $\dfrac{\partial \boldsymbol{B}(t_n)}{\partial \dot{z}}$ 代替上述偏导数，平方根 $B_v(t_n)$ 可表示为

$$B_v(t_n) = \sqrt{\left[\frac{\partial \boldsymbol{B}(t_n)}{\partial \dot{x}}\right]^2 + \left[\frac{\partial \boldsymbol{B}(t_n)}{\partial \dot{y}}\right]^2 + \left[\frac{\partial \boldsymbol{B}(t_n)}{\partial \dot{z}}\right]^2} \tag{3.4.3}$$

这里采用 $\boldsymbol{a}_n$ 表示偏导数矢量的方向，$\tilde{\Delta} v_n$ 表示速度增量大小，$\Delta \tilde{\boldsymbol{\phi}}_n$ 表示速度增量的方向，则方程可写成 $B_v(t_n) \tilde{\Delta} v_n \cos(\tilde{\boldsymbol{\phi}}_n - \boldsymbol{a}_n) = -\tilde{\boldsymbol{B}}_{n-1}$。为使 $\tilde{\Delta} v_n$ 最小，则应使得 $|\cos(\tilde{\boldsymbol{\phi}}_n - \boldsymbol{a}_n)|$ 最大，那么速度增量的最小值为

$$\tilde{\Delta} v_n = \| \tilde{\boldsymbol{B}}_{n-1} \| / B_v(t_n) \tag{3.4.4}$$

实际中，速度脉冲矢量的方向和大小有偏差，分别为 $\boldsymbol{\phi}_n = \tilde{\boldsymbol{\phi}}_n + \varepsilon_\phi^n$ 和 $\Delta v_n = \tilde{\Delta} v_n + \varepsilon_v^n$，在忽略二阶项的情况下，第 n 次修正后的脱靶量为

$$\boldsymbol{B}_n = \boldsymbol{B}_{n-1} + \Delta v_n B_v(t_n) \cos(\boldsymbol{\phi}_n - \boldsymbol{a}_n)$$

即

$$\boldsymbol{B}_n = \boldsymbol{B}_{n-1} + (\tilde{\Delta} v_n + \varepsilon_v^n) B_v(t_n) \cos(\tilde{\boldsymbol{\phi}}_n + \varepsilon_\phi^n - \boldsymbol{a}_n) \tag{3.4.5}$$

如果计算所得的 $\tilde{\boldsymbol{B}}_{n-1}$ 和实际的 $\boldsymbol{B}_{n-1}$ 相差 ε_B^{n-1}，即 $\tilde{\boldsymbol{B}}_{n-1} = \boldsymbol{B}_{n-1} - \varepsilon_B^{n-1}$，那么

根据 $\tilde{\boldsymbol{B}}_{n-1}$ 大于或小于 0 ，则有

$$
\begin{aligned}
\boldsymbol{B}_n &= \tilde{\boldsymbol{B}}_{n-1} + \boldsymbol{\varepsilon}_B^{n-1} + (\tilde{\Delta}v_n + \varepsilon_v^n) B_v(t_n) \cos(\tilde{\boldsymbol{\phi}}_n + \boldsymbol{\varepsilon}_\phi^n - \boldsymbol{a}_n) \\
&= \tilde{\boldsymbol{B}}_{n-1} + \boldsymbol{\varepsilon}_B^{n-1} + \tilde{\Delta}v_n B_v(t_n) \cos(\tilde{\boldsymbol{\phi}}_n + \boldsymbol{\varepsilon}_\phi^n - \boldsymbol{a}_n) + \varepsilon_v^n B_v(t_n) \cos(\tilde{\boldsymbol{\phi}}_n + \boldsymbol{\varepsilon}_\phi^n - \boldsymbol{a}_n) \\
&= \boldsymbol{\varepsilon}_B^{n-1} + \varepsilon_v^n B_v(t_n)
\end{aligned}
\tag{3.4.6}
$$

这表明在一次轨道修正脉冲之后的轨道精度同时受到之前测控弧段的定轨计算误差及该次修正执行误差的影响。

根据 $\tilde{\boldsymbol{B}}_{n-1}$ 定义速度增量的大小 $\Delta\omega_n = \pm\Delta v_n$ 以及速度执行误差的大小 $\varepsilon_\omega^n = \pm\varepsilon_v^n$ ，根据前面的推导有

$$
\Delta v_n = \tilde{\Delta}v_n + \varepsilon_v^n = \parallel\tilde{\boldsymbol{B}}_{n-1}\parallel / B_v(t_n) + \varepsilon_v^n
$$

即

$$
\Delta\omega_n = \parallel\tilde{\boldsymbol{B}}_{n-1}\parallel / B_v(t_n) + \varepsilon_\omega^n
\tag{3.4.7}
$$

结合之前叙述，并用 $n-1$ 代替 n ，可得

$$
\Delta\omega_n = \begin{cases}
\dfrac{\varepsilon_B^{n-2} + \varepsilon_v^{n-1} B_v(t_{n-1}) - \varepsilon_B^{n-1}}{B_v(t_n)} + \varepsilon_\omega^n \left[\varepsilon_\omega^n - \dfrac{\varepsilon_B^{n-1}}{B_v(t_n)}\right] - \dfrac{B_v(t_{n-1})}{B_v(t_n)} + \left[\varepsilon_\omega^{n-1} - \dfrac{\varepsilon_B^{n-2}}{B_v(t_n)}\right], & n>1 \\[4mm]
\left[\varepsilon_\omega^n - \dfrac{\varepsilon_B^{n-1}}{B_v(t_n)}\right] - \dfrac{B_v(t_{n-1})}{B_v(t_n)}, & n=1
\end{cases}
$$

$$
\tag{3.4.8}
$$

式（3.4.8）表明了第 n 个速度增量及由此可以计算出的第 n 次修正的燃料消耗，取决于 n 次修正前的误差。其中，第一个方括号中的项代表了当前定轨误差与速度执行误差，第二个方括号代表先前的误差。对于给定的 t_{n-1} ，因式 $B_v(t_{n-1})/B_v(t_n)$ 随着 t_n 接近预计抵达时间而变得无穷大，这表明用以补偿先前误差的速度增量随着修正时间的推移而增加。此外，对于一定的终端精度，过早的修正可能增加总的修正次数，从而导致不必要的燃料消耗。假定燃料消耗速度恒定，那么总速度增量和总燃料消耗满足如下关系：

$$
\sum_n \Delta v_n = \sum_n \Delta\omega_n = c \log_3 R
\tag{3.4.9}
$$

式中， c ——推进剂消耗速度；

R ——初始和终端的质量之比。

基于燃料消耗最优的制导策略是选择时间序列 $\{t_n\}$ ，使得在满足一定终端精度的前提下所需的总的速度增量的期望值 $\sum \mathbb{E}(\mid\Delta\omega_n\mid)$ 最小。

假设速度执行误差 ε_ω^n 独立于轨迹位置且服从正态分布，其均值为 0 ，标准

差为 σ_v；$\varepsilon_B^{n-1}/B_v(t_n)$ 服从正态分布，均值为 0，标准差为 σ'，并且与速度执行误差 ε_ω^n 无关。因此式（3.4.8）中每一个方括号中的式子都满足下式：

$$\left[\varepsilon_\omega^n - \frac{\varepsilon_B^{n-1}}{B_v(t_n)}\right] = \sqrt{\sigma_v^2 + \sigma'^2}\,\xi_n \tag{3.4.10}$$

这样，当 $n > 1$ 时，所有的修正速度期望之和为

$$\sum_{n>1} \mathbb{E}(|\Delta\omega_n|) = \sqrt{\frac{2}{\pi}}\,\sqrt{\sigma_v^2 + \sigma'^2}\sum_{n>1}\left\{1 + \left[\frac{B_v(t_{n-1})}{B_v(t_n)}\right]^2\right\}^{1/2} \tag{3.4.11}$$

第一次修正的速度增量 $\Delta\boldsymbol{\omega}_1$ 取决于初始脱靶量 $\boldsymbol{B}_0$，第一次速度增量的期望可写为

$$\mathbb{E}(|\Delta\omega_1|) = \sqrt{\frac{2}{\pi}}\left\{\sigma_v^2 + \sigma'^2 + \left[\frac{\sigma_{B0}}{B_v(t_1)}\right]^2\right\}^{1/2} \tag{3.4.12}$$

式中，σ_{B0}——初始脱靶量的标准差。

因为一般情况下 $B_v(t)$ 单调递减至 0，所以最后一次修正时间 t_N 应满足修正后误差传递到终端符合精度要求，即 $B_v(t_N) \leqslant B_v^*$，B_v^* 为给定的容许脱靶误差，这样就得到了需要优化的表达式：

$$\frac{\displaystyle\sum_{n=1}^N \mathbb{E}(|\Delta\omega_n|)}{\sqrt{\dfrac{2}{\pi}}\,\sqrt{\sigma_v^2 + \sigma'^2}} = \left\{1 + \left[\frac{\sigma_{B0}}{(\sigma_v^2 + \sigma'^2)B_v(t_1)}\right]^2\right\}^{1/2} + \sum_{n=2}^N \left\{1 + \left[\frac{B_v(t_{n-1})}{B_v(t_n)}\right]^2\right\}^{1/2}$$

$$\tag{3.4.13}$$

通过一系列包含求解条件极值问题的数学推导，可以得到行星际探测燃料最优的中途修正策略：

$$\begin{cases} B_v(t_N) = B_v^* \\ \dfrac{B_v(t_1)}{B_v(t_2)} = \dfrac{B_v(t_2)}{B_v(t_3)} = \cdots = \dfrac{B_v(t_{n-1})}{B_v(t_n)} = 3 \end{cases} \tag{3.4.14}$$

对应的修正总次数为

$$N = 1 + \log_3 \frac{B_v(0)}{B_v^*} \tag{3.4.15}$$

式（3.4.14）反映了制导能力对中途修正时刻的影响，表明前一次修正后误差传播量与后一次修正误差传播量为公比是 1/3 的等比数列。式（3.4.15）反映了终端误差精度与发射误差对于中途修正次数的影响。

综上所述，根据 Breakwell 间距比法，可以给出中途修正的控制策略。首先，

根据 Breakwell 间距比法在给定容许脱靶误差、修正后速度与位置误差的条件下，确定制导修正次数和每次中途修正时间；随后，在考虑发射入轨误差、导航测量误差、修正执行误差等因素的情况下，利用小扰动法计算每次中途修正的速度增量均值。具体方法如下：

（1）修正前的探测器状态为 $X_t^- = [r_t, v_t^-]$，给 v_t^- 以小扰动 δv_t，得到新的轨道状态 $X_t^+ = [r_t, v_t^+]$。

（2）以 X_t^+ 作为初始状态进行高精度轨道积分，计算对应的终端 B 平面参数 $f(v_t^+)$。

（3）根据 $f(v_t^+)$ 与期望 B 平面参数的偏差，计算微分修正的敏度矩阵。

（4）猜测下一次迭代的 v_t^+，经过数次迭代，完成 B 平面参数打靶，实现轨道修正，对应的满足终端状态约束的 δv_t 即所需的修正控制脉冲。

3.4.2　火星探测转移轨道中途修正实例分析

探测器在发射及轨道机动等环节都会产生一定的误差，这些误差是不可预知的。采用蒙特卡罗法对中途修正进行仿真分析是一个直观且有效的途径。该方法通过对实际过程进行大样本仿真分析，从而得到对未知随机事件的统计信息，并可获得相应的统计结论。

本节仍以表 3.1.1 中的第一个发射窗口作为标称条件，以 3.3.4 节中微分修正后的轨道（升 – 升）作为标称轨道。在转移过程中，需要考虑的主要误差包括发射入轨误差、定轨测量误差、修正执行误差。

（1）发射入轨误差：主要由进入停泊轨道时的状态误差、近地点轨控误差组成，是中途修正的主要误差源。

（2）定轨测量误差：主要由轨道确定误差引起，包括探测器当前的位置误差和速度误差。定轨测量误差使得终端瞄准点的估计值与真实值存在偏差，而由此计算得到的修正速度增量也存在偏差。

（3）修正执行误差：主要指中途修正时发动机的执行误差，包括推力大小误差和推力方向误差。

在计算过程中，近地点的实际发射状态为考虑入轨误差的标称状态；在求解轨道修正脉冲时，其积分初值为考虑测量误差的实际状态；在轨道修正时，实际状态的修正量为考虑执行误差的修正量。实际修正效果用 B 平面脱靶量（也称"终端残余误差"）$\delta \|B\|$ 来体现，其反映了修正之后轨道终端状态的偏差。B 平面脱靶量由下式求解：

$$\delta\|\boldsymbol{B}\| = \sqrt{(\delta B_R)^2 + (\delta B_T)^2} \qquad (3.4.16)$$

给定容许脱靶误差 B_v^* 为 50 km，考虑表 3.4.1 中给出的误差源，终端 B 平面误差随最后一次修正时间的传播情况如图 3.4.2 所示。

表 3.4.1　地火转移轨道误差源及量级

误差源	误差项	3σ
发射入轨误差	位置误差/km	$[20, 20, 20]$
	速度误差/$(\text{m} \cdot \text{s}^{-1})$	$[2, 2, 2]$
导航测量误差	位置误差/km	$[30, 30, 30]$
	速度误差/$(\text{m} \cdot \text{s}^{-1})$	$[0.1, 0.1, 0.1]$
修正执行误差	方向误差/$(°)$	1
	大小误差/%	2

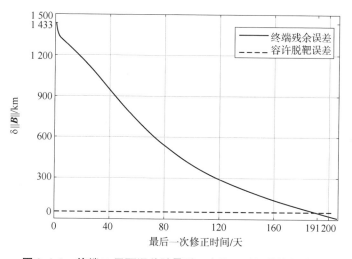

图 3.4.2　终端 B 平面误差随最后一次修正时间的传播情况

由式（3.4.15）可得制导修正次数为

$$N = 1 + \log_3 \frac{1\,433}{50} \approx 4(\text{次})$$

由图 3.4.2 可确定最后一次中途修正时刻为图中虚线与实线相交的位置，即 $t_4 = 191$ 天，逆向递推误差期望值增大 3 倍时对应的时间 $t_3 = 158$ 天，以此类推，有 $t_2 = 92$ 天，$t_1 = 2$ 天。这种情况下，第一次中途修正的是初始发射误差，随后修正的是前一次修正所产生的误差，修正策略如图 3.4.3 所示。仿真中取打靶样本数为 1 000，数据统计结果如表 3.4.2 所示。

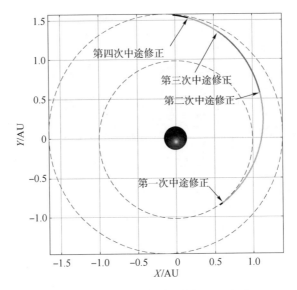

图 3.4.3　中途修正计划示意图（附彩图）

表 3.4.2　中途修正均值

修正时间	修正量均值/($m \cdot s^{-1}$)	σ 值	3σ 值
$L+2$ 天	8.279 2	16.586 1	33.199 9
$L+92$ 天	1.552 3	3.059 6	6.074 3
$A-49$ 天	0.586 9	0.996 2	1.814 8
$A-16$ 天	0.383 1	0.597 1	1.027 1

注：L 为地球发射时刻；A 为火星到达时刻。

从表 3.4.2 中的结果可以看出，经过四次中途修正，探测器的终端状态被有效地修正到标称值，终端时刻轨道根数的期望值如表 3.4.3 所示，仿真得到的近心点高度、捕获轨道倾角的采样点分布如图 3.4.4 所示。

表 3.4.3　终端时刻轨道根数的散布

轨道根数	期望 μ_0	σ 值	$\mu_0 - 3\sigma$ 值	$\mu_0 + 3\sigma$ 值
轨道半长轴/km	−6 449.593 6	2.827 0	−6 458.074 7	−6 441.112 4
轨道离心率	1.589 5	0.003 2	1.579 8	1.599 3
轨道倾角/(°)	85.049 1	0.182 0	84.503 1	85.595 1
升交点赤经/(°)	209.117 1	0.063 9	208.925 1	209.309 1
近地点幅角/(°)	147.349 6	0.095 7	147.062 5	147.636 7

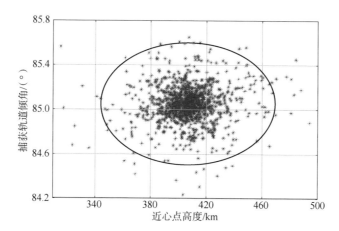

图 3.4.4　近心点高度与捕获轨道倾角分布

参 考 文 献

[1] 乔栋. 深空探测转移轨道设计方法研究及在小天体探测中的应用[D]. 哈尔滨:哈尔滨工业大学, 2007.

[2] CASALINO L, COLASURDO G, PASTRONE D. Mission opportunities for human exploration of Mars [J]. Planetary and space science, 1998, 46(11/12): 1613－1622.

[3] QIAO D, CUI P Y, CUI H T. The Nereus Asteroid Rendezvous Mission design with multi－objective hybrid optimization[C]∥ International Symposium on Systems and Control in Aerospace and Astronautics,2006:1627406.

[4] QIAO D, CUI P Y, LUAN E J. Search the optimal rendezvous opportunities for manned Mars mission[C]∥ Computational Engineering in Systems Applications, IMACS Multiconference on IEEE,2006:635－639.

[5] CONWAY B A. Spacecraft trajectory optimization [M]. New York:Cambridge University Press,2010.

[6] LAWDEN D F. Optimal trajectories for space navigation [M]. London:Butterworths, 1963.

［7］ LION P M,HANDELSMAN M. Primer vector on fixed – time impulsive trajectories ［J］. AIAA journal,1968,6(1):127 – 132.

［8］ SARLI B V,KAWAKATSU Y. Orbit transfer optimization for asteroid missions using weighted cost function［J］. Journal of guidance, control and dynamics, 2015, 38 (7):1241 – 1250.

［9］ ADAMS R B,RICHARDSON G A. Using the two – burn escape maneuver for fast transfers in the Solar System and Beyond［C］// The 46th AIAA/ASME/SAE/ ASEE Joint Propulsion Conference & Exhibit,2010:6595.

［10］ STORN R,PRICE K. Differential evolution:a simple and efficient heuristic for global optimization over continuous spaces［J］. Journal of global optimization, 2007,11(4):341 – 359.

［11］ CHEN Y,ZHAO G Q,BAOYING H X,et al. Orbit design for Mars exploration by the Accurate Dynamic Model［J］. Chinese space science and technology,2011,31 (1):8 – 15.

［12］ 李俊峰,宝音贺西,蒋方华.深空探测动力学与控制［M］.北京:清华大学出版社,2014.

［13］ KIZNER W. A method of describing miss distances for lunar and interplanetary trajectories［J］. Planetary and space science,1961,7:125 – 131.

［14］ BREAKWELL J V,SMITH R,TUNG F. Application of the continuous and discrete strategies of minimum effort theory to interplanetary guidance［J］. AIAA journal, 1965,3(5):907 – 912.

［15］ 杨嘉墀.航天器轨道动力学与控制:下［M］.北京:宇航出版社,2001.

［16］ 倪彦硕,施伟璜,杨洪伟,等.利用 Breakwell 间距比法制定行星际探测中途修正策略［J］.深空探测学报,2016,3(1):83 – 89.

第4章
火星探测连续小推力转移轨道设计与优化

深空目标通常距离地球遥远，探测器实现向目标天体的转移需要消耗大量的燃料。传统低比冲的化学推进系统使得探测器的有效载荷比重很低，例如，采用化学推进系统的火星探测器有效载荷比重仅为14%。为了增加有效载荷比重，从而提高探测任务的科学回报，新型的高效推进系统逐渐发展起来。电推进是其中的典型代表，具有质量轻、比冲高等特点，相比传统化学推进系统具有明显优势。然而，新型高效推进系统的推力很小，对应的飞行轨道为连续小推力作用下的非开普勒轨道，这给探测器的转移轨道设计与优化带来了新的难题。本章将从连续小推力轨道动力学、优化模型和优化方法三个方面讨论连续小推力转移轨道的设计与优化。

4.1 连续小推力转移轨道优化设计问题描述

连续小推力转移轨道设计问题可描述为寻找探测器推力大小和方向的时间历程，以及其他轨道参数（根据具体问题确定），使得探测器在满足任务约束的条件下以最优性能指标从初始状态转移至终端状态，该问题为典型的最优控制问题。本节将给出连续小推力轨道动力学模型并给出小推力优化问题描述，为下一节最优连续小推力转移轨道的求解提供基础。

4.1.1　连续小推力转移轨道动力学模型

4.1.1.1　笛卡儿坐标系下的动力学模型

笛卡儿坐标系下的轨道动力学方程形式简单直观，在轨道设计与优化中得到广泛应用。在笛卡儿坐标系中，探测器在连续小推力作用下的轨道动力学模型可表示为

$$
\begin{cases}
\dot{\boldsymbol{r}} = \boldsymbol{v} \\[2mm]
\dot{\boldsymbol{v}} = -\dfrac{\mu}{r^3}\boldsymbol{r} + \dfrac{T_{\max}\chi}{m}\boldsymbol{\xi} \\[2mm]
\dot{m} = -\dfrac{T}{g_0 I_{sp}}
\end{cases}
\tag{4.1.1}
$$

式中，$\boldsymbol{r},\boldsymbol{v}$——探测器的位置矢量和速度矢量，$\|\boldsymbol{r}\| = r$；

m——探测器的质量；

μ——中心天体引力常数；

$T,T_{\max}$——推进系统提供的推力、最大推力；

χ——推力幅值，$0 \leqslant \chi \leqslant 1$；

$\boldsymbol{\xi}$——推力方向单位矢量；

I_{sp}——推进系统比冲；

g_0——海平面重力加速度。

在采用笛卡儿坐标系描述小推力轨道运动时，需要注意笛卡儿坐标系有一个奇点，即笛卡儿坐标系的原点。需要注意的是：笛卡儿坐标系描述的位置变量和速度变量均为快变量，适用于行星际转移轨道的建模与分析，而对于行星附近连续小推力轨道的多圈转移问题不太适用。

4.1.1.2　经典轨道根数动力学模型

为了克服笛卡儿坐标系建模中的缺点，学者们提出了采用经典轨道根数描述连续小推力转移轨道的建模方法[1]。采用经典轨道根数描述的探测器连续小推力转移轨道动力学模型可表示为

$$
\begin{cases}
\dot{a} = \dfrac{2a^2 e \sin\theta}{h} f_r + \dfrac{2a^2 p}{hr} f_t \\[2mm]
\dot{e} = \dfrac{p\sin\theta}{h} f_r + \dfrac{1}{h}\big[\,(p+r)\cos\theta + re\,\big] f_t \\[2mm]
\dot{i} = \dfrac{r\cos(\omega+\theta)}{h} f_n \\[2mm]
\dot{\Omega} = \dfrac{r\sin(\omega+\theta)}{h\sin i} f_n \\[2mm]
\dot{\omega} = -\dfrac{p\cos\theta}{he} f_r + \dfrac{(p+r)\sin\theta}{he} f_t - \dfrac{r\sin(\omega+\theta)\cos i}{h\sin i} f_n \\[2mm]
\dot{M} = n + \dfrac{1}{aeh}\big[\,(p\cos\theta - 2er) f_r - (p+r)(\sin\theta) f_t\,\big]
\end{cases}
\tag{4.1.2}
$$

式中，$p = a(1-e^2)$，$h = \sqrt{\mu p}$，$n = \sqrt{\dfrac{\mu}{a^3}}$，$r = \dfrac{p}{1+e\cos\theta}$，$\theta$ 为真近点角。

a,e,i,Ω,ω,M——半长轴、偏心率、轨道倾角、升交点赤经、近心点角距、平近点角；

f_r, f_t, f_n——推力加速度在轨道坐标系径向、切向和法向上的分量。

平近点角 M 和偏近点角 E 的关系为 $M = E - e\sin E$，偏近点角 E 和真近点角 θ 之间的关系为

$$
\begin{cases}
\cos\theta = \dfrac{\cos E - e}{1 - e\cos E} \\[2mm]
\sin\theta = \dfrac{\sin E \sqrt{1 - e^2}}{1 - e\cos E}
\end{cases}
\tag{4.1.3}
$$

为了便于描述，推力方向一般通过俯仰和偏航两个控制角来表示，具体形式如下：

$$
\begin{bmatrix} f_r & f_t & f_n \end{bmatrix}^T = \frac{T_{max}\chi}{m}\xi
$$

$$
= \frac{T_{max}\chi}{m}\begin{bmatrix} \sin\alpha\cos\beta & \cos\alpha\cos\beta & \sin\beta \end{bmatrix}^T
\tag{4.1.4}
$$

式中，α——俯仰角，为推力矢量在轨道平面内的投影与当地水平面之间的夹角；

β——偏航角，为推力矢量与密切轨道平面之间的夹角。

探测器质量满足的微分方程与式（4.1.1）中一致，这里不再赘述。采用经

典轨道根数描述的动力学模型形式直观，其优点是在连续小推力作用下，除平近点角 M 外，其他轨道根数均为慢变量，即在推力加速度作用下缓慢变化。该模型在 $i=0$ 和 $e=0$ 时存在奇异，这制约了该模型的适用范围[2]。

4.1.1.3　改进春分点轨道根数动力学模型

经典轨道根数存在奇异[3]，为了消除奇异，学者们采用改进轨道根数来描述连续小推力作用下探测器的动力学方程[4]。一种典型的改进根数方法就是改进春分点轨道根数。改进春分点根数模型只有在 $i=180°$ 时才会产生奇异，但 $i=180°$ 的情况在航天任务中很少出现。

改进春分点轨道根数 $(p、f、g、h、k、L)$ 与经典轨道根数 $(a、e、\omega、\Omega、i、\theta)$ 的关系为

$$\begin{cases} p = a(1-e^2) \\ f = e\cos(\omega+\Omega) \\ g = e\sin(\omega+\Omega) \\ h = \tan(i/2)\cos\Omega \\ k = \tan(i/2)\sin\Omega \\ L = \Omega+\omega+\theta \end{cases} \tag{4.1.5}$$

结合式（4.1.2），改进春分点根数描述的连续小推力转移轨道动力学模型可表示为

$$\begin{cases} \dot{p} = \sqrt{\dfrac{p}{\mu}}\dfrac{2p}{w}f_{\mathrm{t}} \\[2mm] \dot{f} = \sqrt{\dfrac{p}{\mu}}\left\{ f_{\mathrm{r}}\sin L + [(1+w)\cos L + f]\dfrac{f_{\mathrm{t}}}{w} - (h\sin L - k\cos L)\dfrac{g\cdot f_{\mathrm{n}}}{w} \right\} \\[2mm] \dot{g} = \sqrt{\dfrac{p}{\mu}}\left\{ -f_{\mathrm{r}}\cos L + [(1+w)\sin L + g]\dfrac{f_{\mathrm{t}}}{w} + (h\sin L - k\cos L)\dfrac{f\cdot f_{\mathrm{n}}}{w} \right\} \\[2mm] \dot{h} = \sqrt{\dfrac{p}{\mu}}\dfrac{s^2 f_{\mathrm{n}}}{2w}\cos L \\[2mm] \dot{k} = \sqrt{\dfrac{p}{\mu}}\dfrac{s^2 f_{\mathrm{n}}}{2w}\sin L \\[2mm] \dot{L} = \sqrt{\mu p}\left(\dfrac{w}{p}\right)^2 + \dfrac{1}{w}\sqrt{\dfrac{p}{\mu}}(h\sin L - k\cos L)f_{\mathrm{n}} \end{cases}$$

$$\tag{4.1.6}$$

式中，$w = 1 + f\cos L + g\sin L$；$s^2 = 1 + h^2 + k^2$；$f_r, f_t, f_n$ 的定义见式（4.1.4）。

改进春分点轨道根数模型与经典根数模型类似，只有一个快变量 L，适用于对行星附近连续小推力转移轨道的描述。同时，改进春分点根数模型消除了奇异点，也适用于描述行星际连续小推力转移轨道[5]。

4.1.2　连续小推力转移轨道优化设计问题描述

忽略摄动力作用，探测器在连续小推力作用下的轨道动力学模型可表示为

$$\dot{x} = f(x, u, t) \tag{4.1.7}$$

式中，x——探测器的轨道和质量状态；

u——推力控制变量，$u = \chi\xi$。

通常连续小推力轨道设计的性能指标有燃料最省、时间最省。对于燃料最省转移问题，性能指标可以表述为

$$J = \frac{T_{max}}{I_{sp}g_0} \int_{t_0}^{t_f} \chi\, \mathrm{d}t \to \min \tag{4.1.8}$$

式中，t_0——探测器的出发时刻；

t_f——探测器的到达时刻。

在探测器初始质量给定的条件下，式（4.1.8）描述的性能指标等价为

$$J = -m(t_f) \to \min \tag{4.1.9}$$

对于时间最省转移问题，性能指标可以表述为

$$J = t_f - t_0 \to \min \tag{4.1.10}$$

连续小推力转移轨道需要满足如下初始状态约束：

$$\boldsymbol{\Psi}_0\big[x(t_0), t_0 \big] = \mathbf{0} \tag{4.1.11}$$

探测器的初始质量通常为已知量，初始轨道状态已知或满足出发时的星历约束。为了成功实现向目标星的转移，其转移轨道需要满足如下终端状态约束：

$$\boldsymbol{\Psi}_f\big[x(t_f), t_f \big] = \mathbf{0} \tag{4.1.12}$$

对于火星探测而言，除探测器质量外，终端轨道状态应满足火星星历约束。

式（4.1.5）~式（4.1.12）给出了连续小推力转移轨道优化设计问题的描述，即求解最优的控制律 $u^*(t)$ 与其他轨道参数，使得探测器转移轨道在满足式（4.1.5）、式（4.1.11）和式（4.1.12）的条件下，使性能指标（式（4.1.8）

或式（4.1.9））达到最优。

与传统脉冲轨道相比，连续小推力轨道的优化问题求解较为困难，其解空间局部极小和鞍点多。数值方法是目前求解该问题的主要方法，主要包括直接法和间接法两类。这两类方法的本质都是首先对推力控制变量进行参数化处理，然后采用数值迭代方法进行求解[6]。当然，这两类方法都需要良好的迭代初值猜测。

4.2　火星探测连续小推力转移轨道优化设计的配点法

连续小推力转移轨道直接优化方法（简称"直接法"）的基本原理：首先，通过对控制变量（或状态变量）进行离散化处理，将小推力转移轨道优化问题转化为有限维的多变量多约束参数优化问题[7]；然后，采用非线性规划求解算法进行求解[8]。直接法包括打靶法、配点法、离散脉冲法等。直接法的优点：由于对控制变量（或状态变量）进行离散化处理，因此约束对寻优参数的敏感度降低，从而比较容易收敛到最优解。同时，直接法不需要烦琐地推导一阶必要条件，能处理各种复杂的约束。如果想提高轨道优化设计精度，则需要增加离散的规模，这将导致寻优参数和约束数量的增加，从而提高非线性规划问题的求解难度。

本节将介绍直接配点法，该方法同时对轨道的状态变量和控制变量进行离散化处理，从而避免对轨道动力学方程进行数值积分的过程，具有计算速度快、收敛性好的优点。下面将以笛卡儿坐标系轨道动力学模型为基础，讨论两种配点策略。

4.2.1　标准配点轨道优化设计方法

假设探测器从地球出发的时刻为 t_0，到达火星的时刻为 t_f，在时间域 $[t_0, t_f]$ 将连续小推力转移轨道等分为 N 段，得到如下时间序列：

$$t_0 = t_1 < t_2 < \cdots < t_N < t_{N+1} = t_f \qquad (4.2.1)$$

式中，$t_i = t_0 + \dfrac{i-1}{N}(t_f - t_0)$，$1 \leqslant i \leqslant N+1$。

每个离散时间段的端点称为节点。将所有节点处的状态变量和控制变量、各段中点处控制变量，以及轨道初始时刻和终端时刻定义成一个向量 X：

$$X = [t_0, x_1, u_1, u_{12}, x_2, u_2, u_{23}, \cdots, x_{N+1}, u_{N+1}, t_f]^{\mathrm{T}} \tag{4.2.2}$$

在时间段 $[t_i, t_{i+1}]$ 内，构造三次多项式 $\varphi(t)$ 来逼近探测器轨道状态，则探测器的轨道状态 $x(t)$ 为 7 维矢量，其任意一维 $x_m(t)$ 可表示为

$$x_m(t) \approx \varphi(t) = C_0 + C_1 t + C_2 t^2 + C_3 t^3, \quad m = 1, 2, \cdots, 7 \tag{4.2.3}$$

式中，C_0, C_1, C_2, C_3——三次多项式的系数，可以通过下式求解得到：

$$\begin{bmatrix} C_0 \\ C_1 \\ C_2 \\ C_3 \end{bmatrix} = \frac{1}{h^3} \begin{bmatrix} h^3 & 0 & 0 & 0 \\ 0 & h^3 & 0 & 0 \\ -3h & -2h^2 & 3h & -h^2 \\ 2 & h & -2 & h \end{bmatrix} \begin{bmatrix} x_m(t_i) \\ f_m(t_i) \\ x_m(t_{i+1}) \\ f_m(t_{i+1}) \end{bmatrix} \tag{4.2.4}$$

式中，$h = t_{i+1} - t_i$；$f_m(t_i)$ 和 $f_m(t_{i+1})$ 为

$$\begin{cases} f_m(t_i) = \dot{x}_m(t_i) = f_m(x(t_i), u(t_i), t_i) \\ f_m(t_{i+1}) = \dot{x}_m(t_{i+1}) = f_m(x(t_{i+1}), u(t_{i+1}), t_i) \end{cases} \tag{4.2.5}$$

由式（4.2.5）可以看出，$f_m(t_i)$ 和 $f_m(t_{i+1})$ 都可通过 X 中的参数来描述。利用构造的三次多项式 $\varphi(t)$，可得到在该时间段中点 $t_c = (t_i + t_{i+1})/2$ 处的轨道状态及其微分为

$$\begin{cases} x_m(t_c) = \dfrac{x_m(t_i) + x_m(t_{i+1})}{2} + \dfrac{f_m(t_i) - f_m(t_{i+1})}{8h} \\ \dot{x}_m(t_c) = \dfrac{3(x_m(t_{i+1}) - x_m(t_i))}{2h} - \dfrac{f_m(t_i) + f_m(t_{i+1})}{4} \end{cases} \tag{4.2.6}$$

在该时间段中点处的轨道状态的微分还可以表示为

$$f_m(t_c) = f_m(x(t_c), u(t_c), t_c) \tag{4.2.7}$$

在时间段 $[t_i, t_{i+1}]$ 内，除三次多项式 $\varphi(t)$ 能够对轨道状态 $x_m(t)$ 进行逼近外，还要求二次多项式 $\dot{\varphi}(t)$ 能够对轨道状态的微分 $f_m(x, u, t)$ 进行逼近。因此，$\dot{\varphi}(t)$ 与 $f_m(x, u, t)$ 在中心插值点 t_c 处必须相等，结合式（4.2.5）~ 式（4.2.7）可得到静态等式约束如下：

$$\Psi_i = x_m(t_{i+1}) - x_m(t_i) - \frac{h}{6}(f(t_i) + 4f(t_c) + f(t_{i+1})) = 0 \tag{4.2.8}$$

图 4.2.1 所示为该静态约束的几何描述。

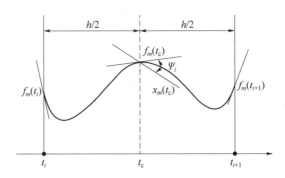

图 4.2.1　静态约束的几何描述

　　在每个时间段，对于每一维轨道状态变量，均需要满足式（4.2.8）所描述的静态等式约束，该等式约束的本质是轨道动力学方程约束。连续小推力转移轨道共有 7 维轨道状态变量，若将整条轨道划分为 N 段，则动力学方程将转化为 $7N$ 个等式约束，式（4.2.2）中的寻优参数维数为 $13N+12$。通过离散化处理，连续小推力转移轨道优化设计问题转化为一个多约束非线性规划问题，可以通过数值优化算法直接进行求解。

4.2.2　基于笛卡儿模型的改进配点法

　　4.2.1 节给出的标准配点法本质上是采用 Simpson 积分公式对轨道动力学方程进行逼近，Simpson 积分公式具有 5 阶代数精度，其截断误差会随着分段数 N 的减小而增大，该误差将直接影响连续小推力轨道优化问题的求解精度。提高轨道离散化精度的方式有两种：其一，增加等分段数 N，以便减小每一段轨道离散化的截断误差；其二，使用更高阶的 Gauss – Labatto 积分公式。值得注意的是，这两种方式存在的共同问题是：随着精度的提高，离散化后形成的参数优化问题的寻优参数和等式约束个数会相应增加，导致参数优化问题求解复杂。

　　笛卡儿坐标系下的轨道动力学模型可看作一个双积分系统，利用该系统自身的特性可以提高配点精度。为了便于描述，这里仅以 X 轴方向位置 r_x 和速度 v_x 为例进行分析，其余两个方向轴上的方法相同。

　　将整条轨道等分为 N 段，在时间段 $[t_i,t_{i+1}]$ 构造五次多项式 $\zeta(t)$，逼近 r_x，可得

$$\begin{cases} \zeta(t) = C_0 + C_1 t + C_2 t^2 + C_3 t^3 + C_4 t^4 + C_5 t^5 \\ \dot\zeta(t) = C_1 + 2C_2 t + 3C_3 t^2 + 4C_4 t^3 + 5C_5 t^4 \end{cases} \tag{4.2.9}$$

式中，四次多项式 $\dot{\zeta}(t)$ 是对速度 v_x 的逼近。

根据标准配点法多项式系数求解算法，分别利用位置 r_x 和速度 v_x 在两个端点处的状态值，以及 v_x 在两个端点处的微分值，可得多项式系数为

$$
\begin{bmatrix} C_0 \\ C_1 \\ C_2 \\ C_3 \\ C_4 \\ C_5 \end{bmatrix} = \frac{1}{h^5}\begin{bmatrix} h^5 & 0 & 0 & 0 & 0 & 0 \\ 0 & h^5 & 0 & 0 & 0 & 0 \\ 0 & 0 & h^5/2 & 0 & 0 & 0 \\ -10h^2 & 10h^2 & -3h^4/2 & -6h^3 & -4h^3 & h^4/2 \\ 15h & -15h & -3h^3/2 & 8h^2 & 7h^2 & h^3 \\ -6 & 6 & h^2/2 & -3h & -3h & h^2/2 \end{bmatrix}\begin{bmatrix} r_x(t_i) \\ v_x(t_i) \\ f(t_i) \\ r_x(t_{i+1}) \\ v_x(t_{i+1}) \\ f(t_{i+1}) \end{bmatrix}
$$

$$(4.2.10)$$

通过该构造方法可看出：如果四阶多项式 $\dot{\zeta}(t)$ 能很好地逼近探测器的速度 v_x，则五阶多项式 $\zeta(t)$ 能对探测器的位置 r_x 进行逼近。根据四阶 Gauss – Labatto 积分公式可得速度在该时间段内的积分为

$$
v_x(t_{i+1}) - v_x(t_i) = \frac{h}{12}\left(f(t_i) + 5f\left(t_c - \sqrt{\frac{1}{5}}h\right) + 5f\left(t_c + \sqrt{\frac{1}{5}}h\right) + f(t_{i+1})\right)
$$

$$(4.2.11)$$

式中，t_c——时间段 $[t_i, t_{i+1}]$ 的中点。

由式（4.2.11）可看出，对于四阶 Gauss – Labatto 积分公式，两个插值点（即雅可比多项式对应的根）为

$$
\begin{cases} t_{c1} = t_c - \sqrt{\dfrac{1}{5}}h \\ t_{c2} = t_c + \sqrt{\dfrac{1}{5}}h \end{cases}
$$

$$(4.2.12)$$

如果要求 $\dot{\zeta}(t)$ 能对速度状态 v_x 进行逼近，则在这两个节点处，速度状态的微分 f 与多项式 $\zeta(t)$ 的二阶微分必须相等。由此，可以得到两个静态等式约束：

$$
\begin{cases} \Psi_1 = 2C_2 + 6C_3 t_{c1} + 12C_4 t_{c1}^2 + 20C_5 t_{c1}^3 - f(t_{c1}) = 0 \\ \Psi_2 = 2C_2 + 6C_3 t_{c2} + 12C_4 t_{c2}^2 + 20C_5 t_{c2}^3 - f(t_{c2}) = 0 \end{cases}
$$

$$(4.2.13)$$

在式（4.2.13）中，计算 $f(t_{c1})$ 和 $f(t_{c2})$ 时需要用到在 t_{c1} 和 t_{c2} 时刻的探测器位置和速度，可令 $t = t_{c1}$ 和 $t = t_{c2}$，将其代入式（4.2.9）得到。

需要指出的是，与标准配点法相比，改进配点法比标准配点法在每个时间段

内增加了一组控制变量 u 作为待优化参数。这是因为，在标准配点法中，轨道动力学方程形成等式约束时只用到中点时刻的控制量，而在改进配点法中需要用到两个插值点的控制量。从形成的等式约束个数来看，改进配点法中的探测器速度状态微分需要满足两个等式约束，但探测器位置状态微分并不形成等式约束，因此与标准配点法相比，改进配点法在每个时间段内并不增加约束个数。由于采用的是四阶 Gauss – Labatto 积分公式对探测器轨道状态进行逼近，因此改进配点法具有更高的求解精度，其约束形成的原理如图 4.2.2 所示。

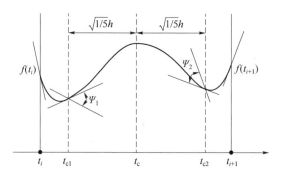

图 4.2.2　采用四阶 Gauss – Labatto 积分公式的约束示意图

　　同理，在每个离散段内采用上述方法对探测器轨道状态和控制参数进行离散化处理，可以将连续小推力轨道优化设计问题转化为求解多约束非线性规划问题，进而采用数值求解器进行求解。值得注意的是，探测器的质量微分方程非双积分环节，可以采用标准配点法对其进行处理。

4.2.3　基于配点法的火星探测连续小推力转移轨道设计实例

　　本节利用直接配点法对地球 – 火星的燃料最省小推力转移轨道进行优化设计。假设探测器采用等离子推进发动机，该轨道优化设计问题可描述为：探测器以双曲线超速为零逃逸出地球，发动机开始工作，优化探测器转移时间和发动机的推力方向矢量，使探测器与火星交会时消耗的燃料最省。

　　假设探测器的初始质量为 1 200 kg，等离子推进发动机输入功率 $P_0 = 6.5$ kW，比冲 $I_{sp} = 3\,000$ s，发动机工作效率 $\eta = 0.65$。发射时间固定为 2020 年 1 月 1 日，最长转移时间为 600 天。假设太阳能帆板受照面积为常值，则发动机的输入功率 P 随着探测器日心距离的增大而减小，它与探测器日心距离的平方成反比，即

$$P = \frac{P_0}{r^2} \tag{4.2.14}$$

式中，P_0——探测器日心距离为 1AU 时的输入功率；

　　r——探测器日心距离，采用正则单位。

　　因此，发动机的最大推力 $T_{\max}$ 为

$$T_{\max} = \frac{2\eta P}{I_{\mathrm{sp}} g_0} \tag{4.2.15}$$

　　采用改进配点法对该问题进行求解，在优化过程中将转移轨道等分为 50 段，则产生优化参数 812 个，需要满足的等式约束 350 个。采用非线性规划求解器进行求解，得到的最优转移轨道参数如表 4.2.1 所示。

表 4.2.1　火星探测器连续小推力转移轨道设计结果

发射时间/（年/月/日）	2020/01/01
转移时间/天	471.06
探测器剩余质量/kg	917.74

　　探测器从地球向火星转移的连续小推力轨道如图 4.2.3 所示，其发动机推力方向矢量变化如图 4.2.4 所示。

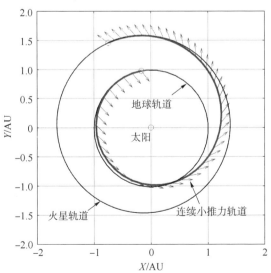

图 4.2.3　探测器转移轨道（附彩图）

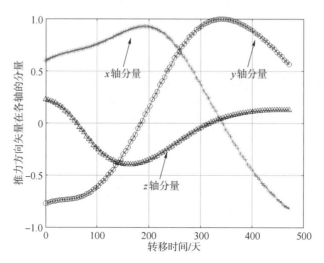

图 4.2.4　发动机的推力方向矢量在各轴的变化

■ 4.3　火星探测连续小推力转移轨道优化设计的同伦法

间接法是利用庞特里亚金极值原理建立最优推力控制与协状态之间的映射关系，进而将轨道优化设计问题转化为协状态初值和数值乘子的确定问题。与直接法相比，间接法的求解精度较高，并且获得的解满足一阶最优性条件。数值经验表明，间接法推导得到的边值问题收敛域很窄，求解非常困难（尤其是对于具有bang-bang 控制结构的燃料最优问题）。针对该问题，本节将介绍一种同伦优化方法。

4.3.1　燃料最省转移轨道最优控制律设计

采用改进春分点轨道根数模型，则探测器在连续小推力作用下的轨道动力学模型可描述为

$$\begin{cases} \dot{\boldsymbol{x}} = \boldsymbol{A}(\boldsymbol{x}) \dfrac{T_{\max}\chi}{m} \boldsymbol{\xi} + \boldsymbol{B}(\boldsymbol{x}) \\[3mm] \dot{m} = -\dfrac{T_{\max}\chi}{I_{\mathrm{sp}}g_0} \end{cases} \qquad (4.3.1)$$

式中，$x = [p, f, g, h, k, L]^T$，

$$A(x) = \begin{bmatrix} 0 & \dfrac{2p}{w}\sqrt{\dfrac{p}{\mu}} & 0 \\[3mm] \sqrt{\dfrac{p}{\mu}}\sin L & \sqrt{\dfrac{p}{\mu}}\dfrac{1}{w}[(w+1)\cos L + f] & -\sqrt{\dfrac{p}{\mu}}\dfrac{g}{w}(h\sin L - k\cos L) \\[3mm] -\sqrt{\dfrac{p}{\mu}}\cos L & \sqrt{\dfrac{p}{\mu}}\dfrac{1}{w}[(w+1)\sin L + g] & \sqrt{\dfrac{p}{\mu}}\dfrac{f}{w}(h\sin L - k\cos L) \\[3mm] 0 & 0 & \sqrt{\dfrac{p}{\mu}}\dfrac{s^2\cos L}{2w} \\[3mm] 0 & 0 & \sqrt{\dfrac{p}{\mu}}\dfrac{s^2\sin L}{2w} \\[3mm] 0 & 0 & \sqrt{\dfrac{p}{\mu}}\dfrac{1}{w}(h\sin L - k\cos L) \end{bmatrix}$$

$$(4.3.2)$$

$$B(x) = \begin{bmatrix} 0 & 0 & 0 & 0 & 0 & \sqrt{\mu p}\left(\dfrac{w}{p}\right)^2 \end{bmatrix}^T \qquad (4.3.3)$$

对于燃料最省转移问题，性能指标如式（4.1.8）所示。根据最优控制原理，构造如下哈密顿函数：

$$H = \lambda_x \cdot \left[A\frac{T_{\max}\chi}{m}\xi + B \right] - \lambda_m \frac{T_{\max}}{I_{sp}g_0}\chi + \frac{T_{\max}}{I_{sp}g_0}\chi \qquad (4.3.4)$$

式中，λ_x——探测器轨道状态变量对应的协状态，$\lambda_x = [\lambda_p \quad \lambda_f \quad \lambda_g \quad \lambda_h \quad \lambda_k \quad \lambda_L]^T$；

λ_m——探测器质量对应的协状态。

根据庞特里亚金极值原理，燃料最省转移轨道的最优推力方向矢量 ξ^* 为

$$\xi^* = -\frac{\lambda_x \cdot A}{\| \lambda_x \cdot A \|} \qquad (4.3.5)$$

最优推力幅值 χ^* 为

$$\begin{cases} \chi^* = 0, & S_F > 0 \\ \chi^* = 1, & S_F < 0 \\ \chi^* \in (0,1), & S_F = 0 \end{cases} \qquad (4.3.6)$$

式中，S_F——开关函数，表示为

$$S_F = 1 - \lambda_m - \frac{I_{sp}g_0}{m}\|\boldsymbol{\lambda}_x \cdot \boldsymbol{A}\| \tag{4.3.7}$$

式（4.3.5）中的最优推力方向矢量可改写为

$$\boldsymbol{\xi}^* = \begin{bmatrix} \xi_R^* \\ \xi_T^* \\ \xi_N^* \end{bmatrix} = -\frac{1}{\sqrt{C_R^2 + C_T^2 + C_N^2}} \begin{bmatrix} C_R \\ C_T \\ C_N \end{bmatrix} \tag{4.3.8}$$

式中，C_R, C_T, C_N——辅助变量，

$$\begin{cases} C_R = \lambda_f A_{21} + \lambda_g A_{31} \\ C_T = \lambda_p A_{12} + \lambda_f A_{22} + \lambda_g A_{32} \\ C_N = \lambda_f A_{23} + \lambda_g A_{33} + \lambda_h A_{43} + \lambda_k A_{53} + \lambda_L A_{63} \end{cases} \tag{4.3.9}$$

将式（4.3.8）代入式（4.3.4），哈密顿函数可改写为

$$H = -\frac{T_{max}}{m}\chi\sqrt{C_R^2 + C_T^2 + C_N^2} + \lambda_L B_6 - \lambda_m \frac{T_{max}}{I_{sp}g_0}\chi + \frac{T_{max}}{I_{sp}g_0}\chi \tag{4.3.10}$$

进一步，可以得到各协状态变量满足的微分方程为

$$\begin{cases} \dot{\boldsymbol{\lambda}}_x = -\dfrac{\partial H}{\partial \boldsymbol{x}} = \dfrac{T_{max}\eta}{m}\dfrac{1}{\sqrt{C_R^2 + C_T^2 + C_N^2}}\left(C_R\dfrac{\partial C_R}{\partial \boldsymbol{x}} + C_T\dfrac{\partial C_T}{\partial \boldsymbol{x}} + C_N\dfrac{\partial C_N}{\partial \boldsymbol{x}}\right) - \boldsymbol{\lambda}_x\dfrac{\partial B_6}{\partial \boldsymbol{x}} \\ \dot{\boldsymbol{\lambda}}_m = -\dfrac{\partial H}{\partial m} = -\dfrac{T_{max}}{m^2}\eta\sqrt{C_R^2 + C_T^2 + C_N^2} \end{cases}$$

$$\tag{4.3.11}$$

式中，

$$\begin{cases} \dfrac{\partial C_R}{\partial \boldsymbol{x}} = \lambda_f\dfrac{\partial A_{21}}{\partial \boldsymbol{x}} + \lambda_g\dfrac{\partial A_{31}}{\partial \boldsymbol{x}} \\ \dfrac{\partial C_T}{\partial \boldsymbol{x}} = \lambda_p\dfrac{\partial A_{12}}{\partial \boldsymbol{x}} + \lambda_f\dfrac{\partial A_{22}}{\partial \boldsymbol{x}} + \lambda_g\dfrac{\partial A_{32}}{\partial \boldsymbol{x}} \\ \dfrac{\partial C_N}{\partial \boldsymbol{x}} = \lambda_f\dfrac{\partial A_{23}}{\partial \boldsymbol{x}} + \lambda_g\dfrac{\partial A_{33}}{\partial \boldsymbol{x}} + \lambda_h\dfrac{\partial A_{43}}{\partial \boldsymbol{x}} + \lambda_k\dfrac{\partial A_{53}}{\partial \boldsymbol{x}} + \lambda_L\dfrac{\partial A_{63}}{\partial \boldsymbol{x}} \end{cases} \tag{4.3.12}$$

由式（4.3.5）、式（4.3.6）可以看出，推力的最优控制律 $\chi^*\boldsymbol{\xi}^*$ 为协状态变量的函数，因此最优控制律的求解问题可以转化为协状态变量的求解问

题。式（4.3.11）给出了协状态变量满足的微分方程，只需要知道协状态的初始值就可以确定转移过程中的最优控制律。

考虑时间固定的地球 – 火星连续小推力转移问题，假定探测器从地球出发时的轨道状态为 $\boldsymbol{x}_0$，质量为 m_0。为了实现探测器与火星的交会，探测器的终端轨道状态 $\boldsymbol{x}(t_\mathrm{f})$ 应满足如下约束：

$$\boldsymbol{x}(t_\mathrm{f}) - \boldsymbol{x}_\mathrm{f} = \boldsymbol{0} \tag{4.3.13}$$

式中，$\boldsymbol{x}_\mathrm{f}$——目标轨道终端状态。

由于探测器的终端质量 m_f 未知，因此有

$$\lambda_m(t_\mathrm{f}) = 0 \tag{4.3.14}$$

利用式（4.3.13）和式（4.3.14），可以构造如下打靶函数：

$$\boldsymbol{\Phi}(\boldsymbol{z}) = [\boldsymbol{x}(t_\mathrm{f}) - \boldsymbol{x}_\mathrm{f}, \lambda_m(t_\mathrm{f})]^\mathrm{T} = \boldsymbol{0} \tag{4.3.15}$$

式中，$\boldsymbol{z}$——探测器轨道状态和矢量对应的协状态初值，$\boldsymbol{z} = [\boldsymbol{\lambda}_x(t_0), \lambda_m(t_0)]^\mathrm{T}$。

式（4.3.15）为非线性方程组，由于非线性较强且最优控制律为 bang – bang 结构，因此对该非线性方程组的求解比较困难[9]。

4.3.2　同伦连续打靶方法

针对间接法的求解问题，Bertrand 等[10]提出了一种平滑技术，即同伦连续方法。根据同伦连续方法，对于燃料最省的连续小推力转移轨道优化问题，可先求解较为容易的能量最优问题。然后，以能量最优问题的解为初值，采用数值连续方法逐步向燃料最优解逼近。基于以上思想，构造如下性能指标函数：

$$J = \frac{T_{\max}}{I_{\mathrm{sp}}g_0} \int_{t_0}^{t_\mathrm{f}} [\varepsilon \chi^2 + (1 - \varepsilon)\chi] \mathrm{d}t \to \min \tag{4.3.16}$$

式中，ε——同伦连续参数，$0 \leqslant \varepsilon \leqslant 1$。当 $\varepsilon = 1$ 时，性能指标对应能量最优问题；当 $\varepsilon = 0$ 时，性能指标对应燃料最优问题。

基于新的性能指标函数，构造哈密顿函数如下：

$$H = \boldsymbol{\lambda}_x \cdot \left[\boldsymbol{A} \frac{T_{\max}\chi}{m} \boldsymbol{\xi} + \boldsymbol{B} \right] - \lambda_m \frac{T_{\max}}{I_{\mathrm{sp}}g_0}\chi + \frac{T_{\max}}{I_{\mathrm{sp}}g_0}[\varepsilon \chi^2 + (1 - \varepsilon)\chi] \tag{4.3.17}$$

由式（4.3.17）可知，最优推力方向矢量 $\boldsymbol{\xi}^*$ 与式（4.3.5）一致，则最优推力幅值 χ^* 可改写为

$$\chi^* = \begin{cases} 0, & S_F > \varepsilon \\ 1, & S_F < -\varepsilon \\ \dfrac{1}{2} - \dfrac{S_F}{2\varepsilon}, & S_F \in [-\varepsilon, \varepsilon] \end{cases} \tag{4.3.18}$$

式中，S_F——开关函数，表示为

$$S_F = 1 - \lambda_m - \frac{I_{sp}g_0}{m} \| \boldsymbol{\lambda}_x \cdot \boldsymbol{A} \| \tag{4.3.19}$$

采用同伦连续方法求解燃料最优转移轨道时，首先令 $\varepsilon_0 = 1$，即求解能量最优转移问题；然后，对根据设定的步长 $\Delta\varepsilon$ 减小同伦参数，如下：

$$\varepsilon_{k+1} = \varepsilon_k - \Delta\varepsilon \tag{4.3.20}$$

以 ε_k 对应的解作为初值求解 ε_{k+1} 对应的最优转移问题，直至 ε 降至零。这样，可以最终获得燃料最优转移轨道。

4.3.3　基于同伦法的火星探测连续小推力转移轨道设计实例

该实例的假设条件与 4.2.3 节相同，从地球到火星连续小推力转移的间接优化算法结果如表 4.3.1 所示，其转移轨道如图 4.3.1 所示，其中红色轨迹表示发动机开启，蓝色轨迹表示发动机关闭途中经历了两次开关机。转移过程中，探测器轨道半长轴、轨道偏心率、轨道倾角和总质量的变化曲线如图 4.3.2 ~ 图 4.3.5 所示。推力方向与大小的变化曲线如图 4.3.6 和图 4.3.7 所示。可以看出，偏航角一直保持在 90°左右，以最大效率地提高半长轴，而推力则实现了 bang - bang 控制。

表 4.3.1　间接优化算法算例结果

出发日期/(年/月/日)	2020/01/01
飞行时间/天	500
到达日期/(年/月/日)	2021/05/15
I_{sp}/s	3 000
T_{max}/N	0.2
m_0/kg	1 200
m_f/kg	988.97

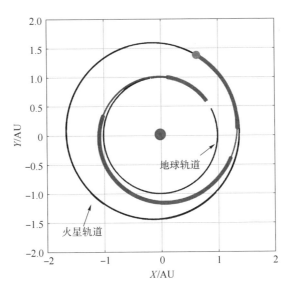

图 4.3.1　探测器转移轨道（附彩图）

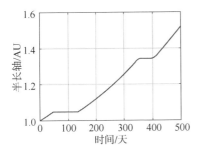

图 4.3.2　轨道半长轴变化曲线

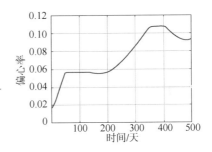

图 4.3.3　轨道偏心率变化曲线

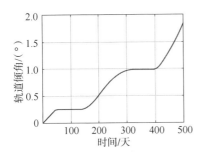

图 4.3.4　轨道倾角变化曲线

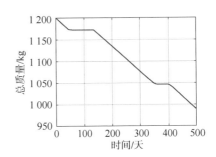

图 4.3.5　探测器总质量变化曲线

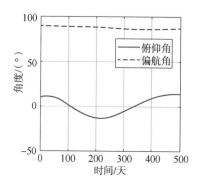

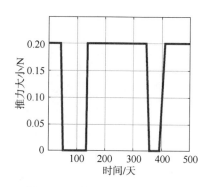

图4.3.6　推力方向角的变化曲线　　　　图4.3.7　推力大小的变化曲线

从上述结果可以看出，对于同样的发射转移窗口，直接法和间接法得到的结果较为接近，但直接法得到的结果中容易出现控制振荡的情况，而间接法的结果更接近易于工程实施的 bang – bang 控制。

4.4　火星探测连续小推力转移轨道凸优化方法

考虑到小推力转移轨道优化的效率问题，现有的直接法和间接法计算负担较大，难以满足未来在线规划或在线重规划的需求。因此，本节基于凸优化方法给出一种小推力转移轨道的快速优化方法。需要注意的是，本节所提出的凸优化方法本身也属于直接法，其区别于传统直接法的关键在于，需要实现对问题本身涉及的非线性动力学和非凸约束的凸化。因此，本节所提方法的核心即凸化过程的处理。

4.4.1　燃料最优小推力轨道优化问题的构建

考虑到小推力转移通常飞行周期比较长、绕主天体飞行圈数比较多，在此选取改进春分点轨道根数 $x = [p, f, g, h, K, L]$ 表征探测器运动状态，故其中只有 L 是快变量。在向量 x 中，

$$\begin{cases} p = a(1 - e^2) \\ f = e\cos(\omega + \Omega) \\ g = e\sin(\omega + \Omega) \\ h = \tan(i/2)\cos\Omega \\ K = \tan(i/2)\sin\Omega \\ L = \Omega + \omega + \theta \end{cases}$$

式中，$a,e,i,\omega,\Omega,\theta$——轨道半长轴、偏心率、轨道倾角、近地点幅角、升交点赤经和真近点角。

探测器推力满足下式：

$$f_R^2 + f_T^2 + f_N^2 = T^2 \tag{4.4.1}$$

且

$$T_{\min} \leqslant T \leqslant T_{\max} \tag{4.4.2}$$

式中，$T_{\min},T_{\max}$——最小推力与最大推力。

在此最优控制问题中，控制变量表示为 $\boldsymbol{U} = [f_R, f_T, f_N, T]^\mathrm{T}$。

对于交会任务而言，始末端轨道根数均已给出，相应的改进春分点轨道根数为

$$\boldsymbol{x}(t_0) = [p(t_0), f(t_0), g(t_0), h(t_0), K(t_0), L(t_0)] \tag{4.4.3}$$

$$\boldsymbol{x}(t_\mathrm{f}) = [p(t_\mathrm{f}), f(t_\mathrm{f}), g(t_\mathrm{f}), h(t_\mathrm{f}), K(t_\mathrm{f}), L(t_\mathrm{f})] \tag{4.4.4}$$

式中，t_0, t_f——始末时间。

同时，初始质量 $m(t_0)$ 固定，末端质量 $m(t_\mathrm{f})$ 无约束。期望得到燃料最优小推力转移轨道，故将优化问题的性能指标设定为

$$J = -m(t_\mathrm{f}) \tag{4.4.5}$$

最大化航天器末端质量，即最小化燃料消耗。

综上所述，燃料最优小推力转移轨道优化问题（又称"P1 问题"）可总结为

$$\min_{\boldsymbol{U}} J = -m(t_\mathrm{f})$$

其约束方程为式（4.4.1）~式（4.4.4）。

4.4.2　小推力轨道凸优化方法及求解

为了通过凸优化得到小推力转移问题的解，有必要将其转化为一个凸问题。对于凸问题，采用如线性规划（LP）、二阶锥规划（SOCP）、半定规划（SDP）等方法可在较短时间内得到解。对于成熟的优化算法（如原始对偶内点法），可高效、精确地求解凸规划问题且无须初值猜测[11-12]。

P1 问题是一个高度非线性的最优控制问题。为了采用凸优化方法求解，则P1 问题中所有非凸函数必须转化为凸函数。本节将主要讨论 P1 问题的分解，即

将其分解为一系列凸问题，以近似原问题的解。通常将这样的处理方式称为连续凸规划（SCP）。鉴于由 P1 问题导出的凸子问题不等价于原问题 P1，必须对其进行连续近似以便迭代求解，直至其解收敛于 P1 问题的解。

由于改进春分点根数动力学方程为控制仿射系统，故可将其被改写为如下简化形式：

$$\dot{\boldsymbol{X}} = \boldsymbol{F}(\boldsymbol{X},t) + \boldsymbol{B}(\boldsymbol{X},t) \cdot \boldsymbol{U} \tag{4.4.6}$$

其中列向量为

$$\boldsymbol{F}(\boldsymbol{X},t) = \begin{bmatrix} \boldsymbol{0}_{1 \times 5} & \sqrt{\mu p}\dfrac{\varpi^2}{p^2} & 0 \end{bmatrix}^{\mathrm{T}} \tag{4.4.7}$$

式中，$\varpi = 1 + f\cos L + g\sin L$。

控制向量的系数矩阵为

$$\boldsymbol{B}(\boldsymbol{X},t) = \begin{bmatrix} 0 & \sqrt{\dfrac{p}{\mu}}\dfrac{2p}{\varpi m} & 0 & 0 \\[4mm] \sqrt{\dfrac{p}{\mu}}\dfrac{\sin L}{m} & \dfrac{(1+\varpi)\cos L + f}{\varpi m} & -\dfrac{g(h\sin L - K\cos L)}{\varpi m} & 0 \\[4mm] -\sqrt{\dfrac{p}{\mu}}\dfrac{\cos L}{m} & \dfrac{(1+\varpi)\sin L + g}{\varpi m} & \dfrac{f(h\sin L - K\cos L)}{\varpi m} & 0 \\[4mm] 0 & 0 & \sqrt{\dfrac{p}{\mu}}\dfrac{s^2\cos L}{2\ \varpi m} & 0 \\[4mm] 0 & 0 & \sqrt{\dfrac{p}{\mu}}\dfrac{s^2\sin L}{2\ \varpi m} & 0 \\[4mm] 0 & 0 & \sqrt{\dfrac{p}{\mu}}\dfrac{h\sin L - K\cos L}{\varpi m} & 0 \\[4mm] 0 & 0 & 0 & -\dfrac{1}{I_{\mathrm{sp}}g_0} \end{bmatrix} \tag{4.4.8}$$

为了便于讨论，下面将略去时间变量 t。以上非线性动力学方程可采用基于小扰动的连续线性化方法近似[11]。假设连续近似过程中第 k 次迭代存在一个解 $\boldsymbol{X}^k$。然后，第 $k+1$ 次迭代过程中，在 $\boldsymbol{X}^k$ 存在的前提下将动力学方程线性化。需要指出的是，非线性动力学方程的线性化过程中，$\boldsymbol{X}$ 和 $\boldsymbol{U}$ 一般被同时线性化。然而，线性

化 U 时，初始值 U^k 通常难以给出。当动力学拥有控制仿射系统结构时，通常需要线性化动力学方程中不含控制变量的项，以确保更好的收敛性。因为本节提到的小推力转移问题动力学属于控制仿射系统，所以将运用此方法线性化动力学方程。主项 $F(X)$ 可在 X^k 附近线性化，线性化后的动力学方程为

$$\dot{X} = A(X^k)(X - X^k) + B(X^k) \cdot U + \dot{X}^k \tag{4.4.9}$$

式中，$\dot{X}^k = F(X^k)$，且状态向量系数矩阵为

$$A(X^k) = \frac{\partial F(X)}{\partial X}\bigg|_{X=X^k} = \begin{bmatrix} & & & \mathbf{0}_{5\times7} & & & \\ a_{61} & a_{62} & a_{63} & 0 & 0 & a_{66} & 0 \\ & & & \mathbf{0}_{1\times7} & & & \end{bmatrix} \tag{4.4.10}$$

式中，$a_{61} = -\dfrac{3}{2}\sqrt{\dfrac{\mu}{p^k}}\left(\dfrac{\varpi^k}{p^k}\right)^2$；

$a_{62} = 2\sqrt{\mu p^k}\,\dfrac{\varpi^k\cos L^k}{(p^k)^2}$；

$a_{63} = 2\sqrt{\mu p^k}\,\dfrac{\varpi^k\sin L^k}{(p^k)^2}$；

$a_{66} = 2\sqrt{\mu p^k}\,\dfrac{\varpi^k(g^k\cos L^k - f^k\sin L^k)}{(p^k)^2}$。

需要注意的是，为了确保线性化的合理性，通常应添加置信区间约束。但本节研究的问题不加入此约束，因为数值分析表明现置信区间约束的有无不影响该问题的收敛过程。

式（4.4.1）中推力向量的非线性约束函数是非凸的。在运用凸优化方法前，必须将其转化为凸函数，这里将式（4.4.1）中的约束松弛化为

$$f_R^2 + f_T^2 + f_N^2 \leqslant T^2 \tag{4.4.11}$$

这种松弛代表一个二阶锥，从而转变为凸的。但式（4.4.11）与式（4.4.1）中的原约束已经不同。接下来将证明：对于最优控制，式（4.4.11）中的控制约束与式（4.4.1）中的原约束等价，即在 $[t_0, t_f]$ 区间内式（4.4.11）中的约束均能得到满足。

通过将非线性动力学方程（式（4.4.6））线性化为线性动力学方程（式（4.4.9）），并将式（4.4.1）中的非线性等式控制约束松弛化为式（4.4.11）中的二阶锥约束，P1 问题转化为一个凸问题，记为 P2 问题。P2 问

题的具体形式为

$$\min_{U} - m(t_{f}) \tag{4.4.12}$$

约束方程为

$$\dot{X} = A(X^{k})(X - X^{k}) + B(X^{k}) \cdot U + \dot{X}^{k} \tag{4.4.13}$$

$$T_{\min} \leqslant T \leqslant T_{\max} \tag{4.4.14}$$

$$X(t_{0}) = [p(t_{0}), f(t_{0}), g(t_{0}), h(t_{0}), K(t_{0}), L(t_{0}), m(t_{0})] \tag{4.4.15}$$

$$x(t_{f}) = [p(t_{f}), f(t_{f}), g(t_{f}), h(t_{f}), K(t_{f}), L(t_{f})] \tag{4.4.16}$$

$$f_{R}^{2} + f_{T}^{2} + f_{N}^{2} \leqslant T^{2} \tag{4.4.17}$$

由上述变换，通过序列求解凸问题 P2 可以得出原问题 P1 的解。收敛终止条件为

$$\sup_{t_{0} \leqslant t \leqslant t_{f}} |X^{k+1}(t) - X^{k}(t)| \leqslant \boldsymbol{\varepsilon} \tag{4.4.18}$$

式中，$\boldsymbol{\varepsilon}$——常向量，代表近似精度，$\boldsymbol{\varepsilon} \in \mathbb{R}^{7}$。$\boldsymbol{\varepsilon}$ 的分量取决于状态向量 X 分量的精度要求。

P2 问题的解在区间 $[t_{0}, t_{f}]$ 内满足式（4.4.17）的约束。此结论的证明详见引理 1。引理 1 保证了 P2 问题的收敛解也是 P1 问题的解。

引理 1：假设 P2 问题在 $[t_{0}, t_{f}]$ 上的一个解为 $\{X^{*}(t), U^{*}(t)\}$，那么对任意 $t \in [t_{0}, t_{f}]$，等式 $(f_{R}^{*})^{2} + (f_{T}^{*})^{2} + (f_{N}^{*})^{2} = (T^{*})^{2}$ 均成立。

证明：在 P2 问题中，哈密顿函数 H 和拉格朗日函数 L 分别由下式给出：

$$H = \lambda_{p} G_{p} + \lambda_{f} G_{f} + \lambda_{g} G_{g} + \lambda_{h} G_{h} + \lambda_{K} G_{K} + \lambda_{L} G_{L} + \lambda_{m} G_{m} \tag{4.4.19}$$

$$L = H + \mu_{1}(T^{2} - f_{R}^{2} - f_{T}^{2} - f_{N}^{2}) + \mu_{2}(T - T_{\min}) + \mu_{3}(T_{\max} - T) \tag{4.4.20}$$

式中，$\boldsymbol{\lambda} = [\lambda_{p}, \lambda_{f}, \lambda_{g}, \lambda_{h}, \lambda_{K}, \lambda_{L}, \lambda_{m}]^{T} \in \mathbb{R}^{7}$——协态向量；

$\boldsymbol{G} = [G_{p}, G_{f}, G_{g}, G_{h}, G_{K}, G_{L}, G_{m}]^{T} \in \mathbb{R}^{7}$——式（4.4.14）中微分方程等号右边项；

$\mu_{1}, \mu_{2}, \mu_{3}$——拉格朗日乘子。

假设 P2 问题在固定区间 $[t_{0}, t_{f}]$ 存在最优解 $\{X^{*}(t), U^{*}(t)\}$，该最优控制问题的非平凡条件为

$$\boldsymbol{\lambda} \neq \boldsymbol{0}, \quad \forall t \in [t_{0}, t_{f}] \tag{4.4.21}$$

根据极小值原理[13]，最优控制 $U^{*}(t)$ 和最优小推力轨道 $X^{*}(t)$ 由下式确定：

$$U^*(t) = \arg \min_{U \in \Theta} H(X^*(t), U(t), \lambda) \tag{4.4.22}$$

式中，$\Theta = \{(f_R, f_T, f_N, T) \mid T_{\min} \leq T \leq T_{\max}, f_R^2 + f_T^2 + f_N^2 \leq T^2\}$。

根据变分原理，协态微分方程可基于式（4.4.13）和式（4.4.20），经 $\mathrm{d}\lambda/\mathrm{d}t = -\partial L/\partial X$ 得出：

$$\dot{\lambda}_p = -a_{61}\lambda_L \tag{4.4.23}$$

$$\dot{\lambda}_f = -a_{62}\lambda_L \tag{4.4.24}$$

$$\dot{\lambda}_g = -a_{63}\lambda_L \tag{4.4.25}$$

$$\dot{\lambda}_h = 0 \tag{4.4.26}$$

$$\dot{\lambda}_K = 0 \tag{4.4.27}$$

$$\dot{\lambda}_L = -a_{66}\lambda_L \tag{4.4.28}$$

$$\dot{\lambda}_m = 0 \tag{4.4.29}$$

在优化弧段中，互补松弛条件为

$$\mu_1 \geq 0, \quad \mu_1[(T^*)^2 - (f_R^*)^2 - (f_T^*)^2 - (f_N^*)^2] = 0 \tag{4.4.30}$$

$$\mu_2 \geq 0, \quad \mu_2(T^* - T_{\min}) = 0 \tag{4.4.31}$$

$$\mu_3 \geq 0, \quad \mu_3(T_{\max} - T^*) = 0 \tag{4.4.32}$$

然后，用反证法证明引理 1。假设在区间 $[t_i, t_j] \in [t_0, t_f]$ 内有 $(f_R^*)^2 + (f_T^*)^2 + (f_N^*)^2 < (T^*)^2$。则基于极小值原理，一阶必要条件可由 $\partial L/\partial f_R = 0$、$\partial L/\partial f_T = 0$、$\partial L/\partial f_N = 0$ 和 $\partial L/\partial T = 0$ 确定，即

$$\lambda_f B_{21} + \lambda_g B_{31} - 2\mu_1 f_R = 0 \tag{4.4.33}$$

$$\lambda_p B_{12} + \lambda_f B_{22} + \lambda_g B_{32} - 2\mu_1 f_T = 0 \tag{4.4.34}$$

$$\lambda_f B_{23} + \lambda_g B_{33} + \lambda_h B_{43} + \lambda_K B_{53} + \lambda_L B_{63} - 2\mu_1 f_N = 0 \tag{4.4.35}$$

$$\lambda_m B_{74} + 2\mu_1 T + \mu_2 - \mu_3 = 0 \tag{4.4.36}$$

式中，B_{ij}——矩阵 B 的元素。

根据式（4.4.30），$(f_R^*)^2 + (f_T^*)^2 + (f_N^*)^2 < (T^*)^2$，这表明 $\mu_1 = 0$。将 $\mu_1 = 0$ 代入式（4.4.34）和式（4.4.35），然后对其进行微分，并将结果与式（4.4.23）、式（4.4.24）和式（4.4.25）合并，可得

$$B_{21}'\lambda_f + B_{31}'\lambda_g - (a_{62}B_{21} + a_{63}B_{31})\lambda_L = 0 \tag{4.4.37}$$

$$B'_{12}\lambda_p + B'_{22}\lambda_f + B'_{32}\lambda_g - (a_{61}B_{12} + a_{62}B_{22} + a_{63}B_{32})\lambda_L = 0 \qquad (4.4.38)$$

式中，上标（′）代表对 t 的一阶导数。从而式（4.4.33）、式（4.4.34）、式（4.4.37）和式（4.4.38）也可写为

$$\begin{bmatrix} 0 & B_{21} & B_{31} & 0 \\ B_{12} & B_{22} & B_{32} & 0 \\ 0 & B'_{21} & B'_{31} & -a_{62}B_{21} - a_{63}B_{31} \\ B'_{12} & B'_{22} & B'_{32} & -a_{61}B_{12} - a_{62}B_{22} - a_{63}B_{32} \end{bmatrix} \begin{bmatrix} \lambda_p \\ \lambda_f \\ \lambda_g \\ \lambda_L \end{bmatrix} = 0 \qquad (4.4.39)$$

显然，式（4.4.39）的系数矩阵满秩，故 $\lambda_p = \lambda_f = \lambda_g = \lambda_L = 0$，将此式代回式（4.4.35），可得

$$\lambda_h B_{43} + \lambda_K B_{53} = 0 \qquad (4.4.40)$$

对式（4.4.41）两边求导，再与式（4.4.27）、式（4.4.28）联立，可得

$$\begin{bmatrix} B_{43} & B_{53} \\ B'_{43} & B'_{53} \end{bmatrix} \begin{bmatrix} \lambda_h \\ \lambda_K \end{bmatrix} = 0 \qquad (4.4.41)$$

因为 $B_{43}B'_{53} - B_{53}B'_{43} \neq 0$，式（4.4.41）的系数矩阵满秩，故 $\lambda_h = \lambda_K = 0$。现已确定 $\lambda_p = \lambda_f = \lambda_g = \lambda_h = \lambda_K = \lambda_L = 0$。

接下来，证明 $\lambda_m = 0$。本节中 $T_{min} = 0$，又因为 $(f_R^*)^2 + (f_T^*)^2 + (f_N^*)^2 < (T^*)^2$，故 $T^* \neq T_{min}$ 恒成立。所以，根据式（4.4.31）、式（4.4.36）及 $B_{74} = -1/(I_{sp}g_0) < 0$，对任意满足 $T^* = T_{max}$ 的时间区间 $[t_1, t_2] \in [t_0, t_f]$，总有 $\lambda_m = \mu_3/B_{74} \leqslant 0$。

因为 $\lambda_m(t_f) = -\lambda_0 (\lambda_0 \leqslant 0$ 为常数）、$\dot{\lambda}_m = 0$，故 $\lambda_m = \lambda_m(t_f) \geqslant 0$。

因为 $\lambda_m = \mu_3/B_{74} \leqslant 0$，又 $\lambda_m = \lambda_m(t_f) \geqslant 0$，故在区间 $[t_1, t_2]$ 内必有 $\lambda_m = 0$。

现已证明 $\lambda_p = \lambda_f = \lambda_g = \lambda_h = \lambda_K = \lambda_L = \lambda_m = 0$，这与式（4.4.21）中非平凡条件矛盾。引理 1 得证。

以上证明过程表明，P2 问题中 $(f_R^*)^2 + (f_T^*)^2 + (f_N^*)^2 = (T^*)^2$ 在区间 $[t_0, t_f]$ 内均能得到满足。所以，在解收敛的前提下，通过序列求解 P2 问题可以得到 P1 问题的解。下面将详细描述 P2 问题的求解过程。

求解 P2 问题，应首先进行离散化处理。时间 t 被等价离散为区间 $[t_0, t_f]$ 上的 $N+1$ 个点。在任何时间段内，必须满足式（4.4.14）、式（4.4.17）所示的

约束。第 i 点的状态向量和控制变量分别记为 $\boldsymbol{X}_i$、$\boldsymbol{U}_i$。变量集由 $[\boldsymbol{X}_0,\cdots,\boldsymbol{X}_i,\cdots,\boldsymbol{X}_N]$ 构成，$[\boldsymbol{U}_0,\cdots,\boldsymbol{U}_i,\cdots,\boldsymbol{U}_N]$ 为待解变量。时间离散化后，式（4.4.13）中的动力学可写为数值积分形式：

$$\boldsymbol{X}_{i+1} = \boldsymbol{X}_i + \frac{\Delta t}{2}(\boldsymbol{A}_i^k \boldsymbol{X}_i + \boldsymbol{B}_i^k \cdot \boldsymbol{U}_i + \boldsymbol{F}_i^k - \boldsymbol{A}_i^k \boldsymbol{X}_i^k +$$

$$\boldsymbol{A}_{i+1}^k \boldsymbol{X}_{i+1} + \boldsymbol{B}_{i+1}^k \cdot \boldsymbol{U}_{i+1} + \boldsymbol{F}_{i+1}^k - \boldsymbol{A}_{i+1}^k \boldsymbol{X}_{i+1}^k) \quad (4.4.42)$$

式中，$i = 0,1,\cdots,N-1$，$\boldsymbol{X}_i^k = \boldsymbol{X}^k(t_i)$，$\boldsymbol{A}_i^k = \boldsymbol{A}(\boldsymbol{X}_i^k)$，$\boldsymbol{B}_i^k = \boldsymbol{B}(\boldsymbol{X}_i^k)$，$\boldsymbol{F}_i^k = \boldsymbol{F}(\boldsymbol{X}_i^k)$，$\Delta t = (t_\mathrm{f} - t_0)/N$。

式（4.4.42）也可写为

$$\left(\boldsymbol{I} + \frac{\Delta t}{2}\boldsymbol{A}_i^k\right)\boldsymbol{X}_i + \left(\frac{\Delta t}{2}\boldsymbol{A}_{i+1}^k - \boldsymbol{I}\right)\boldsymbol{X}_{i+1} + \frac{\Delta t}{2}\boldsymbol{B}_i^k \boldsymbol{U}_i + \frac{\Delta t}{2}\boldsymbol{B}_{i+1}^k \boldsymbol{U}_{i+1} + \frac{\Delta t}{2}(\boldsymbol{b}_i^k + \boldsymbol{b}_{i+1}^k) = 0$$

$$(4.4.43)$$

式中，$\boldsymbol{I}$——与 $\boldsymbol{A}$ 同型的单位矩阵；

$$\boldsymbol{b}_i^k = \boldsymbol{F}_i^k - \boldsymbol{A}_i^k \boldsymbol{X}_i^k。$$

离散化处理后，P2 问题转变为一般凸优化问题，记为 P3 问题。在 P3 问题中，性能指标由式（4.4.12）给出，线性等式约束由式（4.4.15）、式（4.4.16）和式（4.4.43）给出，线性不等式约束由式（4.4.14）、式（4.4.18）给出，二阶锥约束为式（4.4.17）。这里需要说明，P3 问题近乎等价于 P2 问题，故离散点足够密集时，它们的解几乎相同。

连续求解 P1 问题的具体过程总结如下：

第 1 步，令 $k = 0$，给出初始状态向量的猜测值 $\boldsymbol{X}^0$。多次数值测试表明，算法的收敛性对 $\boldsymbol{X}^0$ 的初值猜测并不敏感。$\boldsymbol{X}^0$ 的选择可参考典型小推力转移过程中的应用值。状态变量的猜测值可从初值 $[p(t_0),f(t_0),g(t_0),h(t_0),K(t_0)]$ 到终值 $[p(t_\mathrm{f}),f(t_\mathrm{f}),g(t_\mathrm{f}),h(t_\mathrm{f}),K(t_\mathrm{f})]$ 的直线获得。$L(t)$ 的猜测值可选取从 $L(t_0)$ 到 $L(t_\mathrm{f}) + 2\pi \cdot \varGamma$ 的一条直线，其中 $\varGamma \in \mathbb{N}$ 为小推力转移轨道运行圈数的估计值。质量 $m(t)$ 的猜测值可选取从 $m(t_0)$ 到 m_f 的一条直线。然而，m_f 需要基于转移过程去猜测，因为终端质量不确定。$\boldsymbol{X}^0$ 的初值猜测不需要很高的精度。初始控制向量 $\boldsymbol{U}^0$ 不需要初值猜测。

第 2 步，对于第 $i+1$ 次迭代，选取第 k 次迭代的解 $\boldsymbol{X}^k$ 作为状态向量的猜测初值，求解得到 $\{\boldsymbol{X}^{k+1}, \boldsymbol{U}^{k+1}\}$。

第 3 步，检查是否满足收敛条件：

$$\max_{0 \leqslant i \leqslant N} |\boldsymbol{X}_i^{k+1}(t) - \boldsymbol{X}_i^k(t)| \leqslant \boldsymbol{\varepsilon} \qquad (4.4.44)$$

得到 P1 问题的解 $\boldsymbol{X}^* = \boldsymbol{X}^{k+1}$、$\boldsymbol{U}^* = \boldsymbol{U}^{k+1}$。

在逐次迭代求解小推力转移轨道的最优解时，需要注意：

（1）在上述过程中，每次迭代均会得到 P3 问题的解，这表明每次迭代也会得到 P2 问题的解。

（2）P3 问题求解过程中，不需要给定向量对 $\{\boldsymbol{X}^k, \boldsymbol{U}^k\}$ 的猜测初值。

（3）P1 问题的最优解由 P3 问题序列的收敛解近似得来。

4.4.3　基于凸优化的火星探测连续小推力转移轨道设计实例

本节对小推力转移凸优化方法进行对比验证[14]，并应用于火星探测任务的转移轨道设计。这里探测器的参数选择参照"黎明号"任务[15]。假设初始探测器质量 $m(t_0)$ 为 1 217. 7 kg，推力幅值的最大值、最小值分别为 $T_{min} = 0$ mN、$T_{max} = 90$ mN。推力比冲为 3 100 s。地火交会任务的初始时间为 2021 年 10 月 28 日，转移时间为 3.5 年，故终端时间为 2025 年 4 月 28 日，具体参数如表 4.4.1 所示。

表 4.4.1　地火交会初始、终端轨道状态

状态量	p/m	f	g	h	k	L/rad
初始值	$1.495\,568 \times 10^{11}$	$-0.003\,8$	$0.016\,3$	$-2.475\,5 \times 10^{-5}$	$2.243\,9 \times 10^{-6}$	13. 168 4
终端值	$2.259\,505 \times 10^{11}$	$0.085\,5$	$-0.037\,7$	$0.010\,5$	$0.012\,3$	9. 092 9

地火小推力转移轨道如图 4.4.1 所示，推力幅值和推力分量如图 4.4.2 所示。由图可知，转移共有三个推力弧段，由于探测器的推力重比小，且转移时间短，因此整个转移轨迹中的推力弧较长。

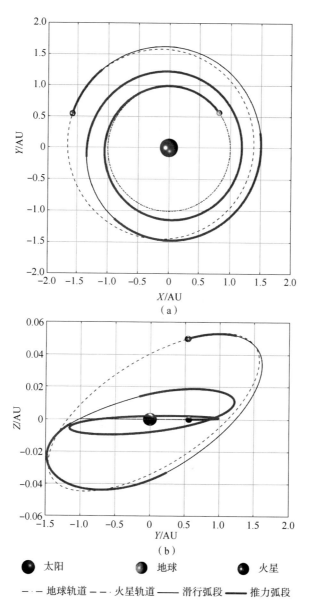

（a）

（b）

● 太阳　　　● 地球　　　● 火星

－·－ 地球轨道　－－ 火星轨道　—— 滑行弧段　—— 推力弧段

图 4.4.1　地火小推力转移交会轨道（附彩图）

（a）XY 平面内转移轨道；（b）YZ 平面内转移轨道

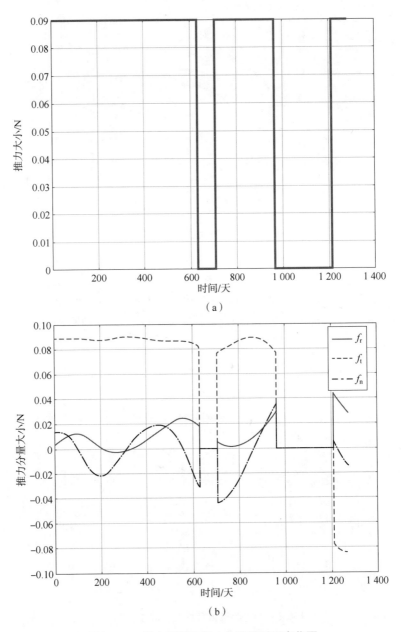

图 4.4.2 推力幅值和推力分量随时间变化图

（a）推力大小；（b）推力分量（附彩图）

以上验证并给出了火星探测小推力转移轨道凸优化方法的有效性。该方法不仅可用于火星探测小推力转移轨道的优化，还可以用于一般性的小推力转移轨道优化问题的求解。

参 考 文 献

[1] GAO Y, KLUEVER C A. Analytic orbital averaging technique for computing tangential – thrust trajectories[J]. Journal of guidance, control, and dynamics, 2005, 28(6):1320 – 1323.

[2] GAO Y, KLUEVER C A. Low – thrust guidance scheme for Earth – capture trajectories [J]. Journal of guidance, control, and dynamics, 2005, 28(2):333 – 342.

[3] KECHICHIAN J A. Optimal low – thrust rendezvous using equinoctial orbit elements [J]. Acta astronautica, 1996, 38(1):1 – 14.

[4] 尚海滨,崔平远,栾恩杰. 地球 – 火星的燃料最省小推力转移轨道设计与优化 [J]. 宇航学报, 2006, 27(6):1168 – 1173.

[5] CUI P Y, REN Y, LUAN E J. Low – thrust, multi – revolution orbits transfer under the constraint of a switch function without prior information[J]. Transactions of the Japan society for aeronautical and space sciences, 2008, 50:240 – 245.

[6] 尚海滨,崔平远,乔栋,等. 行星际小推力轨道 Lambert 解及应用[J]. 航空学报, 2010, 31(9):1752 – 1757.

[7] BETTS J T. Very low – thrust trajectory optimization using a direct SQP method[J]. Journal of computational and applied mathematics, 2000, 120(1):27 – 40.

[8] BETTS J T, HUFFMAN W P. Path constrained trajectory optimization using sparse sequential quadratic programming[J]. Journal of guidance, control and dynamics, 1993, 16(1):59 – 68.

[9] REN Y, CUI P Y, LUAN E J. A low – thrust guidance law based on Lyapunov feedback control and hybrid genetic algorithm [J]. Aircraft engineering and aerospace technology, 2007, 79(2):144 – 149.

[10] BERTRAND R, EPENOY R. New smoothing techniques for solving bang – bang

optimal control problems – numerical results and statistical interpretation [J]. Optimal control applications and methods, 2002(23):171 – 197.

[11] LIU X, LU P, PAN B. Survey of convex optimization for aerospace applications [J]. Astrodynamics, 2017, 1(1):23 – 40.

[12] BOYD S, VANDENBERGHE L. Convex optimization [M]. Cambridge: Cambridge University Press, 2004.

[13] HARTL R F, SETHI S P, VICKSON R G. A survey of the maximum principles for optimal control problems with state constraints [J]. SIAM review, 1995, 37(2): 181 – 218.

[14] JIANG F, BAOYIN H, LI J. Practical techniques for low – thrust trajectory optimization with homotopic approach [J]. Journal of guidance, control, and dynamics, 2012, 35(1):245 – 258.

[15] RUSSELL C T, RAYMOND C A. The Dawn mission to Vesta and Ceres [J]. Space science reviews, 2011, 163(1/2/3/4):3 – 23.

第 5 章
火星探测的捕获轨道设计

捕获轨道是决定火星探测器成功实现环绕、着陆与巡视的关键，其核心是在探测器接近火星时施加减速制动，使探测器成功被火星引力捕获并进入目标轨道。火星探测常用的捕获方式有直接制动捕获和气动辅助捕获两种方式。直接制动捕获是探测器利用发动机实施反作用力制动来实现轨道捕获的过程。气动辅助捕获即探测器进入火星大气时，利用大气阻力降低探测器速度，从而实现轨道捕获的过程。本章以火星探测为背景，分别对直接制动捕获和气动辅助捕获两种方式进行讨论；针对直接制动捕获，将介绍脉冲单次最优捕获、多次最优捕获和有限推力捕获；针对气动辅助捕获，将分析捕获过程的气动轨迹优化和控制问题。

■ 5.1 采用脉冲方式的火星探测直接捕获轨道设计

5.1.1 火星探测最优单次脉冲捕获轨道设计方法

探测器进入火星影响球后，相对火星的轨道通常为双曲线轨道，需要施加制动脉冲将其变为椭圆轨道，从而实现捕获。根据二体轨道动力学理论，为了使探测器进入环绕火星的飞行轨道，最省能量的轨道机动方式是在近心点处沿速度矢量反方向施加减速制动，此时双曲线轨道与环火轨道处于同一平面且近心点高度相同。与地心逃逸轨道类似，探测器到达火星影响球边界时，相对于火星的速度矢量 v_∞ 可以由日心坐标系下探测器到达火星影响球时的速度矢量 v_R 和该时刻日心惯性坐标系下火星的速度矢量 v_M 确定：

$$v_\infty = v_R - v_M \tag{5.1.1}$$

式中，v_R 可通过第 3 章求解兰伯特问题得到；v_M 可通过行星星历解算得到。

假设制动后探测器任务轨道的偏心率为 e，近心点高度为 r_p，则在近心点处所需的制动速度增量为

$$\Delta v = \sqrt{v_\infty^2 + \frac{2\mu_M}{r_p}} - \sqrt{\frac{\mu_M(1+e)}{r_p}} \tag{5.1.2}$$

式中，μ_M——火星引力常数。

由式（5.1.2）可知，Δv 的大小与 r_p 和 e 的取值有关。若固定 r_p，则 e 越大，所需的捕获速度增量就越小；若轨道的偏心率 e 固定，则近心点高度对制动速度 Δv 的影响较为复杂[1]。假设 $\xi = r_p v_\infty^2 / \mu_M$，则有

$$\frac{\Delta v}{v_\infty} = \sqrt{1 + \frac{2}{\xi}} - \sqrt{\frac{1+e}{\xi}} \tag{5.1.3}$$

对式（5.1.3）分别求一阶、二阶导数，可得

$$\frac{d\Delta v}{d\xi v_\infty} = \xi^{-3/2} \left(-\frac{1}{\sqrt{\xi+2}} + \frac{\sqrt{e+1}}{2} \right) \tag{5.1.4}$$

$$\frac{d^2\Delta v}{d\xi^2 v_\infty} = \xi^{-5/2} \left(\frac{2\xi+3}{(\xi+2)^{3/2}} - \frac{3\sqrt{e+1}}{4} \right) \tag{5.1.5}$$

令式（5.1.4）等于 0，可得

$$\xi' = 2\frac{1-e}{1+e} \tag{5.1.6}$$

将 ξ' 代入式（5.1.5），可得

$$\left. \frac{d^2\Delta v}{d\xi^2 v_\infty} \right|_{\xi=\xi'} = \frac{\sqrt{2}(1+e)^3}{64(1-e)^{3/2}} \tag{5.1.7}$$

椭圆轨道对应 $0 \leqslant e < 1$，因此式（5.1.7）大于 0。以上表明，式（5.1.3）存在极小值，此时近心点半径为

$$r_p' = \frac{2\mu_M(1-e)}{v_\infty^2(1+e)} \tag{5.1.8}$$

对应的最优燃料消耗为

$$\Delta v_{min} = v_\infty \sqrt{\frac{1-e}{2}} \tag{5.1.9}$$

由式 (5.1.9) 可以看出，最优的捕获近心点高度与双曲超速和偏心率均有关系。当 $e \to 1$ 时，r_p' 和 $\Delta v_{\min} \to 0$，但由于 r_p 受火星半径的约束，通常无法实现。同时，随着双曲超速的增大，最优捕获近心点高度减小。此外，根据轨道的远心点半径 r_a 为

$$r_\mathrm{a} = \frac{1+e}{1-e} r_\mathrm{p} \tag{5.1.10}$$

可得到最优捕获条件下，轨道的远心点半径为

$$r_\mathrm{a}' = \frac{2\mu_\mathrm{M}}{v_\infty^2} \tag{5.1.11}$$

由式 (5.1.11) 可以看出：最优捕获条件下的远心点半径与轨道偏心率无关，即任意偏心率约束下最优捕获轨道的远心点半径相同。当 $e = 0$ 时，最优捕获圆轨道的半径为 $r' = r_\mathrm{a}'$，对应的捕获速度增量为

$$\Delta v' = \frac{v_\infty}{\sqrt{2}} \tag{5.1.12}$$

不同双曲超速和不同高度的目标圆轨道下，探测器被捕获所需的速度增量如图 5.1.1 所示。随着 v_∞ 的增大，最优捕获高度逐渐降低，当 $v_\infty > 5.022\ 1$ km/s 时，最优捕获半径小于火星半径，此时捕获高度越低，捕获所需的速度增量就越小。由于任务轨道的近心点高度和偏心率通常会在任务设计中选定，因此最优单次近心点捕获的条件需根据约束进行相应的调整。

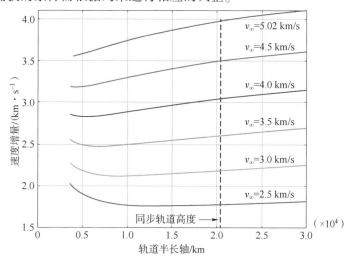

图 5.1.1　不同 v_∞ 和 r' 下探测器制动所需的速度增量

5.1.2 火星探测最优多次脉冲捕获轨道设计方法

由 5.1.1 节的分析可以看出，采用近心点脉冲捕获的方式存在最优捕获高度，但通常不同火星探测任务所需的任务轨道半长轴和偏心率不同，多数无法满足最优捕获条件。对于近心点高度较高的任务轨道，采用单次近心点脉冲捕获的方式需要较大的速度增量，本节将给出一种多次脉冲的捕获轨道策略。该策略在探测器首次捕获时并不选择与任务轨道相同的近心点高度，而是先捕获进入中间过渡轨道，通过在过渡轨道上增加 1～2 次脉冲进入任务轨道。具体的捕获流程如图 5.1.2 所示。

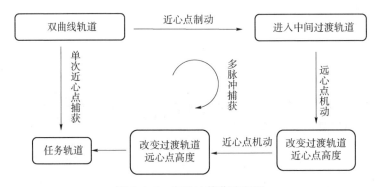

图 5.1.2　多脉冲捕获流程图

多次脉冲捕获策略通常首先在双曲线轨道的近心点处施加一次制动脉冲，使得探测器进入中间过渡轨道；其次，在过渡轨道的远心点处施加第二次脉冲机动，将轨道的近心点高度调整为任务轨道高度；最后，在过渡轨道再次经过近心点时施加第三次脉冲机动，调整偏心率使之满足任务轨道要求，从而进入任务轨道。如果第一次制动的近心点高度与任务轨道相同，则可省去第二次脉冲机动，等效于在轨道的近心点处施加了两次捕获机动。在二体轨道动力学模型下，其捕获效果与单次捕获相同。如果第一次制动后轨道远心点高度与任务轨道相同，则可省去第三次脉冲机动，过程类似于霍曼转移。多脉冲捕获轨道示意如图 5.1.3 所示。

假设第一次制动时中间过渡轨道的近心点半径为 r_{p_1}，偏心率为 e_1，任务轨道的近心点半径为 r_{p_2}，偏心率为 e_2，则探测器的第一次制动脉冲为

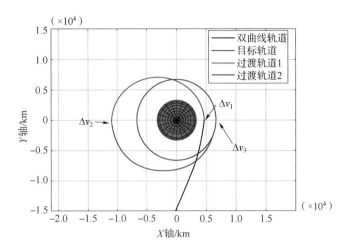

图 5.1.3　多脉冲捕获轨道示意图（附彩图）

$$\Delta v_1 = \sqrt{v_\infty^2 + \frac{2\mu_M}{r_{p_1}}} - \sqrt{\frac{\mu_M(1+e_1)}{r_{p_1}}} \qquad (5.1.13)$$

过渡轨道的远心点半径为

$$r_{a_1} = \frac{1+e_1}{1-e_1} r_{p_1} \qquad (5.1.14)$$

第二次脉冲机动 Δv_2 为

$$\Delta v_2 = \left| \sqrt{\frac{\mu_M(1-e_1)}{r_{a_1}}} - \sqrt{\frac{\mu_M(1-e_3)}{r_{a_1}}} \right| \qquad (5.1.15)$$

式中，e_3——第二次脉冲机动后过渡轨道的偏心率。

根据轨道间的转换关系可得

$$r_{a_1} = \frac{1+e_1}{1-e_1} r_{p_1} = \frac{1+e_3}{1-e_3} r_{p_2} \qquad (5.1.16)$$

则过渡轨道的偏心率为

$$e_3 = \frac{r_{a_1} - r_{p_2}}{r_{p_2} + r_{a_1}} \qquad (5.1.17)$$

第三次脉冲机动为

$$\Delta v_3 = \left| \sqrt{\frac{\mu_M(1+e_3)}{r_{p_2}}} - \sqrt{\frac{\mu_M(1+e_2)}{r_{p_2}}} \right| \qquad (5.1.18)$$

因此，采用多脉冲捕获所需总的速度增量为 $\Delta v = \Delta v_1 + \Delta v_2 + \Delta v_3$。将式 (5.1.13) ~ 式(5.1.18) 代入，可得

$$\Delta v = \sqrt{v_\infty^2 + \frac{2\mu_M}{r_{p_1}}} - \sqrt{\frac{\mu_M(1+e_1)}{r_{p_1}}} + \left| \sqrt{\frac{\mu_M(1-e_2)^2}{(1+e_1)r_{p_1}}} - \sqrt{\frac{2\mu_M(1-e_1)^2 r_{p_2}}{(1-e_1)r_{p_2}+(1+e_2)^2 r_{p_1}^2}} \right| +$$

$$\left| \sqrt{\frac{\mu_M(1+e_1)r_{p_1}}{r_{p_2}^2}} - \sqrt{\frac{(1+e_2)\mu_M}{r_{p_2}}} \right| \tag{5.1.19}$$

当 $r_{p_1} > r_{p_2}$（或 $e_3 > e_1$）时，$\sqrt{\dfrac{\mu_M(1-e_2)^2}{(1+e_1)r_{p_1}}} - \sqrt{\dfrac{2\mu_M(1-e_1)^2 r_{p_2}}{(1-e_1)r_{p_2}+(1+e_2)^2 r_{p_1}^2}} > 0$；当 $e_3 > e_2$ 时，$\sqrt{\dfrac{\mu_M(1+e_3)}{r_{p_2}}} - \sqrt{\dfrac{\mu_M(1+e_2)}{r_{p_2}}} > 0$。

对于具体的探测任务，v_∞, e_2, r_{p_2} 为确定的参数。采用优化算法求解多脉冲捕获问题，优化变量为中间过渡轨道参数 r_{p_1} 和 e_1，优化目标为总的速度增量 Δv 最小。为了确保探测器被火星安全捕获，近心点高度应不小于 200 km，并约束 $e_2 < 0.98$。

这里分别选择 800 km $\times$ 60 000 km 椭圆轨道和 20 000 km 圆轨道为任务轨道，假设双曲线超速 v_∞ 为 1.88 km/s、2.09 km/s 和 3.39 km/s。采用多脉冲捕获的结果如表 5.1.1 所示。其中，r_{p_1} 和 e_1 分别为第一次脉冲制动时中间过渡轨道的近心点半径和偏心率，Δv 和 Δv_d 分别为多脉冲捕获和单脉冲捕获所需的速度增量。

表 5.1.1   多脉冲捕获速度增量

双曲线超速	任务轨道		r_{p_1}/km	e_1	$\Delta v/(\mathrm{km \cdot s^{-1}})$	$\Delta v_d/(\mathrm{km \cdot s^{-1}})$
$v_\infty/(\mathrm{km \cdot s^{-1}})$	r_{p_2}/km	e_2				
1.88	4 195	0.875 9	3 589	0.98	0.494	0.518
	23 395	0			0.947	1.329
2.09	4 195	0.875 9			0.573	0.602
	23 395	0			1.026	1.481
3.39	4 195	0.875 9			0.573	1.272
	23 395	0			1.659	2.540

由表 5.1.1 可以看出，最优多脉冲捕获的过渡轨道均为近心点高度较低、偏心率极大的椭圆轨道，而且采用多脉冲捕获相比近心点直接捕获具有更低的捕获速度增量，特别是对于轨道高度较高的任务轨道。同时，多脉冲捕获将单次较大的脉冲分成多次较小的脉冲机动，可降低发动机长时间工作造成的重力损耗。但采用多脉冲捕获将增加捕获进入任务轨道的时间，过渡轨道的转移时间通常在 10~20 天。

■ 5.2　采用有限推力方式的火星捕获轨道设计

以上针对近心点单次机动和多次机动捕获的分析均基于脉冲推力，即假设探测器的推力无限大，且制动在瞬间完成。但实际上，探测器发动机的推力大小是有限的，在这种推力模型下，轨道制动过程通常需要一定的时间才能完成。

有限推力作用下，探测器的制动过程如图 5.2.1 所示。这里假设发动机在 t_0 时刻开启，工作到 t_1 时刻，并在瞬时轨道参数满足要求时关闭发动机。脉冲推力是有限推力的理想近似，在脉冲推力假设下，探测器在近心点获得瞬时速度增量，从而进入目标轨道。在有限推力作用下，发动机需要在近心点附近长时间工作，以保证达到所需的制动速度脉冲。由于推力不能完全作用在近心点，因而实现相同轨道捕获所需的速度增量要大于脉冲推力，这造成有限推力制动控制的"推力损失"。

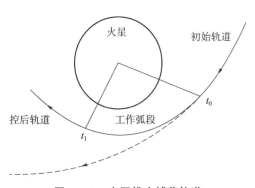

图 5.2.1　有限推力捕获轨道

5.2.1 有限推力捕获轨道设计问题建模

在火星质心惯性坐标系下，采用有限推力捕获的动力学方程可表示为

$$\begin{cases} \dot{\boldsymbol{r}} = \boldsymbol{v} \\ \dot{\boldsymbol{v}} = -\dfrac{\mu}{r^3}\boldsymbol{r} + \dfrac{\boldsymbol{F}\tau}{m} \\ \dot{m} = -\dfrac{F\tau}{I_{sp}g_0} \end{cases} \tag{5.2.1}$$

式中，$\boldsymbol{r}, \boldsymbol{v}$ ——探测器相对火星的位置矢量和速度矢量，$\|\boldsymbol{r}\| = r$；

$\qquad \boldsymbol{F}$ ——捕获制动过程中施加在探测器上的推力矢量，$\|\boldsymbol{F}\| = F$；

$\qquad I_{sp}$ ——发动机的比冲；

$\qquad g_0$ ——重力加速度；

$\qquad \mu$ ——火星引力常数；

$\qquad \tau$ ——开关函数，当发动机工作时 $\tau = 1$，否则 $\tau = 0$。

考虑到实际飞行过程中捕获控制的可靠性和制动效率，目前采用有限推力实施捕获过程中的常用推力控制策略[2-3]有三种：①探测器推力在惯性坐标系中保持方向不变；②探测器的推力方向按照匀角速度转动；③探测器推力始终沿着相对火星速度的反方向。

1）固定方向

固定方向捕获即探测器在捕获前选择一个惯性方向，发动机工作过程中推力方向保持不变。考虑双曲线轨道与目标轨道在同一轨道平面内，则推力方向也在该平面内。假设推力相对坐标系方向角为 α，则推力可表示为 $\boldsymbol{F} = F[\cos\alpha, \sin\alpha]$。

2）匀角速度变化

匀角速度变化控制的推力方向在火星惯性坐标系中为沿着轨道面法线方向匀速转动。假设角速度为 ω，推力方向 θ 随时间变化，即 $\theta = \omega t + \theta_0$，其中 θ_0 为初始的推力方向，则推力可表示为 $\boldsymbol{F} = F[\cos\theta(t), \sin\theta(t)]$。

3）沿速度反向

推力方向始终沿探测器速度的反方向，假设 β 为推力方向角，即 $\beta = \boldsymbol{v}/|\boldsymbol{v}|$，则推力可表示为 $\boldsymbol{F} = F[\cos\beta(t), \sin\beta(t)]$。

5.2.2　有限推力捕获轨道优化设计方法

针对以上三种策略，有限推力捕获问题可描述为：探测器进入火星影响球的初始时刻为 t_0，其对应的双曲线超速为 v_∞（仅考虑 v_∞ 的大小，暂不考虑方向），调整终端时刻 t_f 使得探测器进入半长轴 a 与偏心率 e 的任务轨道，从而满足近心点高度约束。根据二体轨道动力学理论，终端约束可描述为

$$\begin{cases} \|\boldsymbol{v}(t_f)\|^2 - 2\dfrac{\mu}{\|\boldsymbol{r}(t_f)\|} + \dfrac{\mu}{a} = 0 \\ \|\boldsymbol{r}(t_f) \times \boldsymbol{v}(t_f)\| - \sqrt{\mu a(1-e^2)} = 0 \end{cases} \tag{5.2.2}$$

捕获过程中期望在满足终端约束的前提下所需的燃料消耗最省，因此捕获过程中所需的燃料消耗 J 可表示为

$$J = \frac{F}{I_{sp}g_0}\int_{t_0}^{t_f} \tau \mathrm{d}t \tag{5.2.3}$$

有限推力捕获轨道可以通过优化方法求解，以上三种控制策略的优化变量有所不同。当采用推力惯性定向策略时，优化变量包括推力方向角 α、发动机开机对应的真近点角 f_0、发动机工作时间 t 和双曲线轨道对应的近心点半径 r_p；当采用推力沿速度反方向策略时，优化变量包括发动机开机对应的真近点角 f_0、发动机工作时间 t 和双曲线轨道对应的近心点半径 r_p；当采用匀角速度变化策略时，优化变量包括角速度 ω、初始方向角 θ_0、发动机开机对应的真近点角 f_0、发动机工作时间 t 和双曲线轨道对应的近心点半径 r_p。

这里采用逆向设计的方法，具体过程可描述为：首先，根据双曲超速和拱线方向，确定双曲线的近心点状态 $[\boldsymbol{r}_p, \boldsymbol{v}_p]$；然后，采用无推力的动力学方程将双曲线轨道从近心点逆推至真近点角 f_0 的时刻，并作为捕获起始状态 $[\boldsymbol{r}_{f_0}, \boldsymbol{v}_{f_0}]$。此后，根据不同的控制方式，采用有推力的动力学方程递推时长 t，得到终端状态 $[\boldsymbol{r}_t, \boldsymbol{v}_t]$ 并换算成轨道根数形式，得到积分终止时刻对应的半长轴 a_t 和偏心率 e_t。由于推力过程连续不间断，因此性能指标（即适应度函数）可选取为

$$J = t + c_1(e_t - e_1) + c_2(a_t - a_1) \tag{5.2.4}$$

式中，a_1, e_1——捕获目标轨道的半长轴和偏心率。

式（5.2.4）的右端第一项为所需的燃料消耗，后两项采用惩罚函数来表示终端约束。c_1、c_2为惩罚系数，可根据具体要求选取。通常惩罚系数的取值越大，收敛的精度就越高，但计算速度将越慢。

5.2.3　火星探测有限推力捕获轨道设计实例与分析

假设火星环绕的目标轨道为近心点高度 600 km、远心点高度 80 000 km 的椭圆轨道，双曲线超速 $v_\infty = 2.648$ km/s，拱线角 $\theta = -45°$，发动机推力为 3 000 N，比冲为 300 s，探测器初始质量为 5 000 kg。考虑以上三种策略，采用微分进化算法对捕获轨道进行优化，结果如表 5.2.1～表 5.2.3 所示。对于同样的火星环绕目标轨道，采用脉冲捕获所需的速度增量 $\Delta v = 0.813\ 7$ km/s，等效燃料消耗为 1 208.9 kg。

表 5.2.1　速度反向的有限推力捕获轨道参数

制动捕获参数	值	制动捕获参数	值
初始真近点角/(°)	316.981	工作时间/s	1 202.615
燃料消耗/kg	1 225.908	初始近心点高度/km	647.124

表 5.2.2　惯性定向的有限推力捕获轨道参数

制动捕获参数	值	制动捕获参数	值
初始真近点角/(°)	315.896	工作时间/s	1 217.248
燃料消耗/kg	1 240.824	初始推力角/(°)	224.823
初始近心点高度/km	595.214		

表 5.2.3　匀角速度转动的有限推力捕获轨道参数

制动捕获参数	值	制动捕获参数	值
初始真近点角/(°)	316.227	工作时间/s	1 202.717
燃料消耗/kg	1 226.012	初始推力角/(°)	206.535
角速度/[(°)·s^{-1}]	0.028 3	初始近心点高度/km	647.935

由以上分析可以看出：三种控制策略下探测器进入目标轨道的捕获效率不同，其中采用推力方向固定策略所需的捕获速度增量最大，而推力沿速度反向的捕获策略和采用匀角速度变化的推力控制方法所需的燃料消耗相当。这三种策略捕获对应的双曲线近心点高度也不同，速度反向捕获和匀角速度控制的捕获轨道初始近心点高度均高于目标轨道，而固定方向的控制策略捕获轨道近心点高度略低于目标轨道。三种捕获方式对应的捕获轨道如图 5.2.2 ~ 图 5.2.4 所示。

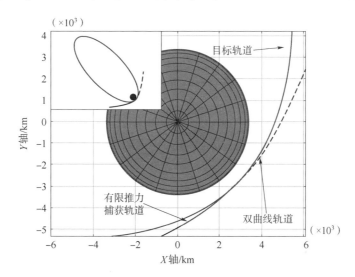

图 5.2.2 速度反向捕获轨道设计（附彩图）

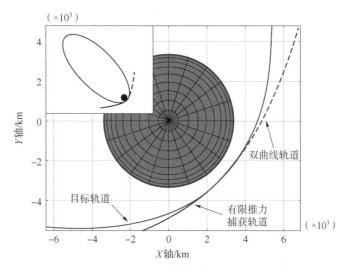

图 5.2.3 固定方向捕获轨道设计（附彩图）

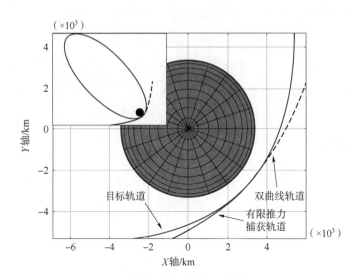

图 5.2.4　匀角速度转动捕获轨道设计（附彩图）

虽然这三种推力控制方式均存在重力损耗，但由于工作时间较短，因此对燃料消耗的影响相对较小。三者的推力方向随时间的关系如图 5.2.5 所示。

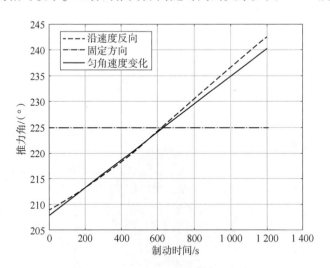

图 5.2.5　三种控制方式的推力角变化

由图 5.2.5 可以看出：速度反向控制方式下的推力角变化为曲线，而匀角速度控制的推力角变化为直线，但这两种方式下的变化趋势接近。采用推力惯性定向的推力角取值近似为匀角速度控制的推力角均值。三种控制方式下的轨道高度变化如图 5.2.6 所示。采用惯性定向的捕获轨道更早地到达近心点，且近心点高度略低于其他方式，但三种方式的轨道高度均在安全高度以上，不存在与表面相撞的危险。

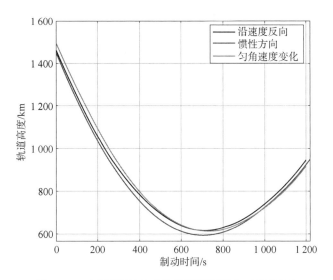

图 5.2.6　三种控制方式的轨道高度变化（附彩图）

测控误差和执行误差的存在，往往导致最终修正后的双曲线近心点高度与设计高度存在差别，这里假设初始近心点高度为 600 km，采用上述优化结果进行仿真，得到实际的捕获轨道情况如表 5.2.4 所示。由于采用固定方向的控制方式具有相似的近心点高度，因此受误差影响最小，而另两种控制方式均会导致目标轨道的近心点和远心点高度的降低。

表 5.2.4　固定初始近心点高度的捕获参数

控制方式	近心点高度/km	目标轨道偏心率	远心点高度/km	距火星最小高度/km
沿速度反向	550.92	0.907 5	77 976.27	572.45
固定方向	603.76	0.909 7	81 172.36	600.75
匀角速度变化	552.51	0.907 4	77 951.18	567.98

从工程实施的角度而言，沿速度反向的姿态控制较复杂，且对导航精度的要求较高；而探测器惯性定向和匀角速度转动的工程实现性好，可靠性较高。同

时，采用匀角速度转动控制方式的效率与速度反向相似。因此，综合考虑工程可实现性和捕获效率，采用匀角速度转动的有限推力捕获策略是较优的捕获方案。

■ 5.3　火星探测气动捕获轨道设计

在星际飞行任务中，探测器的捕获制动是燃料消耗最大的环节。因此，以节省燃料为出发点的捕获制动策略设计是该领域研究的热点，而气动捕获技术是解决该问题的一个非常有效的途径。20 世纪 70 年代，Cruz[4] 提出了气动捕获设计的概念。随后，French 等[5] 提出了将气动捕获用于行星际探测的构想。1993 年，Wercinski 等[6] 研究了火星低轨道和高轨道气动捕获参数选择的问题。2005 年，Vaughan 等[7] 研究了火星气动捕获过程的轨道特性。此后，李桢等[8] 以载人火星探测为背景，研究了通过控制倾侧角实现火星气动可达的航程范围。之后，对于火星气动捕获和变轨问题的研究蓬勃发展。

气动捕获的基本原理可描述为：探测器进入目标天体影响球后，以双曲线轨道抵近目标天体，并借助目标天体大气作用在探测器本体上的气动力衰减双曲线轨道的能量，同时依靠气动力来增加探测器机动的调节能力，从而使得探测器被目标天体捕获进入环绕轨道。由于气动力替代了部分发动机推力的作用，因此气动捕获可有效降低探测器在捕获制动中的燃料消耗。

本节主要针对气动捕获轨道设计问题，建立气动捕获动力学模型和气动捕获优化模型，并以火星捕获任务为例研究进入走廊宽度，分析不同气动捕获参数对探测器状态变化的影响规律。

5.3.1　火星探测气动捕获动力学建模

这里采用三自由度动力学模型来描述探测器在大气中的运动。动力学方程的推导主要依据牛顿第二运动定律，并假设大气层相对于行星静止且随行星一起自转。气动捕获的动力学方程可描述为

$$m \frac{\mathrm{D}\boldsymbol{V}}{\mathrm{D}t} = \boldsymbol{F} \tag{5.3.1}$$

式中，$\dfrac{\mathrm{D}}{\mathrm{D}t}$——惯性坐标系下的导数；

m——探测器的质量；

V——探测器的速度；

F——探测器所受的合力，

$$F = T + A + mg_0 \quad (5.3.2)$$

式中，T——推力矢量；

A——探测器所受的空气动力；

g_0——重力加速度。

考虑到火心坐标系相对于惯性坐标系有角速度 $\boldsymbol{\omega}_m$，所以对任意矢量都有

$$\frac{D(\,\cdot\,)}{Dt} = \frac{d(\,\cdot\,)}{dt} + \boldsymbol{\omega}_m \times (\,\cdot\,) \quad (5.3.3)$$

式中，$\dfrac{d}{dt}$——在旋转坐标系下的导数。

因此，大气层内的运动微分方程可描述为[9-10]

$$
\begin{cases}
\dfrac{dV}{dt} = -\dfrac{D - T\cos\alpha}{m} - \dfrac{\mu_e}{r^2}\sin\gamma + \omega_e^2 r\cos\phi(\sin\gamma\cos\phi - \cos\gamma\sin\psi\sin\phi) \\[3mm]
\dfrac{d\psi}{dt} = \dfrac{(L + T\sin\alpha)\sin\sigma}{mV\cos\gamma} - \dfrac{V}{r}\cos\gamma\cos\psi\tan\phi + 2\omega_e(\tan\gamma\sin\psi\cos\phi - \sin\phi) - \\[3mm]
\qquad\quad \dfrac{\omega_e^2 r}{V\cos\gamma}\cos\psi\sin\phi\cos\phi \\[3mm]
\dfrac{d\gamma}{dt} = \dfrac{(L + T\sin\alpha)\cos\sigma}{mV} + \left(\dfrac{V^2}{r} - \dfrac{\mu_e}{r^2}\right)\dfrac{\cos\gamma}{V} + 2\omega_e\cos\psi\cos\phi + \\[3mm]
\qquad\quad \dfrac{\omega_e^2 r}{V}\cos\phi(\cos\gamma\cos\phi + \sin\gamma\sin\psi\sin\phi) \\[3mm]
\dfrac{dr}{dt} = V\sin\gamma \\[3mm]
\dfrac{d\theta}{dt} = \dfrac{V\cos\gamma}{r} \\[3mm]
\dfrac{d\phi}{dt} = \dfrac{V\cos\gamma\sin\psi}{r} \\[3mm]
\dfrac{dm}{dt} = -\dfrac{T}{I_{sp}g_0}
\end{cases}
$$

$$(5.3.4)$$

式中, V——探测器的速度;

r——探测器的矢径;

γ——飞行航迹角;

ψ——航向角;

θ——经度;

ϕ——纬度;

m——探测器质量;

ω_e——火星自转角速度;

μ_e——引力常数;

I_{sp}, g_0——发动机比冲和重力加速度;

α, σ, T——攻角、滚转角、发动机推力,这三个变量均属于控制变量;

L, D——升力、阻力,

$$\begin{cases} L = 0.5\rho V^2 S C_L \\ D = 0.5\rho V^2 S C_D \end{cases} \tag{5.3.5}$$

式中, S——参考面积;

C_L, C_D——升力系数、阻力系数。

热流密度定义为

$$Q = 3.08 \times 10^{-4} \rho^{0.5} V^{3.08} \, (\mathrm{W/cm^2}) \tag{5.3.6}$$

动压定义为

$$q = 1/2\rho V^2 \, (\mathrm{kN/m^2}) \tag{5.3.7}$$

式中, ρ——大气密度,单位是 $\mathrm{kg/m^3}$。

大气密度定义为

$$\rho = \rho_0 \exp(-\beta H) \tag{5.3.8}$$

式中, ρ_0——参考位置大气密度;

H——探测器距参考位置的高度;

β——常数。

过载定义为

$$g = \sqrt{D^2 + L^2}/G \tag{5.3.9}$$

式中，G——探测器所受的重力。

由于探测器在气动捕获过程中一般是无动力的，所以在动力学模型的计算过程中可假定 $T=0$。

5.3.2　火星探测气动捕获进入走廊评估

对于探测器气动捕获轨道设计而言，首先需要考虑进入走廊[11-12]。所谓进入走廊，即在一定进入速度前提下，探测器能够安全进入大气并被行星捕获的初始进入角（初始航迹角）的范围。不同的行星大气、不同的进入速度，将使得探测器的初始进入角有很大差异。

分析进入走廊的宽度时，主要需考虑：探测器在大气阻力的作用下确保被行星捕获为椭圆轨道（一般在进入前，探测器为双曲线轨道），通过一次或多次大气制动，最终使得轨道参数达到目标值。根据实际轨道偏心率是否在 $[0,1)$ 范围内，可判断探测器是否已经被捕获进入椭圆轨道。

初始进入角和进入速度是影响气动捕获过程的重要初值。分析进入走廊的宽度需要重点考虑这两个参数对最终捕获轨道偏心率的影响。在分析过程中，其他初值参数及部分系数都可以取参考值，如表 5.3.1 所示。

表 5.3.1　气动捕获进入走廊分析的相关参数

参数	取值	参数	取值
航天器质量/kg	500	升阻比	0.3
航天器参考面积/m²	25.84	倾侧角/(°)	0
火星大气高度/km	128	进入点经度/(°)	0
弹道系数/(kg·m⁻²)	150	进入点纬度/(°)	0

基于以上初值条件，不同进入速度和不同初始进入角对应的偏心率等高线图如图 5.3.1 所示。

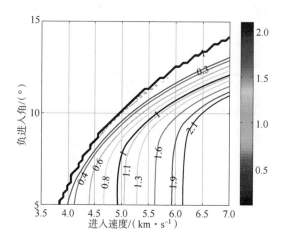

图 5.3.1　气动捕获后探测器轨道的偏心率分布（附彩图）

由图 5.3.1 可以看出，不同进入速度下，若探测器被捕获并进入椭圆轨道，其对应初始进入角的范围有较大差别。当进入速度 $V < 5$ km/s 时，初始进入角存在上界，不存在下界。这主要是因为，进入速度较小时，探测器无法脱离火星引力，其轨道必然是椭圆轨道，而存在上界的主要原因是初始进入角过大将会导致探测器直接坠入火星。

在实际气动捕获轨道设计时，应根据进入速度的大小，综合考虑捕获时间、捕获位置、捕获航程、热流密度等因素来选择最佳的初始进入角，以使其能够进入预期轨道。本节所分析的进入走廊只是在忽略小量因素情况下给出初始进入角的可取参考范围。

5.3.3　火星探测气动捕获轨道参数分析

对于气动捕获任务而言，初始参数和探测器结构对捕获过程有着非常重要的影响。因此，研究参数对捕获过程状态变量的影响对初步认知整个气动捕获非常重要。

（1）初始速度 $v_0 = 6$ km/s，其余参数值与表 5.3.1 中相同。在该条件下，不同初始进入角 γ_0 情况下状态变量随时间 t 的变化过程如图 5.3.2 ~ 图 5.3.4 所示。

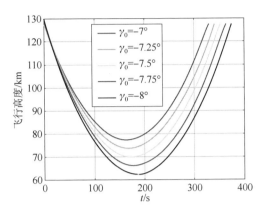

图 5.3.2　飞行高度变化曲线（附彩图）

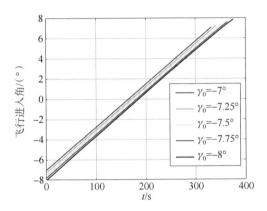

图 5.3.3　航迹角（飞行进入角）变化曲线（附彩图）

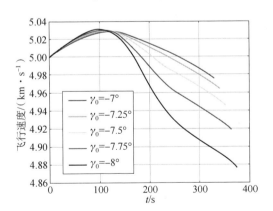

图 5.3.4　飞行速度变化曲线（附彩图）

随着在进入点初始进入角的绝对值增大，探测器在大气层内的飞行时间增加，飞出大气层时的末速度减小，速度的减小量增大，减速效果变得更好。

（2）初始进入角 $\gamma_0 = -11°$，其余参数值与表 5.3.1 中相同。在该条件下，不同初始速度 v_0 情况下状态变量随时间 t 的变化过程如图 5.3.5 ~ 图 5.3.7 所示。

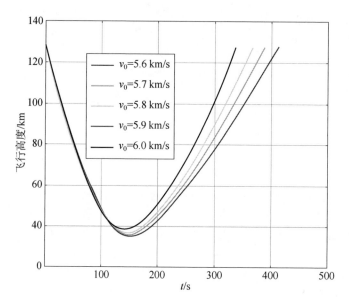

图 5.3.5 飞行高度变化曲线（附彩图）

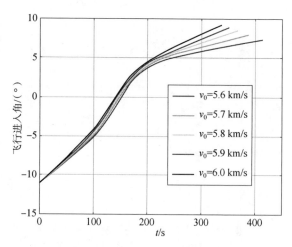

图 5.3.6 航迹角（飞行进入角）变化曲线（附彩图）

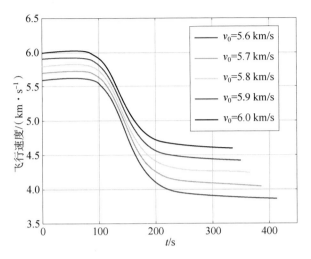

图 5.3.7　飞行速度变化曲线（附彩图）

随着进入点初始进入速度的减小，探测器在大气层内飞行时间增加，飞出大气层时的末速度减小，速度的减小量增大，减速效果变得更好。

（3）初始速度 $v_0 = 6$ km/s，初始进入角 $\gamma_0 = -11°$，其余参数值与表 5.3.1 中相同。在该条件下，不同弹道系数 β 情况下状态变量随时间 t 的变化过程如图 5.3.8 ~ 图 5.3.10 所示。

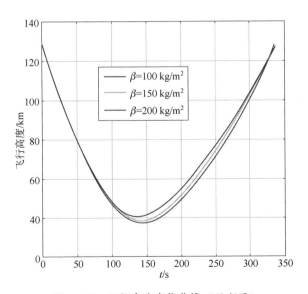

图 5.3.8　飞行高度变化曲线（附彩图）

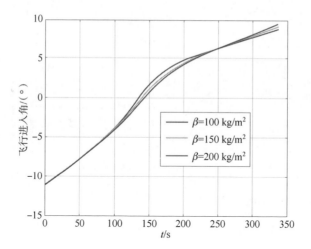

图 5.3.9 航迹角（飞行进入角）变化曲线 （附彩图）

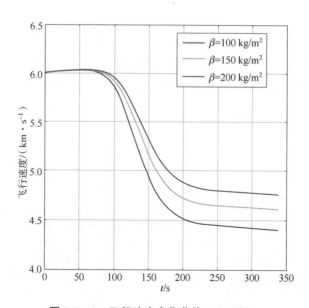

图 5.3.10 飞行速度变化曲线 （附彩图）

随着弹道系数减小，探测器飞出大气层时的末速度减小，速度的减小量增大，减速效果也变得更好。不同弹道系数的探测器在大气层内飞行时间基本相同。

5.3.4 火星探测最优气动捕获轨道设计

对于最优气动捕获问题，其基本描述为：给定进入大气时探测器的状态变量初值（一般为对应的双曲线轨道），通过优化控制变量（如攻角、滚转角等）使得探测器在满足出口约束条件下性能指标最优。

在本节研究的问题中，选取控制变量为升力系数 C_L，飞出大气所需满足的约束条件为：探测器飞出大气后的转移轨道应在远心点处与目标轨道相切，即

$$r_2^2(v_f^2 r_a - 2\mu_m) + 2\mu_m r_2 r_a - v_f^2 r_a^3 \cos^2 \gamma_f = 0 \qquad (5.3.10)$$

式中，r_2——目标轨道远地点矢径；

$\quad\quad r_a$——大气边缘矢径；

$\quad\quad v_f,\gamma_f$——飞出大气边缘时，探测器的速度和航迹角；

$\quad\quad \mu_m$——引力常数。

在此过程中，控制变量还需要满足如下约束条件：

$$|C_L| \leqslant C_{L\max} \qquad (5.3.11)$$

式中，$C_{L\max}$——探测器的最大升力系数边界。

对于一般的气动捕获任务而言，通常将探测器飞出大气之后，在远心点处施加的制动脉冲作为性能指标。该制动脉冲可使得探测器直接进入目标轨道，即

$$J = \Delta v_2 = \sqrt{\mu_m/r_2} - \frac{r_a}{r_2} v_f \cos \gamma_f \qquad (5.3.12)$$

选取初始参数分别为 $v_0 = 6$ km/s，$\gamma_0 = -10°$，目标轨道高度 $h_2 = 5\ 000$ km 的圆轨道，其余参数同表 5.3.1，仿真结果如图 5.3.11 ~ 图 5.3.14 所示。

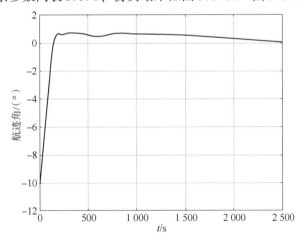

图 5.3.11　气动捕获过程中航迹角变化曲线

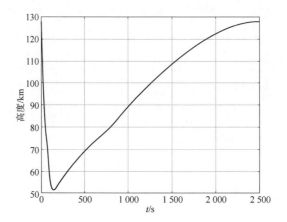

图 5.3.12   气动捕获过程中高度变化曲线

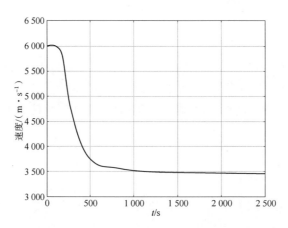

图 5.3.13   气动捕获过程中速度变化曲线

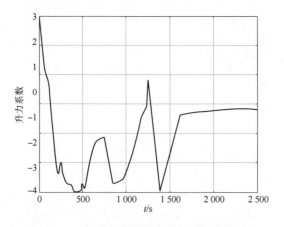

图 5.3.14   气动捕获过程中升力系数变化曲线

　　从仿真结果可以看出：气动捕获过程的减速阶段主要发生在探测器第一次进入大气并出现弹跳的过程，而且在此过程中航迹角从负变正，之后稳定在 0°附近；减速主阶段完成之后，探测器进行较长时间的巡航飞行，调节飞出大气时的状态，使得飞出大气后探测器的轨道与目标轨道在远心点相切，并以最优脉冲方式入轨。

参 考 文 献

［1］闵学龙,潘腾,郭海林.火星探测器使命轨道捕获策略研究［J］.航天器工程, 2008,17(6):39 - 43.

［2］MINGOTTI G,TOPPUTO F,BERNELLI - ZAZZERA F. Earth - Mars transfers with ballistic escape and low - thrust capture［J］. Celestial mechanics and dynamical astronomy,2011,110(2):169 - 188.

［3］罗绪盛,麻娜,荆武兴,等.采用有限推力的火星捕获制动策略［J］.西北工业大学学报,2017,35(2):348 - 354.

［4］CRUZ M I. The aerocapture vehicle mission design concept［C］// Conference on Advanced Technology for Future Space Systems,1979:893.

［5］FRENCH J R,CRUZ M I. Aerobraking and aerocapture for planetary missions［J］. Aeronautics and astronautics,1980,18(2):48 - 55.

［6］WERCINSKI P F,LYNE J E. Mars aerocapture:extension and refinement［J］. Journal of spacecraft and rockets,1993,31(4):703 - 705.

［7］VAUGHAN D,MILLER H,GRIFFIN B,et al. A comparative study of aerocapture missions with a Mars destination［C］// The 41st AIAA/ASME/SAE/ASEE Joint Propulsion Conference and Exhibit,2005:4110.

［8］李桢,李海阳,程文科.载人火星任务气动捕获段轨道初步设计［J］.国防科技大学学报,2010,32(3):42 - 47.

［9］吴德隆,王小军.航天器气动力辅助变轨动力学与最优控制［M］.北京:中国宇航出版社,2006.

［10］HAN H W,LI X Y,QIAO D. Aerogravity - assist capture into the three - body system：a preliminary design［J］. Acta astronautica，2022，198：26 － 35.

［11］ CHRISTIAN J A，GRANT W，JARRET L，et al. Extention of traditional entry，descent and landing technologies for human Mars exploration［J］. Journal of spacecraft and rockets，2008，45（1）：130 － 141.

［12］ BRAUN R D，MANNING R M. Mars exploration entry，descent and landing challenges［J］. Journal of spacecraft and rockets，2007，44（2）：310 － 323.

除了传统的近心点制动捕获方式外，探测器还可利用多天体引力的联合作用来实现低能量的火星捕获与探测。利用太阳或其他天体的引力作用，不仅可以有效降低探测器在火星附近的制动速度增量，还可以获得多次捕获机会，降低因制动失败而造成的任务风险。此外，利用太阳和火星构成的三体系统轨道动力学特性，也可实现低能量的火星环绕及日火系统探测。本章将分别介绍利用弱稳定边界和日火平衡点的火星探测低能量轨道设计方法。

■ 6.1 日火三体系统

6.1.1 三体系统轨道动力学

本节以太阳和火星构成的三体系统为例，给出日火质心旋转坐标系下的动力学方程。以太阳和火星系统的质心为原点，以太阳 P_1（质量为 m_1）和火星 P_2（质量为 m_2）的连线为 x 轴且 P_1 指向 P_2 为正，角速度方向为 z 轴正向，y 轴满足右手坐标系。为了便于描述，定义系统的单位长度 $[L]$、单位质量 $[M]$ 和单位时间 $[T]$ 为

$$\begin{cases} [L] = r_{12} \\ [M] = m_1 + m_2 \\ [T] = [r_{12}^3 / G(m_1 + m_2)]^{1/2} \end{cases} \tag{6.1.1}$$

式中，r_{12}——日火的相对距离；

　　G——引力常数。

若忽略火星的公转偏心率，则归一化后的探测器动力学方程可以写为

$$\begin{cases} \ddot{x} - 2\dot{y} = x - \dfrac{(1-\mu)(x+\mu)}{r_1^3} - \dfrac{\mu(x-1+\mu)}{r_2^3} \\[3mm] \ddot{y} + 2\dot{x} = y - \dfrac{(1-\mu)y}{r_1^3} - \dfrac{\mu y}{r_2^3} \\[3mm] \ddot{z} = -\dfrac{(1-\mu)z}{r_1^3} - \dfrac{\mu z}{r_2^3} \end{cases} \tag{6.1.2}$$

式中，μ——日火系统的质量系数，$\mu = m_2/(m_1 + m_2)$；

　　r_1, r_2——探测器到 P_1 和 P_2 的距离，$r_1 = \left[(x+\mu)^2 + y^2 + z^2\right]^{\frac{1}{2}}$，$r_2 = \left[(x+\mu-1)^2 + y^2 + z^2\right]^{\frac{1}{2}}$。

式（6.1.2）即日火系统圆型限制性三体问题的动力学方程。

实际上，火星绕太阳公转轨道的偏心率约为 0.093 4。若考虑火星轨道偏心率对探测器运动的影响，则需采用椭圆型限制性三体模型。此时两个主天体绕其共同质心做椭圆运动，P_1 和 P_2 之间的距离随旋转坐标系的角速度变化而变化。探测器的动力学方程变为[1]

$$\begin{cases} \ddot{x} - 2\omega\dot{y} - \dot{\omega}y = \omega^2 x - \dfrac{(1-\mu)(x+\mu)}{r_1^3} - \dfrac{\mu(x-1+\mu)}{r_2^3} \\[3mm] \ddot{y} + 2\omega\dot{x} + \dot{\omega}x = \omega^2 y - \dfrac{(1-\mu)y}{r_1^3} - \dfrac{\mu y}{r_2^3} \\[3mm] \ddot{z} = -\dfrac{(1-\mu)z}{r_1^3} - \dfrac{\mu z}{r_2^3} \end{cases} \tag{6.1.3}$$

式中，$\omega, \dot{\omega}$——旋转坐标系相对惯性坐标系的瞬时角速度、瞬时角加速度，其可以表示为

$$\omega = \frac{\sqrt{a(1-e)(1+e)}\sqrt{G(m_1+m_2)}}{a^2(1-e\cos E)^2} \tag{6.1.4}$$

$$\dot{\omega} = \frac{-2G(m_1+m_2)\sqrt{(1-e)(1+e)}\,e\sin\nu}{a^3(1-e\cos\nu)^4} \tag{6.1.5}$$

式中，a, e——火星公转轨道的半长轴和偏心率；

ν ——真近点角。

在椭圆型限制性三体问题（restricted elliptic three - body problem，ERTBP）中，太阳和火星在旋转坐标系上的位置不再固定不变，其在 x 轴的坐标分别为

$$\begin{cases} x_{P_1} = -\mu(1 - e\cos\nu) \\ x_{P_2} = (1 - \mu)(1 - e\cos\nu) \end{cases} \tag{6.1.6}$$

若令 $R = 1 - e\cos\nu$，则探测器 P_3 到两个主天体的距离分别为

$$\begin{cases} r_1 = \sqrt{(x + R\mu)^2 + y^2 + z^2} \\ r_2 = \sqrt{(x - R + R\mu)^2 + y^2 + z^2} \end{cases} \tag{6.1.7}$$

利用式（6.1.2）或式（6.1.3）~式（6.1.5）可得到日火系统的弱稳定边界、稳定集、平衡点周期轨道及其流形等。

6.1.2　日火三体系统平衡点

在圆型限制性三体问题（circular restricted three - body problem，CRTBP）中，存在五个动力学的平衡点，或称为拉格朗日点。产生平衡点的条件是速度和加速度均为零，从而有

$$\begin{cases} x - \dfrac{(1 - \mu)(x + \mu)}{r_1^3} - \dfrac{\mu(x - 1 + \mu)}{r_2^3} = 0 \\[2mm] y - \dfrac{(1 - \mu)y}{r_1^3} - \dfrac{\mu y}{r_2^3} = 0 \\[2mm] -\dfrac{(1 - \mu)z}{r_1^3} - \dfrac{\mu z}{r_2^3} = 0 \end{cases} \tag{6.1.8}$$

由式（6.1.8）可看出，所有平衡点的解都满足 $z = 0$，即在主天体运动平面内。根据 y 的取值，可以分成两种情况。

（1）当 $y = 0$ 时，根据 x 的所在位置，由式（6.1.8）得到方程存在如下三组解：

$$\begin{cases} x + \dfrac{1 - \mu}{(x - \mu)^2} + \dfrac{\mu}{(x + 1 - \mu)^2} = 0, & -\mu < x < 1 - \mu \\[2mm] x + \dfrac{1 - \mu}{(x - \mu)^2} - \dfrac{\mu}{(x + 1 - \mu)^2} = 0, & x > 1 - \mu \\[2mm] x - \dfrac{1 - \mu}{(x - \mu)^2} + \dfrac{\mu}{(x + 1 - \mu)^2} = 0, & x < -\mu \end{cases} \tag{6.1.9}$$

在日火三体系统中，$\mu \approx 3.227 \times 10^{-7}$。求解式（6.1.9）可得位于 x 轴上的 3 个平动点（L_1, L_2, L_3）的位置，为

$$\begin{cases} X_{L_1} = 0.995\,251\,320\,690\,158, & Y_{L_1} = 0, & Z_{L_1} = 0 \\ X_{L_2} = 1.004\,763\,112\,931\,43, & Y_{L_2} = 0, & Z_{L_2} = 0 \\ X_{L_3} = -1.000\,000\,134\,465\,32, & Y_{L_3} = 0, & Z_{L_3} = 0 \end{cases} \quad (6.1.10)$$

其中，L_1, L_2 和 L_3 都位于两个天体的连线上，称为共线平衡点。

（2）当 $y \neq 0$ 时，联立式（6.1.8）的前两式，求解可得 $X_{L_4, L_5} = 1/2 - \mu$，$Y_{L_4, L_5} = \pm \sqrt{3}/2$。此时 $r_1 = 1$，$r_2 = 1$，对应着两个三角平衡点（L_4 和 L_5）。三角平衡点和主天体构成等边三角形，这种几何构型在深空探测任务中有着很多特殊的用途。这五个平衡点如图 6.1.1 所示。

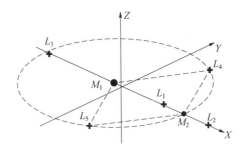

图 6.1.1　共线平衡点和三角平衡点

除了平衡点以外，三体系统的运动方程存在一个与能量积分有关的积分不变量，称为雅可比积分常数。雅可比积分定义为

$$J(x, y, z, \dot{x}, \dot{y}, \dot{z}) \triangleq 2U^*(x, y, z) - (\dot{x}^2 + \dot{y}^2 + \dot{z}^2) \quad (6.1.11)$$

式中，$U^* = \dfrac{1 - \mu}{r_1} + \dfrac{\mu}{r_2} + \dfrac{1}{2}(x^2 + y^2)$。

6.1.3　日火平衡点附近的周期轨道

共线平衡点（L_1、L_2 和 L_3）的拓扑类型为"中心 × 中心 × 鞍点"，鞍点型的分量使其成为不稳定的平衡点，而"中心 × 中心"的分量则张成了四维中心流形，分别对应平衡点附近的两族周期轨道：平面 Lyapunov 轨道和垂直 Lyapunov 轨道。由 KAM 定理可知，四维中心流形内存在两个频率不共振的周期运动耦合

而成的无数拟周期轨道，也称为 Lissajous 轨道。若两个运动的频率相同，则拟周期轨道变为空间周期轨道，即 Halo 轨道。

6.1.3.1 平衡点附近运动的近似解析解

将坐标系的原点平移至平衡点 (x_{Li}, y_{Li}, z_{Li})，对式（6.1.2）进行泰勒展开，只保留一阶项，引入相对位置变量 (ξ, η, ζ)，$\xi = x - x_{Li}$，$\eta = y - y_{Li}$，$\zeta = z - z_{Li}$，则平衡点附近线性化运动方程可以表示为

$$\begin{cases} \ddot{\xi} - 2\dot{\eta} = U_{xx}^*\xi + U_{xy}^*\eta + U_{xz}^*\zeta \\ \ddot{\eta} + 2\dot{\xi} = U_{yx}^*\xi + U_{yy}^*\eta + U_{yz}^*\zeta \\ \ddot{\zeta} = U_{zx}^*\xi + U_{zy}^*\eta + U_{zz}^*\zeta \end{cases} \quad (6.1.12)$$

式中，U_{ij}^*——U 的二阶偏导在平衡点处的取值，i,j 指代 x, y, z。

根据 Lindestedt – Poincare 方法，扰动运动的解为[2]

$$\begin{cases} \xi(t) = \sum_{i,j}^{\infty} \left(\sum_{|k| \leqslant i, |m| \leqslant j} \xi_{ijkm}\cos(k\theta_1 + m\theta_2) \right)\alpha^i\beta^j \\ \eta(t) = \sum_{i,j}^{\infty} \left(\sum_{|k| \leqslant i, |m| \leqslant j} \eta_{ijkm}\sin(k\theta_1 + m\theta_2) \right)\alpha^i\beta^j \\ \zeta(t) = \sum_{i,j}^{\infty} \left(\sum_{|k| \leqslant i, |m| \leqslant j} \zeta_{ijkm}\cos(k\theta_1 + m\theta_2) \right)\alpha^i\beta^j \end{cases} \quad (6.1.13)$$

式中，$i, j \geqslant 0$，$i + j \geqslant 1$，$i + j$ 为解的阶数；

α, β——运动的平面振幅和垂直振幅；

$\xi_{ijkm}, \eta_{ijkm}, \zeta_{ijkm}$——高阶解的系数；

$\theta_1 = wt + \varphi_1, \theta_2 = vt + \varphi_2$，$w, v$ 为运动的特征频率，可以表示为 α, β 的级数形式：

$$\begin{cases} w = \sum_{i,j}^{\infty} w_{i-1,j}\alpha^{i-1}\beta^j \\ v = \sum_{i,j}^{\infty} v_{i,j-1}\alpha^i\beta^{j-1} \end{cases} \quad (6.1.14)$$

式（6.1.14）的高阶解可以通过低阶解生成。通过给定运动的振幅，可以获得不同类型的轨道，$\beta = 0$ 表示平面 Lyapunov 轨道，$\alpha = 0$ 表示垂直 Lyapunov 轨

道，当 α 和 β 的组合满足 $w = v$ 时，可以得到 Halo 轨道。

通常采用一阶解析解作为 Lyapunov 轨道的初值进行修正，而构造 Halo 轨道至少需要三阶解析解，采用 Richardson 的构造方法即可得到用于修正的 Halo 轨道初值，其形式如下[3]：

$$\begin{cases} \xi = a_{21}A_x^2 + \dot{a}_{22}A_z^2 - A_x\cos(wt+\phi) + (a_{23}A_x^2 - a_{24}A_z^2)\cos(2wt+2\phi) + \\ \qquad (a_{31}A_x^3 - a_{32}A_xA_z^2)\cos(3wt+3\phi) \\ \eta = kA_x\sin(wt+\phi) + (b_{21}A_x^2 - b_{22}A_z^2)\sin(2wt+2\phi) + \\ \qquad (b_{31}A_x^3 - b_{32}A_xA_z^2)\sin(3wt+3\phi) \\ \zeta = \delta_nA_z\cos(wt+\phi) + \delta_nd_{21}A_xA_z[\cos(2wt+2\phi)-3] + \\ \qquad \delta_n(d_{32}A_zA_x^2 - d_{31}A_z^3)\cos(3wt+3\phi) \end{cases} \qquad (6.1.15)$$

式中，a_{ij}, b_{ij}, d_{ij} ——由逐次近似法推导出的因子，由勒让德多项式因子 c_n 的基本函数构成，$i=1,2,3$，$j=1,2,3,4$。c_n 可由下式得到：

$$c_n = \begin{cases} \dfrac{1}{\gamma_L^3}\left[(\pm 1)^n\mu + (-1)^n \dfrac{(1-\mu)\gamma_L^{n+1}}{(1\mp\gamma_L)n+1}\right], & L_1 \text{ 或 } L_2 \qquad (6.1.16) \\ \dfrac{1}{\gamma_L^3}\left[1-\mu + \dfrac{\mu\gamma_L^{n+1}}{(1+\gamma_L)n+1}\right], & L_3 \qquad (6.1.17) \end{cases}$$

式中，γ_L ——平衡点与最近天体之间的距离和两个天体之间距离的比值。

线性化频率 w_0 可由如下方程求得：

$$w_0^4 + (c_2-2)w_0^2 - (c_2-1)(1+2c_2) = 0 \qquad (6.1.18)$$

幅值 A_x 和 A_z 必须满足如下约束条件：

$$l_1A_x^2 + l_2A_z^2 + \Delta = 0 \qquad (6.1.19)$$

式中，

$$l_1 = 2w_0^2s_1 - \frac{3}{2}c_3(2a_{21}+a_{23}+5d_{21}) - \frac{3}{8}c_4(12-k^2) \qquad (6.1.20)$$

$$l_2 = 2w_0^2s_2 + \frac{3}{2}c_3(a_{24}-2a_{22}) + \frac{9}{8}c_4 \qquad (6.1.21)$$

$$\Delta = w_0^2 - c_2 \qquad (6.1.22)$$

利用近似的解析表达式，可以得到日火系统、火星 – 火卫系统共线平衡点附近周期运动的初值，可为进一步认知其附近的运动提供重要信息。

6.1.3.2　平衡点附近运动的数值解

为了得到更为精确的运动状态，本节将解析解作为初值猜测，通过微分修正方法得到较为精确的数值解。微分修正方法本质上是一种迭代的打靶法，通过状态关系矩阵描述约束变量相对控制变量微小改变的敏感性，并通过迭代调整控制变量，使约束变量达到期望值。状态关系矩阵的求解是微分修正的核心，假设约束变量为 m 维向量 $\bar{\boldsymbol{\alpha}}$，控制变量为 n 维向量 $\bar{\boldsymbol{\beta}}$，状态变量为 $\bar{\boldsymbol{x}}$，初始状态为 $\bar{\boldsymbol{x}}_0$，终端状态为 $\bar{\boldsymbol{x}}_f$，轨道递推时间为 t。由复合函数求导法则，有

$$\delta\bar{\boldsymbol{\alpha}} = \frac{\partial\bar{\boldsymbol{\alpha}}}{\partial\bar{\boldsymbol{\beta}}}\delta\bar{\boldsymbol{\beta}} + \frac{\partial\bar{\boldsymbol{\alpha}}}{\partial t}\delta t = \frac{\partial\bar{\boldsymbol{\alpha}}}{\partial\bar{\boldsymbol{x}}_f}\frac{\partial\bar{\boldsymbol{x}}_f}{\partial\bar{\boldsymbol{x}}_0}\frac{\partial\bar{\boldsymbol{x}}_0}{\partial\bar{\boldsymbol{\beta}}}\delta\bar{\boldsymbol{\beta}} + \frac{\partial\bar{\boldsymbol{\alpha}}}{\partial t}\delta t \tag{6.1.23}$$

式中，$\dfrac{\partial\bar{\boldsymbol{x}}_f}{\partial\bar{\boldsymbol{x}}_0}$ 可通过状态转移矩阵求得。

假设 $\bar{\boldsymbol{\alpha}}(t)=\mathbf{0}$ 时终止轨道递推，从而有 $\delta\bar{\boldsymbol{\alpha}}(t)=\mathbf{0}$。进一步分析可得

$$\delta\bar{\boldsymbol{\alpha}} = \frac{\partial\bar{\boldsymbol{\alpha}}}{\partial\bar{\boldsymbol{\beta}}}\delta\bar{\boldsymbol{\beta}} + \frac{\partial\bar{\boldsymbol{\alpha}}}{\partial t}\delta t = \frac{\partial\bar{\boldsymbol{\alpha}}}{\partial\bar{\boldsymbol{x}}_f}\frac{\partial\bar{\boldsymbol{x}}_f}{\partial\bar{\boldsymbol{x}}_0}\frac{\partial\bar{\boldsymbol{x}}_0}{\partial\bar{\boldsymbol{\beta}}}\delta\bar{\boldsymbol{\beta}} + \frac{\partial\bar{\boldsymbol{\alpha}}}{\partial t}\delta t = \mathbf{0} \tag{6.1.24}$$

通过式（6.1.24）可将 δt 转换成 $\delta\bar{\boldsymbol{\beta}}$ 的形式，将其代入式（6.1.23），可得摄动量 $\delta\bar{\boldsymbol{\alpha}}$ 与控制变量 $\delta\bar{\boldsymbol{\beta}}$ 之间的关系式为

$$\delta\bar{\boldsymbol{\alpha}} = \boldsymbol{M}\delta\bar{\boldsymbol{\beta}} \tag{6.1.25}$$

式中，$\boldsymbol{M}$——$m\times n$ 维矩阵，若 $m\neq n$，则可采用最小二乘法求解。

式（6.1.25）的最小二乘解可表示为

$$\delta\bar{\boldsymbol{\beta}} = \boldsymbol{M}^{\mathrm{T}}(\boldsymbol{M}\boldsymbol{M}^{\mathrm{T}})^{-1}\delta\bar{\boldsymbol{\alpha}} \tag{6.1.26}$$

假设平衡点附近周期轨道的特征状态点为 $\boldsymbol{X}_0 = \begin{bmatrix} x_0 & y_0 & z_0 & \dot{x}_0 & \dot{y}_0 & \dot{z}_0 \end{bmatrix}^{\mathrm{T}}$，$\Delta\boldsymbol{X}_0$ 为初始时刻 t_0 的状态扰动，则 t 时刻的状态偏差可表示为

$$\Delta\boldsymbol{X}(t+\Delta t) = \boldsymbol{\varPhi}(t,t_0)\Delta\boldsymbol{X}_0 + \dot{\boldsymbol{X}}(t)\Delta t \tag{6.1.27}$$

式（6.1.27）右端由等时变分项 $\boldsymbol{\varPhi}(t,t_0)\Delta\boldsymbol{X}_0$ 和不等时变分项 $\dot{\boldsymbol{X}}(t)\Delta t$ 两部分组成，$\dot{\boldsymbol{X}}(t)$ 由初始轨道 t 时刻的速度 $\begin{bmatrix} \dot{x}_t & \dot{y}_t & \dot{z}_t \end{bmatrix}^{\mathrm{T}}$ 及加速度 $\begin{bmatrix} \ddot{x}_t & \ddot{y}_t & \ddot{z}_t \end{bmatrix}^{\mathrm{T}}$ 组成。

动力学方程关于时间 t 存在映射关系 $(x,y,\dot{x},\dot{y},t)\rightarrow(x,-y,-\dot{x},\dot{y},-t)$，该

特性可以简化微分修正的参数，并减少轨道修正的时间。以 Halo 轨道为例，由于其关于 xz 平面对称，所以满足如下约束：

$$\bar{\boldsymbol{x}} = \begin{bmatrix} x & 0 & z & 0 & \dot{y} & 0 \end{bmatrix}^{\mathrm{T}} \tag{6.1.28}$$

假设轨道的初值为 $\bar{\boldsymbol{x}}_0 = \begin{bmatrix} x_0 & 0 & z_0 & 0 & \dot{y}_0 & 0 \end{bmatrix}^{\mathrm{T}}$，为保证其周期性，末状态应满足 $\bar{\boldsymbol{x}}_{\mathrm{f}} = \begin{bmatrix} x_{\mathrm{f}} & 0 & z_{\mathrm{f}} & 0 & \dot{y}_{\mathrm{f}} & 0 \end{bmatrix}^{\mathrm{T}}$。微分修正中约束变量为 $\dot{x}_{\mathrm{f}}$ 和 $\dot{z}_{\mathrm{f}}$，控制变量为 x_0, z_0 和 $\dot{y}_0$，终止条件为 $y_{\mathrm{f}} = 0$。Halo 轨道通常采用 Z 向幅值表征轨道尺寸，为了得到某一确定幅值的 Halo 轨道，通常采用固定 z_0，而修正 x_0 和 $\dot{y}_0$ 的方法。

由式（6.1.23）可得

$$\begin{bmatrix} \delta\dot{x}_{\mathrm{f}} \\ \delta\dot{z}_{\mathrm{f}} \end{bmatrix} = \begin{bmatrix} \dfrac{\partial\dot{x}_{\mathrm{f}}}{\partial x_0} & \dfrac{\partial\dot{x}_{\mathrm{f}}}{\partial\dot{y}_0} \\ \dfrac{\partial\dot{z}_{\mathrm{f}}}{\partial x_0} & \dfrac{\partial\dot{z}_{\mathrm{f}}}{\partial\dot{y}_0} \end{bmatrix} \begin{bmatrix} \delta x_0 \\ \delta\dot{y}_0 \end{bmatrix} + \begin{bmatrix} \dfrac{\partial\dot{x}_{\mathrm{f}}}{\partial t} \\ \dfrac{\partial\dot{z}_{\mathrm{f}}}{\partial t} \end{bmatrix} \delta t \tag{6.1.29}$$

由终止条件和式（6.1.27）可得

$$\delta y_{\mathrm{f}} = \begin{bmatrix} \dfrac{\partial y_{\mathrm{f}}}{\partial x_0} & \dfrac{\partial y_{\mathrm{f}}}{\partial\dot{y}_0} \end{bmatrix} \begin{bmatrix} \delta x_0 \\ \delta\dot{y}_0 \end{bmatrix} + \begin{bmatrix} \dfrac{\partial y_{\mathrm{f}}}{\partial t} \end{bmatrix} \delta t = 0 \tag{6.1.30}$$

联立式（6.1.29）和式（6.1.30），可得

$$\begin{bmatrix} \delta\dot{x}_{\mathrm{f}} \\ \delta\dot{z}_{\mathrm{f}} \end{bmatrix} = \begin{bmatrix} \dfrac{\partial\dot{x}_{\mathrm{f}}}{\partial x_0} - \dfrac{\partial\dot{x}_{\mathrm{f}}}{\partial t}\dfrac{\dfrac{\partial y_{\mathrm{f}}}{\partial x_0}}{\dfrac{\partial y_{\mathrm{f}}}{\partial t}} & \dfrac{\partial\dot{x}_{\mathrm{f}}}{\partial\dot{y}_0} - \dfrac{\partial\dot{x}_{\mathrm{f}}}{\partial t}\dfrac{\dfrac{\partial y_{\mathrm{f}}}{\partial\dot{y}_0}}{\dfrac{\partial y_{\mathrm{f}}}{\partial t}} \\ \dfrac{\partial\dot{z}_{\mathrm{f}}}{\partial x_0} - \dfrac{\partial\dot{z}_{\mathrm{f}}}{\partial t}\dfrac{\dfrac{\partial y_{\mathrm{f}}}{\partial x_0}}{\dfrac{\partial y_{\mathrm{f}}}{\partial t}} & \dfrac{\partial\dot{z}_{\mathrm{f}}}{\partial\dot{y}_0} - \dfrac{\partial\dot{z}_{\mathrm{f}}}{\partial t}\dfrac{\dfrac{\partial y_{\mathrm{f}}}{\partial\dot{y}_0}}{\dfrac{\partial y_{\mathrm{f}}}{\partial t}} \end{bmatrix} \begin{bmatrix} \delta x_0 \\ \delta\dot{y}_0 \end{bmatrix} \tag{6.1.31}$$

式（6.1.31）即 Halo 轨道设计的微分修正关系式。

6.1.3.3　日火平衡点附近周期轨道族

与日地系统类似，日火平衡点附近也存在多种类型的周期与拟周期轨道，主要包括李雅普诺夫（Lyapunov）轨道、晕（Halo）轨道、利萨如（Lissajous）轨道等。利用轨道的特性选择合理的初值，并采用 6.1.3.1 节提到的微分修正方

法，即可得到相应周期轨道的数值解。

1）平面 Lyapunov 轨道的微分修正

由轨道的对称性可知，平面 Lyapunov 轨道的初值可取为如下的形式：

$$\boldsymbol{X}_0^{\mathrm{L}} = \begin{bmatrix} x_0 & 0 & 0 & 0 & \dot{y}_0 & 0 \end{bmatrix}^{\mathrm{T}} \tag{6.1.32}$$

轨道周期的初始猜测值假设为 T，积分 $\boldsymbol{X}_0^{\mathrm{L}}$ 经过 $T/2$ 时间，若轨道状态第一次回到 x 轴，且 $\dot{x} = 0$，则该轨道为 1/2 周期的平面 Lyapunov 轨道；否则，将对初值 $\boldsymbol{X}_0^{\mathrm{L}}$ 和 T 进行修正，直到满足约束为止。

2）Halo 轨道的微分修正

由于 Halo 轨道关于 xz 平面对称，则轨道初值可取为如下形式：

$$\boldsymbol{X}_0^{\mathrm{H}} = \begin{bmatrix} x_0 & 0 & z_0 & 0 & \dot{y}_0 & 0 \end{bmatrix}^{\mathrm{T}} \tag{6.1.33}$$

轨道周期的初始猜测值假设为 T，积分 $\boldsymbol{X}_0^{\mathrm{H}}$ 经过 $T/2$ 时间，若轨道状态第一次回到 xz 平面，且 $\dot{x} = 0$ 和 $\dot{z} = 0$，则可得到 1/2 周期的 Halo 轨道；否则，将对初值 $\boldsymbol{X}_0^{\mathrm{H}}$ 和 T 进行修正，直到满足约束为止。

3）垂直 Lyapunov 轨道的微分修正

垂直 Lyapunov 轨道关于 xz 平面和 xy 平面对称，其轨道初值的选取方式与 Halo 轨道相同。轨道周期的初始猜测值假设为 T，积分 $\boldsymbol{X}_0^{\mathrm{A}}$ 经过 $T/4$ 时间，轨道将穿过 x 轴，且 $\dot{x} = 0$，则可得到 1/4 周期的垂直 Lyapunov 轨道；否则将对初值 $\boldsymbol{X}_0^{\mathrm{A}}$ 和 T 进行修正，直到满足约束为止。

4）轴向（Axial）轨道的微分修正

轴向轨道关于 x 轴对称，轨道的初值可取为如下的形式：

$$\boldsymbol{X}_0^{\mathrm{A}} = \begin{bmatrix} x_0 & 0 & 0 & 0 & \dot{y}_0 & \dot{z}_0 \end{bmatrix}^{\mathrm{T}} \tag{6.1.34}$$

轨道周期的初始猜测值假设为 T，积分 $\boldsymbol{X}_0^{\mathrm{A}}$ 经过 $T/2$ 时间，若轨道状态第一次回到 x 轴，且 $\dot{x} = 0$，则可得到 1/2 周期的轴向轨道；否则，将对初值 $\boldsymbol{X}_0^{\mathrm{A}}$ 和 T 进行修正，直到满足约束为止。

对不同初值的周期轨道进行积分并记录其穿越 xy 平面的位置，得到庞加莱（Poincaré）截面图，如图 6.1.2 所示。

由图 6.1.2 可知，庞加莱截面可近似分为 3 个环状区域，分别对应了平衡点附近不同类型的周期与拟周期轨道。在平衡点中心附近存在环状区域，区域

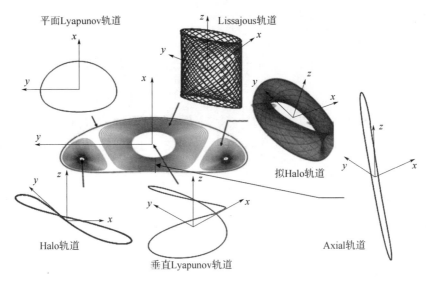

图 6.1.2　庞加莱截面图（附彩图）

的中心为垂直 Lyapunov 轨道。该轨道对应的一阶解析为沿 z 轴方向做简谐运动，平面内振幅为 0。受高阶扰动项的影响，垂直 Lyapunov 轨道在 xy 方向仍存在一定位移，且关于 xy 平面与 xz 平面均对称，在空间呈"8"字形。垂直 Lyapunov 轨道在对称面 xy 平面上的投影为椭圆形，在 xz 平面上的投影类似双曲线，如图 6.1.3 所示。

在垂直 Lyapunov 轨道附近的环状区域，对应的轨道为 Lissajous 轨道。该类轨道为非闭合轨道，选定平面内振幅 A_x 与平面外振幅 A_z，使 z 轴方向的运动频率与 xy 平面内的运动频率不同，并利用 Lindstedt-Poincare 方法得到。Lissajous 轨道实际上是在垂直 Lyapunov 轨道上调制了 xy 方向频率的运动，其 x 轴方向与 y 轴方向振幅正相关，z 轴方向自由。

在中心环状区域左右各存在一个环状区域，它们的中心点对应为 Halo 轨道，分别为 Halo 轨道从正向和负向穿越 xy 平面的交点。Halo 轨道是空间闭合的周期轨道，在 z 轴方向的运动频率与 xy 平面内的运动频率相等，且其关于 xz 平面对称，3 个轴向的振幅呈现正相关性。通常取轨道与 xz 平面交点中与 x 轴距离最远的点作为特征点，将其与 x 轴的距离作为度量 Halo 轨道幅值的特征参数，如图 6.1.4 所示。

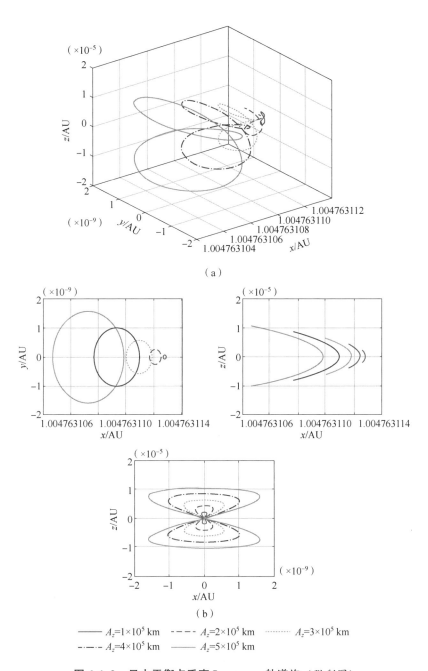

图 6.1.3　日火平衡点垂直 Lyapunov 轨道族（附彩图）

（a）三维图；（b）平面图

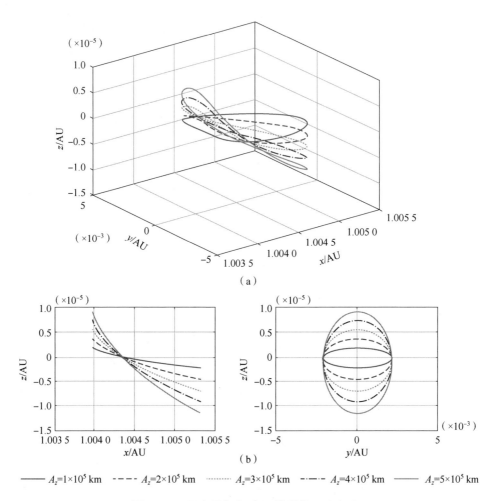

图 6.1.4　日火平衡点 Halo 轨道族（附彩图）

（a）三维图；（b）平面图

由圆型限制性三体问题的对称特性可知，关于 xy 平面存在两条对称的 Halo 轨道，方向垂直于 xz 平面。若其在 xz 平面内映射的运动为顺时针方向，则称为北族 Halo 轨道，或称Ⅰ型 Halo 轨道；反之，则称为南族 Halo 轨道，或称Ⅱ型 Halo 轨道。在 Halo 轨道附近区域存在拟 Halo 轨道，其在 xy 平面的交点对应为环状区域。拟 Halo 轨道也为二维环面状的非闭合轨道，与黄道面相交于一条封闭曲线，并关于日地连线对称。

在 3 个环状区域外存在一条闭合的平面曲线，即对应为平面 Lyapunov 轨道，平面 Lyapunov 轨道在 xy 平面内关于 x 轴对称，且随着轨道能量的增大逐渐接近火星表面，如图 6.1.5 所示。

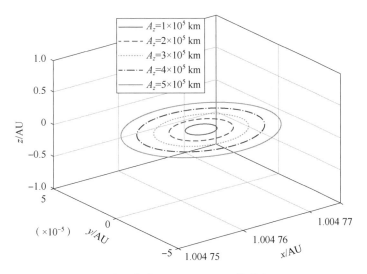

图 6.1.5　日火平衡点平面 Lyapunov 轨道族（附彩图）

■ 6.2　基于日火系统平衡点的火星探测低能量捕获轨道设计

根据三体动力学理论，共线平衡点周期轨道附近存在稳定流形与不稳定流形，可以利用地火系统共线平衡点附近周期轨道及其流形实现低能量的火星轨道转移。位于不稳定流形上的探测器随时间推移逐渐远离周期轨道，而位于稳定流形上的探测器随着时间推移将逐渐接近周期轨道。通常一条周期轨道存在 4 个不变流形分支（稳定流形和不稳定流形各两支），其中 1 支稳定流形和 1 支不稳定流形将延伸到火星附近，如图 6.2.1 所示。

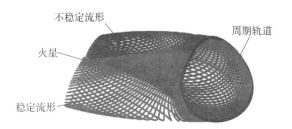

图 6.2.1　周期轨道的稳定流形与不稳定流形（附彩图）

由图 6.2.1 可以看出，从平衡点附近的周期轨道不同位置衍生的流形到达火星附近的近心点高度存在较大差异，从距离火星表面几十千米至几十万千米。利用流形的这一特性，可以设计低能量的火星探测捕获轨道或转移轨道[4]。

6.2.1 基于日火系统平衡点的低能量捕获速度增量分析

本节将从能量的角度探讨火星的捕获问题。假设探测器到达火星影响球时的双曲线超速大小为 v_∞，若要求探测器捕获到具有某一特定能量 ε_1 的椭圆轨道，其对应的近心点半径为 r_p，轨道半长轴 $a = -\mu_m/(2\varepsilon_1)$，则捕获所需的速度增量为

$$\Delta v = \sqrt{v_\infty^2 + \frac{2\mu_m}{r_p}} - \sqrt{\frac{(1+e_f)\mu_m}{r_p}} \qquad (6.2.1)$$

式中，$e_f = 1 - r_p/a$；

μ_m——火星引力常数。

假设 Δv 由两部分构成，即

$$\Delta v = \Delta v_1 + \Delta v_2 \qquad (6.2.2)$$

式中，$\Delta v_1 = \sqrt{v_\infty^2 + \frac{2\mu_m}{r_p}} - v_e$，其中 $v_e = \sqrt{2\mu_m/r_p}$，表示当前近心点半径对应的抛物线轨道速度；

$$\Delta v_2 = v_e - \sqrt{\frac{(1+e_f)\mu_m}{r_p}}。$$

从二体轨道能量角度，Δv_1 可以看作将初始轨道能量由 $\varepsilon = \varepsilon_0 > 0$ 变为 $\varepsilon = \varepsilon_p = 0$ 的抛物线轨道所需的速度增量，而 Δv_2 为从抛物线轨道变为 $\varepsilon = \varepsilon_1 < 0$ 的目标轨道所需的速度增量。这里分别计算 Δv_1 和 Δv_2 关于 r_p 的导数，可得

$$\frac{\partial \Delta v_1}{\partial r_p} = -\frac{1}{\sqrt{v_\infty^2 + \frac{2\mu_m}{r_p}}} \frac{\mu_m}{r_p^2} + \sqrt{\frac{\mu_m}{2r_p^3}} \qquad (6.2.3)$$

$$\frac{\partial \Delta v_2}{\partial r_p} = -\sqrt{\frac{\mu_m}{2r_p^3}} + \frac{\dfrac{\mu_m}{r_p^2}}{\sqrt{\dfrac{2\mu_m}{r_p} - \dfrac{\mu_m}{a}}} = \frac{\dfrac{\mu_m}{r_p^2}\sqrt{\dfrac{2\mu_m}{r_p} - \dfrac{\mu_m}{a}} - \sqrt{\dfrac{2\mu_m}{r_p}}}{\sqrt{\dfrac{2\mu_m}{r_p} - \dfrac{\mu_m}{a}}\sqrt{\dfrac{2\mu_m}{r_p}}} \qquad (6.2.4)$$

由于 $v_\infty > 0$，因此 $\dfrac{\partial \Delta v_1}{\partial r_p}$ 必然大于零。同时，椭圆轨道半长轴 $a > 0$，则 $\dfrac{\partial \Delta v_2}{\partial r_p}$ 必然小于零。式（6.2.3）和式（6.2.4）表明：在探测器从双曲线轨道转变为抛物线轨道的过程中，轨道近心点高度越低，则能量改变的效率越高；探测器从抛物线轨道转变为椭圆轨道过程中，轨道的近心点高度越高，则所需的速度增量越少[5]。

当在日火三体系统下考虑捕获问题时，可能得到能量更省的转移机会。探测器沿平衡点附近同一条周期轨道对应的不稳定流形和稳定流形到达近心点时对应的轨道能量相同，且相对火星的偏心率接近 1。而选择不同的周期轨道相角生成的不变流形，可以覆盖较大的近心点高度范围。因此，可以利用三体系统平衡点附近周期轨道作为停泊轨道进行低能量捕获轨道设计[6]。

基于平衡点的低能量捕获过程可以描述为：首先，探测器在较低的近心点高度实施第一次捕获机动，进入周期轨道的稳定流形，并无动力地进入平衡点附近周期轨道；然后，通过选择不稳定流形，使其近心点高度与任务轨道一致，利用第二次捕获机动进入任务轨道。由于第一次捕获轨道对应的近心点高度较低，因此所需的速度增量通常优于在目标轨道近心点高度实施的直接捕获，从而达到降低火星轨道转移总速度增量的目的。基于平衡点附近周期轨道的火星捕获流程和示意图，如图 6.2.2 所示。

由于探测器利用三体系统平衡点附近周期轨道中转，通过多次轨道机动实现行星捕获，所以在此将该类捕获方法定义为火星间接捕获。在利用三体系统平衡点周期轨道实现火星间接捕获过程中，停泊周期轨道的选择是设计的关键之一，其主要考虑两个因素，即能量因素、状态约束。

（1）能量因素：为了保证较高的火星捕获效率，根据式（6.2.3）可知，周期轨道的稳定流形应具有较低的近心点高度。

（2）状态约束：周期轨道流形的近心点高度应该覆盖任务轨道的近心点高度，这样才能保证探测器顺利入轨，同时也可降低轨道修正所需的速度增量。

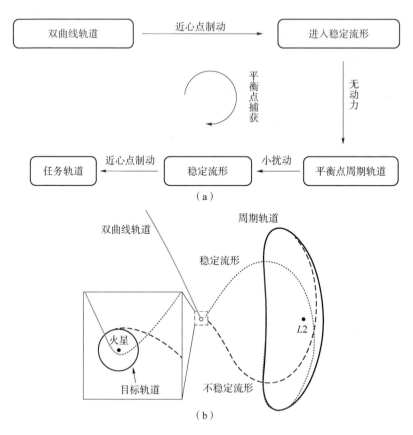

图 6.2.2　利用平衡点附近周期轨道的火星捕获流程与示意图

（a）捕获轨道流程图；（b）捕获轨道示意图（附彩图）

下面将分别针对不同的平衡点周期轨道作为停泊轨道开展参数分析。

6.2.2　日火平衡点停泊轨道参数分析

日火系统中可用作停泊轨道的平衡点周期轨道有平面 Lyapunov 轨道、垂直 Lyapunov 轨道和 Halo 轨道等。其中，平面 Lyapunov 轨道在 xy 平面内运动，对应的不变流形及其近心点也都位于 xy 平面内，适合从平面内接近的星际转移轨道。不同近心点相角下对应的近心点高度范围有差异，且随轨道振幅的改变而变化，因此需要分析不同振幅平面 Lyapunov 轨道对应的最佳近心点参数条件。垂直 Lyapunov 轨道和 Halo 轨道属于空间周期轨道，不变流形的近心点也分布于 xy 平

面外，近心点所处空间方位与近心点高度有关，因此需要进一步给出不同振幅空
间周期轨道对应的最佳近心点参数范围。

6.2.2.1　平面周期轨道

首先考虑平衡点附近的平面周期轨道，主要包括 L_1 点和 L_2 点附近的平面
Lyapunov 轨道。针对不同振幅的平面 Lyapunov 轨道，在其上均匀选择初始点，
生成不稳定流形，可得到不稳定流形的首次近心点高度。Lyapunov 轨道振幅与
近心点高度（$3.589 \times 10^3 \sim 2.0 \times 10^5$ km）对应的分布如图 6.2.3 所示。

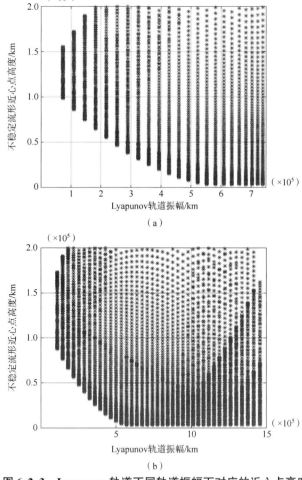

图 6.2.3　Lyapunov 轨道不同轨道振幅下对应的近心点高度

（a）L_1 点；（b）L_2 点

由图6.2.3可以看出：在振幅较小的周期轨道，其不稳定流形的近心点较高且覆盖范围有限，因此小振幅周期轨道不适合作为停泊轨道；随着周期轨道的振幅增大，不稳定流形的近心点高度逐渐降低，覆盖范围逐步增大。例如，对于L_1点，轨道振幅$A_z > 5.5 \times 10^5$ km将出现近心点200 km的流形分支；对于L_2点，轨道对应的最小振幅为$A_z = 5.7 \times 10^5$ km。由于L_2点附近周期轨道所能形成的振幅更大，因此多数采用L_2点附近周期轨道作为停泊轨道。

为了能够以低能量的方式捕获进入稳定流形，通常要求稳定流形的近心点高度尽量低。尽管大振幅的周期轨道均存在较低近心点的稳定流形，但稳定流形对应的近心点分布存在较大差异[7]。不同振幅周期轨道稳定流形的近心点在旋转坐标系下的分布情况如图6.2.4所示。

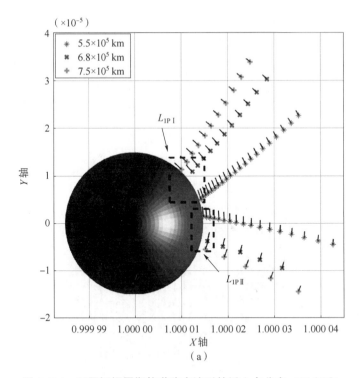

图6.2.4　不同振幅周期轨道稳定流形的近心点分布（附彩图）

（a）L_1点附近Lyapunov轨道

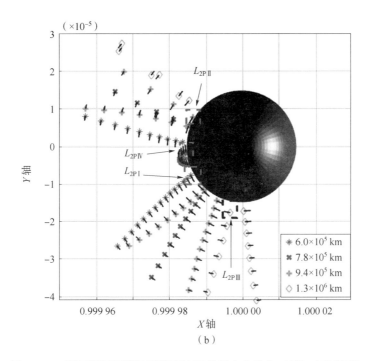

图 6.2.4　不同振幅周期轨道稳定流形的近心点分布（续）（附彩图）

（b）L_2 点附近 Lyapunov 轨道

图 6.2.4 给出了 L_1 点和 L_2 点周期轨道稳定流形对应的近心点速度大小和方向的分布。为了便于描述，在此定义近心点相角 θ 为火星 - 近心点连线与 x 轴的夹角。L_1 轨道近心点分布在背对太阳一侧，适合于捕获的近心点分布在 L_{1PI} 和 L_{1PII} 两个区域，且均为顺行轨道；随着振幅增大，L_{1PI} 区域的相角 θ 增大，而 L_{1PII} 区域的相角减小；近心点高度为 200 km 的周期轨道振幅对应的相角分布情况如图 6.2.5 所示，L_{1PI} 区域由 20° 增大至 47.8°，而 L_{1PII} 区域由 4.8° 减小至 −19.4°（340.4°）。

与 L_1 轨道近心点不同，L_2 轨道近心点主要分布在面对太阳一侧。适合于捕获的近心点分布在 L_{2PI}、L_{2PII}、L_{2PIII} 和 L_{1PIV} 四个区域，其中 L_{2PI} 和 L_{2PII} 为顺行轨道，而 L_{2PIII} 和 L_{1PIV} 为逆行轨道；随着轨道振幅的增大，L_{2PI} 和 L_{2PIII} 的相角增大，而 L_{2PII} 和 L_{1PIV} 的相角减小。L_2 周期轨道振幅对应的相角分布如图 6.2.6 所示。当轨道振幅较小时，仅存在 L_{2PI} 和 L_{2PII} 区域；当振幅 $A_z > 7.7 \times 10^5$ km 时，将出现 L_{2PIII} 和 L_{1PIV}，且 L_{2PII} 和 L_{1PIV} 区域对应的振幅范围较窄。

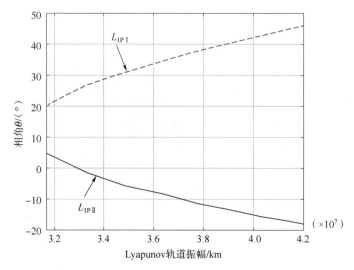

图 6.2.5 L_1 点 Lyapunov 轨道相角与轨道振幅的关系（近心点高度 200 km）

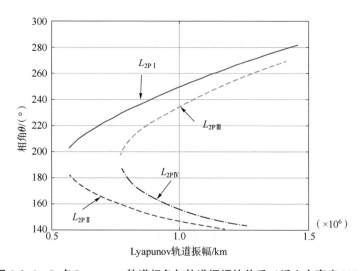

图 6.2.6 L_2 点 Lyapunov 轨道相角与轨道振幅的关系（近心点高度 200 km）

6.2.2.2   空间周期轨道

　　平衡点附近可能用于停泊轨道的空间周期轨道主要包括垂直 Lyapunov 轨道和 Halo 轨道。垂直 Lyapunov 轨道沿 z 方向的振幅较大，对其生成稳定流形发现，不同振幅的 L_1 和 L_2 点轨道的流形前三次近心点高度均距离火星较远，不能满足能量要求，因而不适合作为低能量捕获的停泊轨道。

对于 Halo 轨道，考虑 z 方向振幅 A_z 从 2.7×10^5 km 至 6.6×10^5 km 的 L_1 点轨道和 z 方向振幅 A_z 从 4.8×10^5 km 至 7.3×10^5 km 的 L_2 点轨道。采用 6.2.2.1 节中类似的方法生成周期轨道的稳定流形，并计算稳定流形的近心点。同样发现，与平面周期轨道相似，较小振幅的轨道对应不稳定流形的近心点普遍较高。若要实现 200 km 高的近心点高度，最小轨道振幅为 2.8×10^5 km（L_1 点 Halo 轨道）和 2.9×10^5 km（L_2 点 Halo 轨道）。在此范围内的停泊轨道不稳定流形也可覆盖 $3.589 \times 10^3 \sim 3.0 \times 10^5$ km 的近心点区域。同样，不同 Halo 轨道对应的稳定流形近心点状态也存在较大差异。这里在旋转坐标系下定义 3 个角度参数来描述稳定流形的近心点状态，如图 6.2.7 所示。近心点相角 θ 定义为火星 – 近心点连线在 xy 平面的投影与 x 轴的夹角；轨道倾角 i 定义为轨道近拱点状态相对火星的角动量方向与 z 轴的夹角；近心点高度角 β 定义为火星 – 近心点连线与 xy 平面的夹角。

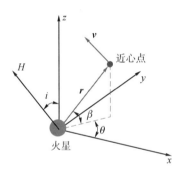

图 6.2.7　空间近心点参数定义

日火系统 L_1 点和 L_2 点不同振幅周期轨道对应的近心点状态如图 6.2.8 和图 6.2.9 所示。

日火系统 L_1 和 L_2 点轨道近心点均存在两个适合的区域，分别记为 L_{1HI}、L_{1HII} 和 L_{2HI}、L_{2HII}。四个区域内稳定流形在近心点高度 200 km 时，对应的相角情况如图 6.2.10 所示。与平面轨道不同，近心点相角随轨道振幅的变化较小，L_{1HI} 区域的近心点相角在 $2.2° \sim 10.7°$ 之间，L_{1HII} 区域对应的相角在 $13.7° \sim 22.9°$ 之间。L_2 点轨道近心点存在于面向太阳一侧，对应的相角范围分别为 $182.4° \sim 189.5°$ 与 $195.0° \sim 203.3°$。流形近心点对应的高度角和倾角随振幅的变化如图 6.2.11 和图 6.2.12 所示。四个区域的近心点具有相似的高度角和倾角，随着轨道振幅的增大，流形的高度角和倾角逐渐增大，表明近心点逐渐远离 xy 平面。当轨道振幅 A_z 超过 5.3×10^5 km 时，轨道的倾角大于 $90°$，流形变为逆行轨道。

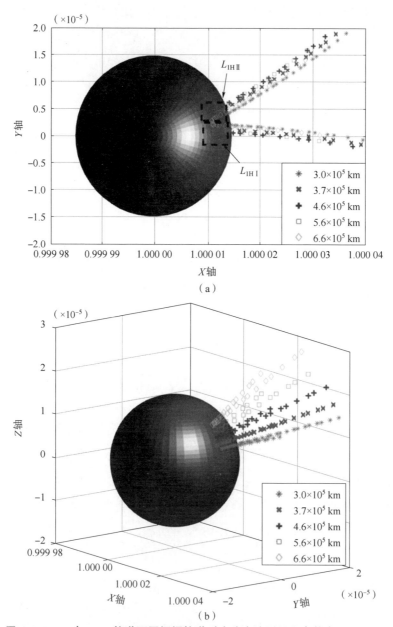

图 6.2.8 L_1 点 **Halo** 轨道不同振幅轨道对应稳定流形近心点状态（附彩图）

（a）XY 平面投影；（b）三维视角

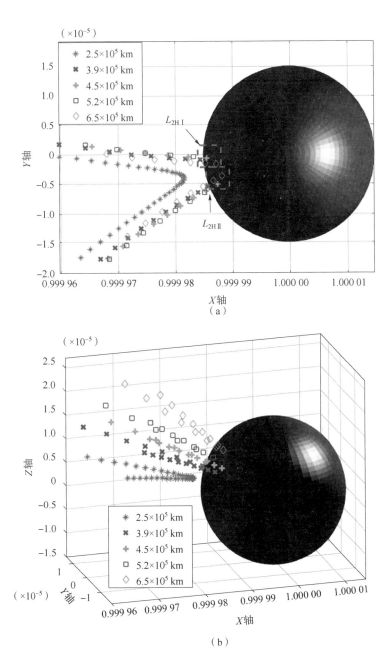

图 6.2.9　L_2 点 Halo 轨道不同振幅轨道对应稳定流形近心点状态（附彩图）

（a）XY 平面投影；（b）三维视角

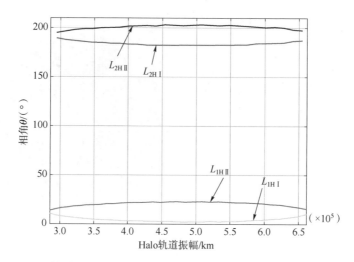

图 6.2.10　Halo 轨道稳定流形近心点相角随轨道振幅变化（200 km 高度）（附彩图）

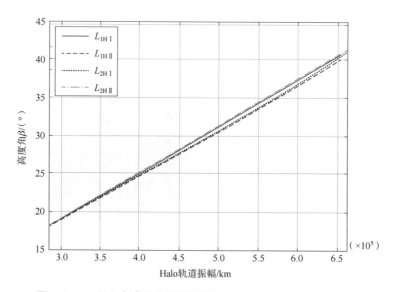

图 6.2.11　近心点高度角随振幅变化（200 km 高度）（附彩图）

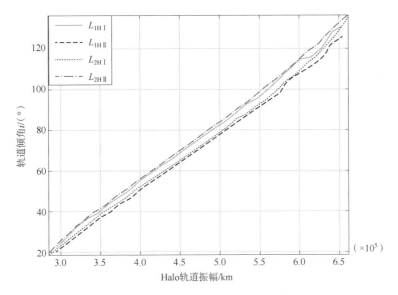

图 6.2.12　近心点倾角随振幅变化（200 km 高度）（附彩图）

综上分析可以发现，适合火星间接捕获的平衡点停泊轨道振幅范围有：L_1 平面 Lyapunov 轨道，$2.7 \times 10^5 \sim 7.5 \times 10^5$ km；L_2 平面 Lyapunov 轨道，$5.7 \times 10^5 \sim 1.5 \times 10^6$ km；L_1 Halo 轨道，$2.8 \times 10^5 \sim 6.6 \times 10^5$ km；L_2 Halo 轨道，$2.9 \times 10^5 \sim 6.5 \times 10^5$ km。

6.2.3　基于日火平衡点的火星探测低能量捕获轨道设计实例与分析

本节将评估不同轨道高度和双曲线超速下基于日火平衡点的火星探测低能量轨道捕获性能，重点分析三种类型的任务轨道——200 km 高的圆轨道、800 km×60 000 km 椭圆轨道和 20 000 km 高的圆轨道。探测器接近火星时的双曲线超速 v_∞ 分别取 1.88 km/s、2.09 km/s 和 3.39 km/s；同时，选择不同类型的平衡点附近周期轨道作为捕获停泊轨道。

对于 200 km 高圆轨道的情况，选择 L_2 点附近平面 Lyapunov 轨道作为捕获停泊轨道，将捕获所需的速度增量与火星直接捕获进行对比，结果如表 6.2.1 所示。利用 Lyapunov 轨道实现火星捕获时考虑了 3 次机动——进入稳定流形的捕获机动 Δv_1、形成不稳定流形的扰动速度增量 Δv_2、任务轨道入轨机动 Δv_3。探测器从进入稳定流形至任务轨道入轨的转移总时间 T 为 775.37 天，其中在 Halo 轨道的停泊时间取最短停泊时间。

表 6.2.1 直接捕获与间接捕获的对比 （200 km 圆轨道）

双曲线超速 $v_\infty/(\mathrm{km \cdot s^{-1}})$	直接捕获速度增量 $\Delta v_d/(\mathrm{km \cdot s^{-1}})$	平衡点捕获（L_2点平面 Lyapunov 轨道）				
		$\Delta v_1/(\mathrm{km \cdot s^{-1}})$	$\Delta v_2/(\mathrm{km \cdot s^{-1}})$	$\Delta v_3/(\mathrm{km \cdot s^{-1}})$	$\Delta v_{total}/(\mathrm{km \cdot s^{-1}})$	T/天
1.88	1.780	0.359			1.779	
2.09	1.859	0.438	0.001	1.419	1.858	775.37
3.39	2.492	1.067			2.487	

由表 6.2.1 可以看出，对于轨道高度较低的任务轨道，直接捕获具有较高的效率。尽管基于平衡点周期轨道的间接捕获与直接捕获所需的总速度增量相近，但基于平衡点周期轨道的捕获所需的飞行时间过长。以上火星间接捕获轨道的飞行轨迹如图 6.2.13 所示。

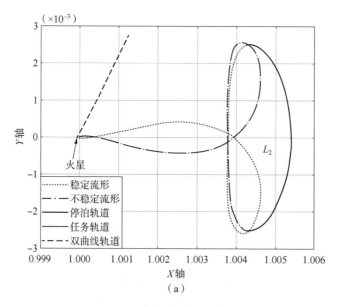

图 6.2.13 利用 L_2 点平面周期轨道的捕获轨道 （附彩图）

（a）地火系统全局图

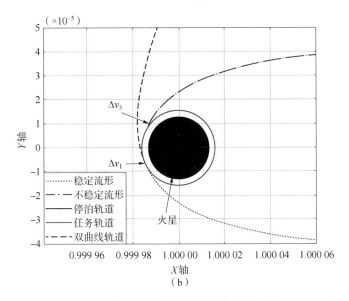

图 6.2.13　利用 L_2 点平面周期轨道的捕获轨道（续）（附彩图）

（b）火星附近局部图

对于 800 km×60 000 km 的椭圆轨道，选择 L_2 点 Halo 轨道作为捕获停泊轨道，转移所需总的速度增量如表 6.2.2 所示，其飞行轨迹如图 6.2.14 所示。当任务轨道的近心点高度增大，基于 Halo 轨道的间接捕获方式相比直接捕获的优势逐步显现，且随着 v_∞ 的增大，间接捕获可节省更多燃料。

表 6.2.2　直接捕获与间接捕获的对比（800 km×60 000 km 椭圆轨道）

双曲线超速 v_∞ /(km·s^{-1})	直接捕获速度增量 Δv_d/(km·s^{-1})	平衡点捕获				
		Δv_1/(km·s^{-1})	Δv_2/(km·s^{-1})	Δv_3/(km·s^{-1})	Δv_{total}/(km·s^{-1})	T/天
1.88	0.518	0.359			0.493	
2.09	0.602	0.438	0.002	0.132	0.572	696.85
3.39	1.272	1.071			1.205	

对于 20 000 km 高的圆轨道，在此采用 L_1 点 Halo 轨道作为捕获停泊轨道，转移所需总的速度增量如表 6.2.3 所示。

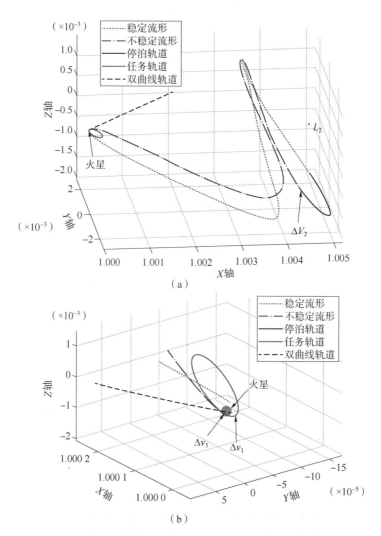

图 6.2.14　基于 L_2 点 Halo 轨道的火星捕获轨道（附彩图）

（a）地火系统全局图；（b）火星附近局部图

表 6.2.3　直接捕获与间接捕获的对比（20 000 km 圆轨道）

双曲线超速 v_∞ / (km·s⁻¹)	直接捕获速度增量 Δv_d/(km·s⁻¹)	平衡点捕获				
		Δv_1/ (km·s⁻¹)	Δv_2/ (km·s⁻¹)	Δv_3/ (km·s⁻¹)	Δv_{total}/ (km·s⁻¹)	T/天
1.88	1.329	0.360			0.897	
2.09	1.481	0.439	0.002	0.535	0.976	691.03
3.39	2.540	1.072			1.609	

对于火星高轨圆轨道而言，采用 L_1 点 Halo 轨道的火星间接捕获方式相比直接捕获可显著降低燃料消耗，其飞行轨迹如图 6.2.15 所示。

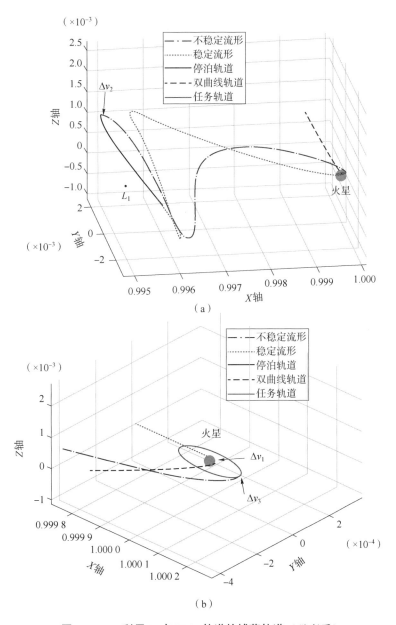

图 6.2.15　利用 L_1 点 Halo 轨道的捕获轨道（附彩图）

（a）地火系统全局图；（b）火星附近局部图

由以上分析可以看出：利用平衡点附近周期轨道实现火星的间接捕获，对于任务轨道较高的情况具有比较显著的优势，可有效降低火星捕获所需的燃料消耗，增大探测器所能携带的载荷质量。同时，这种捕获方式也适用于探测器相对火星双曲线超速较大的情况。然而，这种捕获方式所需的捕获时间较长（通常在 600 ~ 700 天），因此更适用于对转移时间没有约束的货物运输等任务的转移轨道方案设计。

■ 6.3　基于日火系统稳定集的火星探测低能量捕获轨道设计

与三体系统平衡点附近的运动不同，弱稳定边界和稳定集理论更关注探测器在系统中质量较小的主天体附近的运动行为。通过对运动稳定性的分析，可以确定探测器适合长期运动的参数区间，进而开展低能量转移轨道设计。本节分析日火系统中弱稳定边界和稳定集的几何结构和特征，提出利用逆向稳定集的火星探测低能量捕获轨道设计方法，并评估捕获轨道的性能，最后给出高精度星历模型下火星探测低能量捕获轨道设计方法。

6.3.1　日火系统的弱稳定边界

6.3.1.1　弱稳定边界

"弱稳定边界"是由 Belbrudo[8-10] 提出的用于描述探测器环绕中心天体稳定或逃逸运动状态的理论。在太阳、行星和探测器构成的三体系统中，在弱稳定边界内的探测器可围绕行星运行至少一圈且轨道能量 ε 为负，而在弱稳定边界外的探测器围绕行星运行不足一圈即出现逃逸，其相对行星的轨道能量 ε 为正。行星附近的弱稳定边界定义如图 6.3.1 所示。

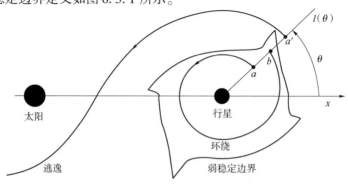

图 6.3.1　弱稳定边界的定义

在太阳和行星构成的运动平面内，定义 $l(\theta)$ 为从行星 P_2 出发的射线，θ 为射线与旋转坐标系 x 轴正向的夹角。假设探测器 P_3 从射线 $l(\theta)$ 上某点以垂直于射线的初始速度 v 出发，顺行方向为正，并且出发时 P_3 相对 P_2 的二体轨道能量为负。对于从射线 $l(\theta)$ 上不同点出发的轨迹，其相对 P_2 的二体密切轨道偏心率为常数。

弱稳定边界的稳定性判据：若 P_3 离开射线 $l(\theta)$ 后再次与射线 $l(\theta)$ 相交于 b 点，同时 P_3 相对于 P_2 的开普勒轨道能量为负或为零，且 P_3 没有形成绕 P_1 的运动，则 P_3 相对于 P_2 的运动是稳定的。

弱稳定边界的不稳定性判据：若 P_3 离开射线 $l(\theta)$ 后再次与射线 $l(\theta)$ 相交于 b 点，同时 P_3 相对于 P_2 的开普勒轨道能量为正，则 P_3 相对于 P_2 的运动是不稳定的；若 P_3 离开射线 $l(\theta)$ 后，逐渐远离 P_2 并形成相对于 P_1 的环绕轨道，或者撞上 P_1 或 P_2，则 P_3 相对于 P_2 的运动是不稳定的。

基于弱稳定边界理论，可以对探测器在火星附近的稳定区域进行判断。与天体影响球的概念相比，弱稳定边界可以更精确地描述太阳引力对探测器环绕火星运动的影响，若进一步考虑木星、土星等天体的引力摄动，则可更加精确地分析探测器在火星附近的运动稳定性。在弱稳定边界内的探测器可被火星临时捕获，若不施加机动，则可稳定围绕火星环绕多圈。同样，通过逆向计算弱稳定边界，可得到火星自然捕获的轨道状态（逆向逃逸），从而为火星低能量弹道捕获轨道设计提供目标状态。

6.3.1.2　火星附近弱稳定边界参数分析

根据弱稳定边界理论，若忽略火星轨道偏心率并假定探测器的初始密切轨道偏心率为 0，对应的火星附近弱稳定边界结构如图 6.3.2 所示。

由图 6.3.2 可以看出：①偏心率 e 为 0 时，火星附近的弱稳定边界呈现有四角凸起的扁圆状；②弱稳定边界略大于火星的引力影响球（58×10^4 km）；③以凸起角为分界，火星附近的弱稳定边界存在 4 个间断区域，对应的射线相角（$\theta_1 \sim \theta_4$）分别为 58°、170°、237° 和 350°。

为了进一步分析火星附近的弱稳定边界，接下来分别考虑间断点前后弱稳定边界处轨道运动，并对各间断点区域轨道的演化情况进行详细研究。$\theta_1 = 58°$ 时，轨道的演化情况如图 6.3.3 所示。当射线相位角 $\theta < \theta_1$ 时，探测器轨道环绕火星约一圈，但并未再次与射线 $l(\theta_1)$ 相交，而是从三体系统的 L_2 点附近逃逸；当射

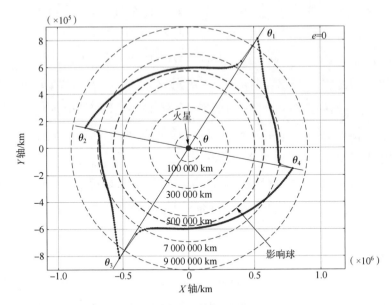

图 6.3.2　火星系统的弱稳定边界结构（附彩图）

线相位角 $\theta > \theta_1$ 时，探测器轨道先环绕 L_1 点约一周，然后从 L_2 点附近逃逸。间断点 $\theta_3 = 237°$ 前后的轨道演化情况与间断点 θ_1 类似，但探测器逃逸的方向变为三体系统的 L_1 点附近，如图 6.3.4 所示。

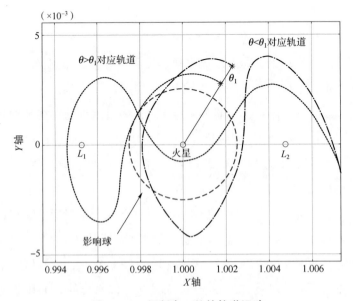

图 6.3.3　间断点 1 处的轨道运动

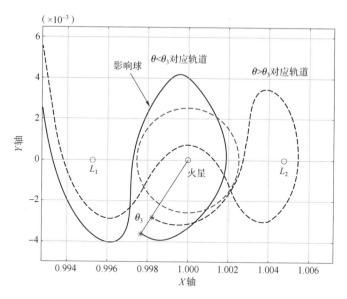

图 6.3.4　间断点 3 处的轨道运动

探测器在间断点 θ_2 和 θ_4 附近的运动与间断点 θ_1 和 θ_3 不同，如图 6.3.5 和图 6.3.6 所示。当射线相位角 $\theta < \theta_2$ 时，探测器将从 L_1 点附近直接逃逸；当射线相位角 $\theta > \theta_2$ 时，探测器将环绕火星约一周后从 L_1 点附近逃逸。在间断点 θ_4 附近，探测器的逃逸方向变为 L_2 点，逃逸轨道的构型与间断点 θ_2 类似。

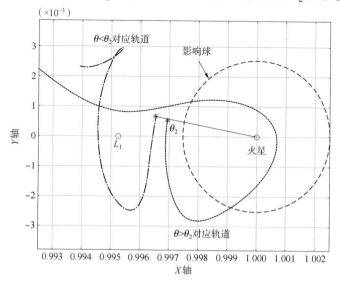

图 6.3.5　间断点 2 处的轨道运动

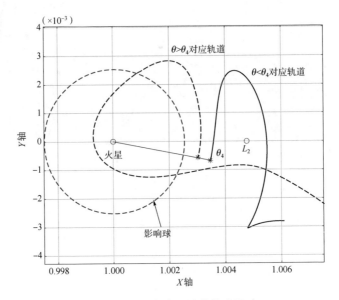

图 6.3.6　间断点 4 处的轨道运动

由以上分析可以看出：探测器初始位置的改变对运动稳定性的影响较大；改变探测器初始轨道偏心率 e，将显著影响火星弱稳定边界结构，如图 6.3.7 所示。

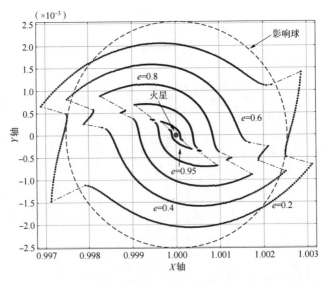

图 6.3.7　不同初始轨道偏心率下的日火弱稳定边界（附彩图）

随着偏心率 e 的增大，弱稳定边界的尺寸明显缩小，即在较低的轨道高度就可使得探测器运动的稳定性发生改变。同时，弱稳定边界的形状也将发生变化，近似绕 z 轴顺时针旋转，边界同样存在 4 个间断点，间断点 θ_2 和 θ_3、θ_1 和 θ_4 随着偏心率增大而逐渐靠近。

　　进一步考虑火星的公转偏心率，当火星位于其日心轨道的近日点和远日点时，其附近的弱稳定边界结构分别如图 6.3.8 和图 6.3.9 所示。

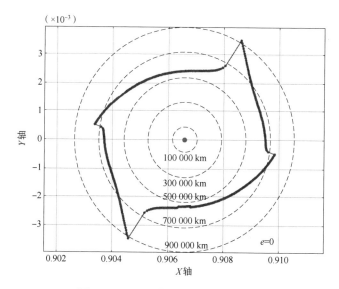

图 6.3.8　近日点处弱稳定边界结构

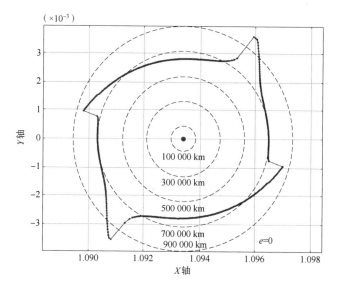

图 6.3.9　远日点处弱稳定边界结构

由图 6.3.8 和图 6.3.9 可以看出：火星在远日点处的弱稳定边界轮廓大于近日点处的弱稳定边界轮廓；在 x 轴方向上，远日点处的弱稳定边界大于 7.0×10^5 km，近日点处的弱稳定边界约为 6.7×10^5 km；在 y 轴方向上，远日点处的弱稳定边界约为 6.5×10^5 km，近日点处的弱稳定边界约为 5.6×10^5 km。火星的日心轨道偏心率对日火系统弱稳定边界的构型无显著影响，但对弱稳定边界的尺寸有较大影响。

6.3.2　日火系统轨道的稳定集

稳定集和不稳定集的概念由 García 等[3] 提出，是弱稳定边界概念的延伸。稳定集的求解方法与弱稳定边界相似，但稳定集突破了弱稳定边界中"临界半径"的限制，将位于临界半径以外的点集也作为轨道初始点。若满足稳定条件，则该点也属于稳定集；否则，该点属于不稳定集。若将稳定条件扩展至轨道围绕中心天体 n 圈且保持轨道能量为负，则可得到 n 次稳定集[11]。类似地，可以定义逆向稳定性，若探测器在初始状态下逆向积分可以环绕中心天体至少 m 圈，则运动属于 $-m$ 次稳定集。

根据上述定义，对于某一初始相角 θ 和对应的射线 $l(\theta)$，n 圈稳定点的集合构成一个可数开区间并集，即 $W_n(\theta, e) = \bigcup_{k \geqslant 1} [r_{2k-1}^*, r_{2k}^*]$，初始偏心率 e 下的 n 次稳定集可表示为所有相角的并集 $W_n(e) = \bigcup_{\theta \in [0, 2\pi]} W_n(\theta, e)$。$n$ 次不稳定集为 n 次稳定集在火星附近区域的补集 $\overline{W}_n(e) = \complement_{\mathbb{R}} W_n(e)$。

基于圆形限制性三体模型，选择火星近心点为初始时刻，可得到初始偏心率 $e = 0$ 时火星附近的 1 次稳定集 $W_1(0)$，如图 6.3.10 所示。

由图 6.3.10 可以看出，稳定集可以延伸至影响球外侧，覆盖范围更大，根据稳定集相对火星的分布，可以分为靠近火星的中心稳定区域和 4 个延伸的稳定分支，这 4 个稳定分支分别记为 A_1、A_2 和 C_1、C_2。

改变轨道的初始偏心率 e 为 0.4、0.6、0.8、0.95，所对应的稳定集结构如图 6.3.11 ~ 图 6.3.14 所示。由图中可以看出：随着偏心率 e 的增大，中心稳定区域明显缩小；随着偏心率的增大，A 型分支尺寸缩小并顺时针旋转，而 C 型分支尺寸变大并沿逆时针旋转，这使得 A 型和 C 型分支间的不稳定区域逐渐缩小。

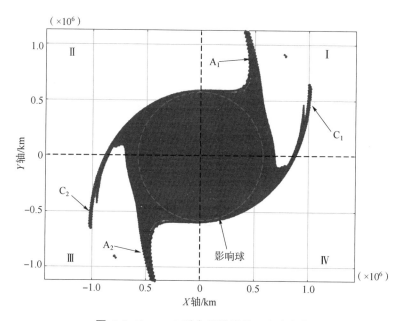

图 6.3.10　$e = 0$ 时火星附近的 1 次稳定集

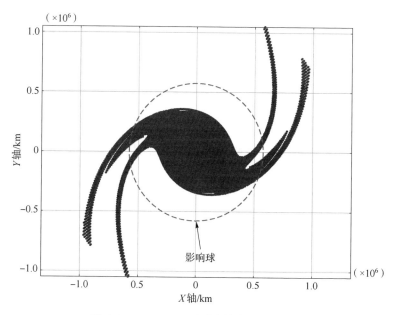

图 6.3.11　$e = 0.4$ 时对应的稳定集 $W_1(e)$

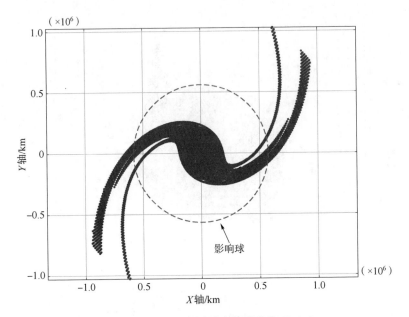

图 6.3.12 $e = 0.6$ 时对应的稳定集 $W_1(e)$

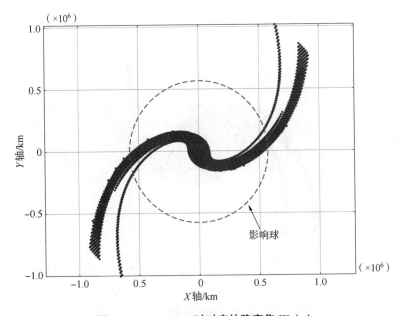

图 6.3.13 $e = 0.8$ 时对应的稳定集 $W_1(e)$

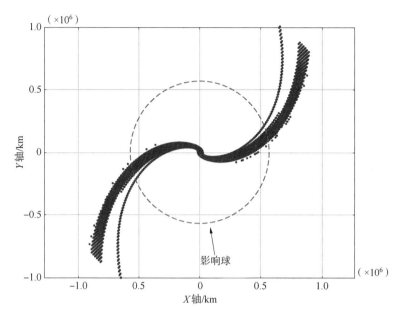

图 6.3.14　$e=0.95$ 时对应的稳定集 $W_1(e)$

　　对比稳定集与弱稳定边界，在轨道初始偏心率相同情况下，两者的分布如图 6.3.15 所示。由图中可以看出：稳定集的中心稳定区域基本被弱稳定边界包围，而 4 个分支稳定区域超出了弱稳定边界 4 个间断点区域；在弱稳定边界内存在两个条带状的不稳定区域。对这两个区域内的轨道进行分析发现，轨道近心点高度会位于火星表面以下。这表明从该区域出发的轨道虽然不会从火星附近逃逸，但存在与火星相撞的可能，因此也是不稳定的。综合以上可以看出，相比弱稳定边界，稳定集可以更全面地描述探测器在火星附近的运动稳定性。

6.3.3　基于稳定集的火星探测低能量捕获轨道设计实例与分析

6.3.3.1　基于稳定集参数的轨道能量描述

　　利用稳定集参数可以描述探测器在平面椭圆型三体系统中的运动积分，初始状态的积分可以表示为[12]

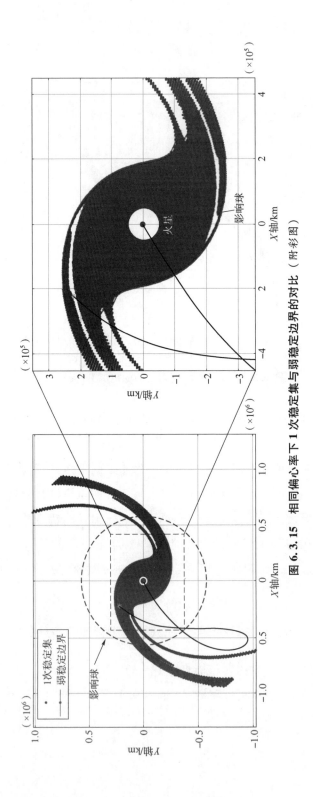

图 6.3.15　相同偏心率下 1 次稳定集与弱稳定边界的对比（附彩图）

$$J_E(\tilde{r}_p, e, \theta, f_{m0}) = \frac{1}{1 + e_m \cos f_{m0}} \Bigg[(\tilde{r}_p \cos \theta + 1 - \mu)^2 + (\tilde{r}_p \sin \theta)^2 +$$

$$\frac{2(1 - \mu)}{\sqrt{(\tilde{r}_p \cos \theta + 1)^2 + (\tilde{r}_p \sin \theta)^2}} + \frac{2\mu}{\tilde{r}_p} + \mu(1 - \mu) \Bigg] - v_p^2$$

$$(6.3.1)$$

式中，e_m——火星公转偏心率；

　　　f_{m0}——火星初始时刻真近点角；

　　　$\tilde{r}_p$——瞬时归一化近心点距离；

　　　v_p——旋转系下的近心点速度，

$$v_p = \sqrt{\frac{\mu(1 + e)}{\tilde{r}_p}} - \tilde{r}_p \qquad (6.3.2)$$

若采用上标 i 表示初始时刻状态，上标 f 表示运动环绕若干圈后的近心点状态，则轨道能量 J_E 应满足

$$J_E^i(\tilde{r}_p^i, e^i, \theta^i, f_{m0}) = J_E^f(\tilde{r}_p^f, e^f, \theta^f, f_{m0}, f_m^f) \qquad (6.3.3)$$

式（6.3.3）建立了稳定集内轨道初次近心点状态与此后任一近心点状态间的联系，但较难给出解析解。若忽略公转轨道的偏心率，针对特殊情况 $e_m = 0$ 进行分析，则式（6.3.3）可以表示为

$$-W^f + \frac{\mu(1 + e^f)}{\tilde{r}_p^f} - 2\sqrt{\mu \tilde{r}_p^f(1 + e^f)} + (\tilde{r}_p^f)^2 + J_C^i = 0 \qquad (6.3.4)$$

式中，

$$W^f = (\tilde{r}_p^f \cos \theta^f + 1 - \mu)^2 + (\tilde{r}_p^f \sin \theta^f)^2 + \frac{2(1 - \mu)}{\sqrt{(\tilde{r}_p^f \cos \theta^f + 1)^2 + (\tilde{r}_p^f \sin \theta^f)^2}} + \frac{2\mu}{\tilde{r}_p^f}$$

$$J_C^i = (\tilde{r}_p^i \cos \theta^i + 1 - \mu)^2 + (\tilde{r}_p^i \sin \theta^i)^2 + \frac{2(1 - \mu)}{\sqrt{(\tilde{r}_p^i \cos \theta^i + 1)^2 + (\tilde{r}_p^i \sin \theta^i)^2}} +$$

$$\frac{2\mu}{\tilde{r}_p^i} - \frac{\mu(1 + e^i)}{\tilde{r}_p^i} + 2\sqrt{\mu \tilde{r}_p^i(1 + e^i)} - (\tilde{r}_p^i)^2$$

式（6.3.4）可以看作 $\kappa = \sqrt{1 + e^f}$（$\kappa > 0$）的二次方程。当给定初始能量 J_C^i 和近心点参数 $\tilde{r}_p^f$ 和 θ^f 时，可以通过求解式（6.3.4）得到对应的近心点偏心率。考虑到偏心率的物理意义，当方程有解时，仅存在一个有效偏心率：

$$e^{\mathrm{f}} = \frac{4\mu\,(\,\tilde{r}_{\mathrm{p}}^{\mathrm{f}}\,)^3 + 4\,\sqrt{\mu\,(\,\tilde{r}_{\mathrm{p}}^{\mathrm{f}}\,)^5\Delta} - \Delta(\,\tilde{r}_{\mathrm{p}}^{\mathrm{f}}\,)^2}{4\mu^2} - 1 \qquad (6.3.5)$$

式中，$\Delta = 4\tilde{\mu}\tilde{r}_{\mathrm{p}}^{\mathrm{f}} - 4\,\dfrac{\mu}{\tilde{r}_{\mathrm{p}}^{\mathrm{f}}}(\,-W^{\mathrm{f}} + (\,\tilde{r}_{\mathrm{p}}^{\mathrm{f}}\,)^2 + J_{\mathrm{C}}^{\mathrm{i}}\,)$。

由于近心点距离 $\tilde{r}_{\mathrm{p}}^{\mathrm{f}}$ 远小于太阳–大天体的距离，因此相角 θ^{f} 对运动积分的影响有限。可以令 $\theta^{\mathrm{i}}=0$，$\theta^{\mathrm{f}}=0$ 简化计算，从而构建轨道初始能量、轨道任意近心点高度 $r_{\mathrm{p}}^{\mathrm{f}}$ 和对应近心点偏心率间的关系。若给定 $J_{\mathrm{C}}^{\mathrm{i}}$ 和 $r_{\mathrm{p}}^{\mathrm{f}}$，计算得到 $e^{\mathrm{f}}>0$，则表明该近心点状态可能存在。以日火系统为例，假定 $J_{\mathrm{C}}^{\mathrm{i}}$ 在 $J_1 = 2.999\ 103$ 和 $J_2 = 3.001\ 030$ 范围内（这里 J_1 略小于日火三体系统下 L_2 点的能量，J_2 则对应于近心点高度 $r_{\mathrm{p}} = 3\ 589\ \mathrm{km}$（距离火星表面 200 km 高）且偏心率 $e=0.95$ 的大椭圆环火轨道），轨道近心点 $r_{\mathrm{p}}^{\mathrm{f}}$ 的范围为 $3\ 589 \sim 250\ 000\ \mathrm{km}$，计算可得轨道近心点偏心率等高线图，如图 6.3.16 所示。

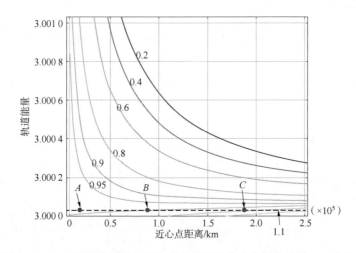

图 6.3.16 不同轨道能量和近心点距离下的偏心率等高线图（附彩图）

由图 6.3.16 可以看出：对于能量较低的轨道，稳定集轨道近心点可能存在的区域有限；随着能量增大，轨道近心点所能达到的区域逐渐增大；对于能量较大的轨道，在具有较高近心点时，对应的偏心率可能大于 1，这表明经过该近心点后，探测器将从火星附近逃逸。

根据三体轨道动力学的理论，具有相同能量的运动状态可能发生自然转移。因此由图 6.3.16 可知，位于较低近心点高度 A 的探测器可能在经过多个周期后到达较高的近心点高度 B。由于图 6.3.16 与时间无关，因此从图中近心点 A 至近心点 B 或 C 的转移既可能沿时间正向运动，也可能沿时间逆向运动。

若考虑大天体公转轨道的偏心率，则式（6.3.4）与探测器轨道的初始近心点状态和大天体的初始相位 f_{m0} 均有关。若给定初始能量 J_E^i 和大天体公转轨道偏心率 e_{m0} 以及探测器轨道近心点高度 $\tilde{r}_p^f$，则转移轨道的偏心率 e 将存在于一个较小的区间内。图 6.3.16 给出了探测器轨道近心点高度发生变化的可能范围和能量区间，该特性可应用于火星探测低能量捕获轨道设计。

6.3.3.2　基于逆向稳定集的捕获策略

将捕获过程分成两个阶段：①第一次脉冲 Δv_1 将探测器轨道能量从 ε_1 降至 ε_m，其中 ε_m 为能量的中间态，略小于 0；②第二次脉冲 Δv_2 将探测器轨道能量从 ε_m 降至 ε_2。两次脉冲所需的速度增量分别为

$$\Delta v_1 = \sqrt{2\varepsilon_1 + \frac{2\mu_m}{r_{p1}}} - \sqrt{2\varepsilon_m + \frac{2\mu_m}{r_{p1}}} \tag{6.3.6}$$

$$\Delta v_2 = \sqrt{2\varepsilon_m + \frac{2\mu_m}{a_a}} - \sqrt{2\varepsilon_2 + \frac{2\mu_m}{a_a}} \tag{6.3.7}$$

从稳定集的角度，由于捕获轨道在与火星轨道相切前至少有 1 次近心点，因此，捕获轨道与火星轨道相切的近心点状态属于 -1 次稳定集，对应的捕获轨道为逆向稳定轨道。因此，可以利用逆向稳定集设计火星捕获轨道。

假设捕获轨道入轨前的近心点状态为 $x_{p0}(r_p^i)$，采用逆向稳定集的火星捕获轨道设计步骤可总结如下：

第 1 步，探测器在 x_{pc} 点处施加第一次机动，实现日火系统捕获。

第 2 步，利用多天体系统的引力作用，将探测器自然转移至 x_{p0}。

第 3 步，在 x_{p0} 点处再次施加机动，进入火星目标轨道。

基于逆向稳定集的火星探测低能量捕获轨道设计的示意图，如图 6.3.17 所示。图中的 $W_{-1}(e, f_{m0})$ 表示 -1 次稳定集，SOI 表示火星影响球。

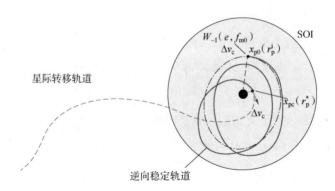

图 6.3.17   基于逆向稳定集的火星探测低能量捕获轨道设计（附彩图）

6.3.3.3   逆向稳定集捕获轨道特性分析

基于逆向稳定集设计捕获轨道的关键是寻找满足 $r_\mathrm{p}^* < r_\mathrm{p}^\mathrm{i}$ 条件的捕获点 $x_\mathrm{pc}(r_\mathrm{p}^*)$，且保证 r_p^* 高度尽可能低。本节将基于日火系统平面椭圆型三体模型，分析和讨论火星系统内可用于逆向稳定集捕获的区域及捕获轨道性能。

为了提高捕获的可靠性，保证探测器即使在飞抵火星第一次直接捕获制动失败的情况下仍能稳定运行在大天体系统中，不会立即从大天体系统逃逸，在此以 1 次稳定集为基础，对稳定集内的初始状态 $x_\mathrm{p0}(r_\mathrm{p}^\mathrm{i})$ 逆向积分，得到轨道的近心点高度。若轨道存在多个近心点，则记最低近心点高度为 $r_\mathrm{p}^* = \min r_{\mathrm{p}k}, k = 1, 2, \cdots, n$，$n$ 表示近心点数量。为了方便描述逆向稳定集捕获的可用区域，定义正向 n 次稳定集与逆向 -1 次稳定集的交集为捕获集：

$$\varpi_{-1}^n(e, f_\mathrm{m0}) = W_{-1}(e, f_\mathrm{m0}) \cap W_n(e, f_\mathrm{m0}) \tag{6.3.8}$$

这里选择 $n = 1$，$f_\mathrm{m0} = 0$，同时考虑探测器轨道初始偏心率 $e = 0.99$，近心点半径范围为 $3\,589 \sim 250\,000$ km，得到捕获集 $\varpi_{-1}^1(0.99, 0)$，如图 6.3.18 所示。

根据捕获集内轨道 r_p^* 和 r_p^i 的关系，可将捕获集分为两类：Ⅰ 类，存在更低的近心点 $(r_\mathrm{p}^* < r_\mathrm{p}^\mathrm{i})$；Ⅱ 类，初始近心点即最低的近心点 $(r_\mathrm{p}^* > r_\mathrm{p}^\mathrm{i})$。当 $r_\mathrm{p}^* < r_\mathrm{p}^\mathrm{i}$ 时，选择该近心点 $x_\mathrm{pc}(r_\mathrm{p}^*)$ 作为捕获点将比直接捕获至 x_p0 更省能量，因此 Ⅰ 类捕获集可用于捕获前的过渡转移轨道设计。

由图 6.3.18 可以看出：①在较大的初始偏心率下，火星附近存在 3 个过渡转移轨道区域，其中两个分别位于日火系统 L_1 和 L_2 点附近，另一个位于火星附

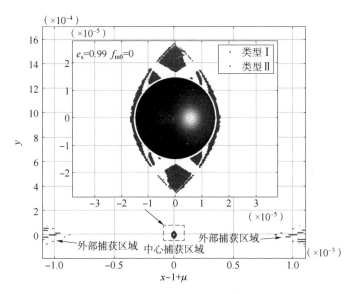

图 6.3.18　不同偏心率 e 下的火星捕获集 $\varpi_{-1}^{1}(0.99,0)$　（附彩图）

近，且距离火星表面较近；②位于日火平衡点附近捕获集出发的逆向轨道均存在较低的近心点，而火星附近仅存在少量可适用的过渡转移轨道，且主要分布在捕获集的边缘；③捕获集的延伸范围在各个相角非均匀分布，且沿 y 方向的延伸要大于沿 x 方向的延伸。

降低捕获集的初始偏心率 e 至 0.95 和 0.9，对应的捕获集分布如图 6.3.19 所示。随着初始偏心率降低，日火平衡点附近的捕获集逐渐远离火星并最终消失，而火星附近的捕获集的范围扩大，同时适用于低能量转移的区域也出现在除日火连线 x 轴附近的其他区域。对于任意轨道高度的近心点状态，均可发现比直接捕获速度增量低的转移机会。

为了进一步分析适合稳定集捕获的逆向轨道，给出了逆向稳定轨道对应最低近心点的分布情况，如图 6.3.20 所示。研究发现：轨道最低近心点的分布与捕获集可用的区域相反，最低近心点的相角主要位于 $[-68.72°,18.91°]$ 和 $[132.92°,206.26°]$，且随着捕获集的偏心率降低而沿 x 轴方向扩大，但相角 $\theta=90°$ 和 270° 附近始终不存在最低近心点。同时发现，火星的公转轨道偏心率对捕获集的分布以及捕获轨道的最低近心点分布影响较小，不改变捕获集的几何构型。

基于以上适用于稳定集捕获的区域，可对捕获轨道所需的燃料消耗进行评

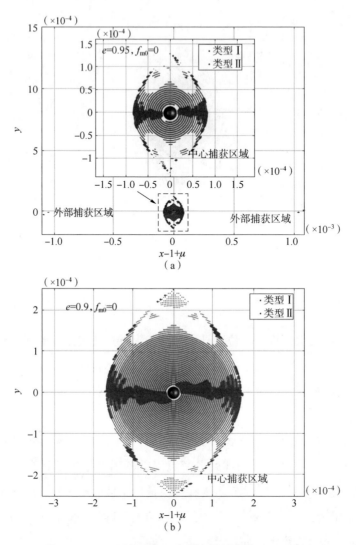

图 6.3.19　不同偏心率 e 下的火星捕获集（附彩图）

(a) $\varpi_{-1}^{1}(0.95,0)$；(b) $\varpi_{-1}^{1}(0.9,0)$

估。假设探测器以双曲线轨道进入火星影响球，在近心点处施加机动使之进入火星捕获轨道。探测器的双曲线超速为 v_∞，过渡转移轨道在近心点处捕获的速度为 v_p^*，则采用逆向稳定集捕获所需的速度增量为

$$\Delta v_c = \sqrt{v_\infty^2 + \frac{2\mu_m}{r_p^*}} - v_p^* \tag{6.3.9}$$

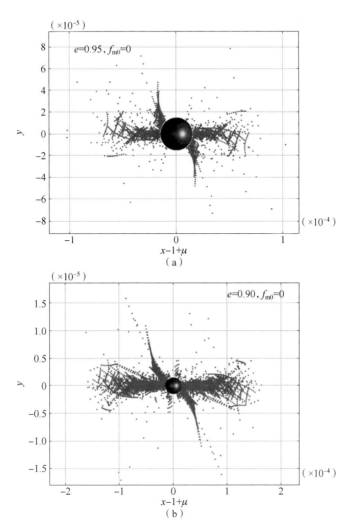

图 6.3.20　逆向稳定捕获轨道的最低近心点分布（附彩图）

（a）捕获集 $\varpi_{-1}^{1}(0.95,0)$ 对应近心点；（b）捕获集 $\varpi_{-1}^{1}(0.90,0)$ 对应近心点

　　选择不同的双曲线超速 $v_{\infty}=1.88$ km/s 和 3.39 km/s，并采用捕获集 $\varpi_{-1}^{1}(0.99,0)$ 设计捕获轨道，对应的速度增量分布如图 6.3.21 所示（图中同时用黑线给出直接捕获至捕获集相同高度轨道所需的速度增量 Δv_{d}）。

　　由图 6.3.21 可以看出：①采用逆向稳定集捕获存在大量优于直接捕获的机会，且不同高度近心点所需的最低燃料消耗几乎相同；②随着探测器进入时的双曲超速增大，尽管采用逆向稳定集捕获方式所需的速度增量也将增大，但与直接

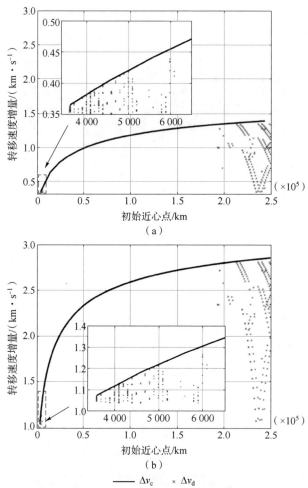

图 6.3.21　不同双曲超速下捕获速度增量

（a） $v_\infty = 1.88$ km/s；（b） $v_\infty = 3.39$ km/s

捕获相比，在较大 v_∞ 情况下，可能会节省更多的速度增量。

当捕获集对应的偏心率较高时，探测器将无法利用逆向稳定集进入较高近心点高度的轨道。因此可以降低捕获集的偏心率 e，扩大过渡转移轨道的覆盖范围。选择双曲线超速 $v_\infty = 3.39$ km/s，偏心率 $e = 0.95, 0.9, 0.8$ 时，其对应过渡转移轨道的范围及所需速度增量的分布如图 6.3.22 所示。随着偏心率 e 的降低，利用强扰动环境力作用实现的转移覆盖范围逐渐增大，$e = 0.8$ 时的轨道高度可达 100 000 km，已经可以覆盖 Phobos 和 Deimos 对应的轨道高度。

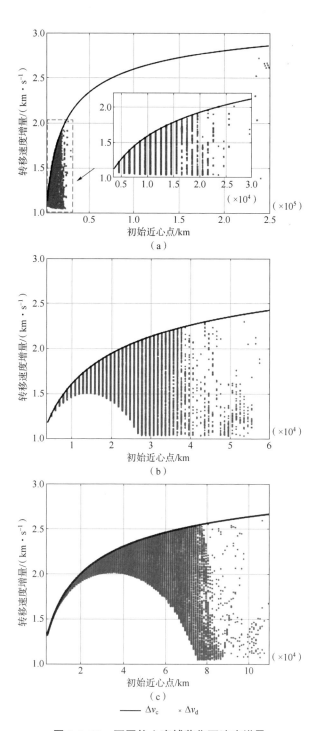

图 6.3.22　不同偏心率捕获集下速度增量

（a）$\varpi_{-1}^1(0.95,0)$；（b）$\varpi_{-1}^1(0.90,0)$；（c）$\varpi_{-1}^1(0.80,0)$

由图 6.3.22 可以看出，随着捕获范围的扩大，利用稳定集实现过渡转移所需的最低速度增量随近心点高度的增大而先增大、后减小，最终保持稳定。同时，捕获至相同近心点状态所需的速度增量也发生变化。以捕获至 Phobos 轨道相同高度的圆轨道为例，采用捕获集 $\varpi_{-1}^1(0.95,0)$ 转移所需的最优总速度增量为 $\Delta v_{total} = 1.899$ km/s（其中 $\Delta v_1 = 1.052$ km/s，$\Delta v_2 = 0.847$ km/s）；采用 $\varpi_{-1}^1(0.90, 0)$ 所需的最优总速度增量为 $\Delta v_{total} = 2.271$ km/s（其中 $\Delta v_1 = 1.462$ km/s，$\Delta v_2 = 0.809$ km/s）；采用 $\varpi_{-1}^1(0.80,0)$ 所需的最优总速度增量为 $\Delta v_{total} = 2.395$ km/s（其中 $\Delta v_1 = 1.665$ km/s，$\Delta v_2 = 0.730$ km/s）；直接捕获所需总的速度增量为 $\Delta v_d = 2.405$ km/s。

由以上分析可以看出，随着捕获集偏心率降低，轨道受多体引力影响逐渐减弱，转移所需的速度增量也逐渐增加并接近于直接捕获的速度增量。以上结果表明，采用逆向稳定集的捕获轨道设计，应选择能覆盖目标轨道近心点高度且偏心率尽可能大的捕获集用于过渡轨道转移，从而充分发挥强扰动环境力作用，降低轨道转移所需的速度增量。该方法对于捕获进入轨道高度较高的火星轨道具有明显的优势。

6.3.3.4　基于逆向稳定集的捕获轨道设计实例

本节将给出基于逆向稳定集的捕获轨道设计实例，这里选择目标轨道为火星同步轨道，根据火星的轨道周期计算得到火星同步轨道的高度约为 17 038 km，选取捕获集偏心率为 0.95，初始轨道半径为火星同步轨道的捕获集 $\varpi_{-1}^1(0.95,0)$ 如图 6.3.23 中的蓝色曲线所示。可以看出，捕获集主要集中在两个条带状区间，高度从火星表面延伸至高轨。同时，增加逆向稳定集的数量，多次稳定集的分布如图 6.3.23 所示。可以看出，同样存在多个近拱点高度低于同步轨道的稳定集区间，但随着近拱点次数的增多，稳定集的分布更加分散，这表明多次稳定集对轨道参数较为敏感。

从稳定集中选择近心点高度较低的点作为初始捕获点，对应的捕获近心点半径为 3 649.8 km，初始相角为 135.5°，用于低能量捕获的轨道为逆向稳定轨道的一部分，从捕获近心点至同步轨道的入轨点转移时间约为 133 天。考虑 2026—2027 年间的地火转移窗口，选择到达火星时双曲线速度为 2.565 5 km/s，得到近心点处对应的捕获速度增量约为 $\Delta v_1 = 649.99$ m/s，进入同步轨道所需的速度

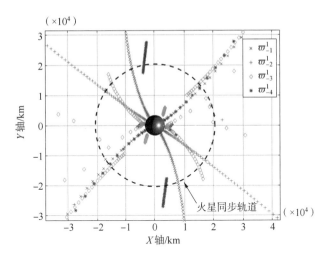

图 6.3.23　火星同步轨道逆向稳定集（附彩图）

增量为 $\Delta v_2 = 573.82$ m/s，捕获总速度增量约为 $\Delta v_{total} = 1.224$ km/s。作为对比，直接捕获进入同步轨道所需的速度增量为 $\Delta v_d = 1.835$ km/s，利用稳定集的低能量捕获方式能降低速度增量超过 30%，对应的转移轨道如图 6.3.24 所示。

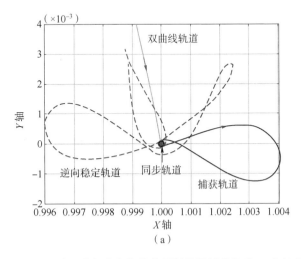

图 6.3.24　利用逆向稳定集的火星低能量捕获轨道（附彩图）

（a）全局轨道

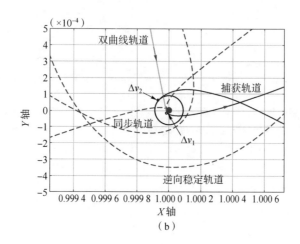

图 6.3.24　利用逆向稳定集的火星低能量捕获轨道（续）（附彩图）

（b）火星附近轨道

6.4　利用流形拼接的地火平衡点转移轨道设计

在 6.2 节中探讨了利用日火平衡点轨道作为停泊轨道的火星低能量捕获转移。利用靠近火星的稳定流形分支与行星际转移轨道在近心点相连接，实现日火平衡点轨道捕获。平衡点轨道远离火星的稳定流形分支同样也可被用于平衡点轨道转移，利用脉冲或小推力转移轨道将不同三体系统的不变流形连接，可进一步实现不同平衡点轨道间的低能量转移。本节将讨论利用流形拼接的日地平衡点至日火平衡点的转移轨道。

6.4.1　三体系统平衡点轨道转移设计

从日地平衡点至日火平衡点的转移轨道可分为三个阶段，即日地平衡点不稳定流形段、日火平衡点稳定流形段和过渡轨道段，其中过渡轨道段可采用脉冲转移或连续推力转移。考虑到从地球出发的转移轨道，可以增加日地稳定流形段，实现从近地轨道至日地平衡点的转移。

平衡点转移轨道设计的关键是确定三个阶段的轨道衔接，进而求解速度增量最优的脉冲转移或燃料最优的连续推力转移。脉冲转移的设计较简单，选定日地不稳定和日火稳定流形上某一点作为过渡轨道的始末点，求解两脉冲或多脉冲转移即可。然而，连续推力轨道设计参数较多，直接进行轨道优化的计算量较大。为了提高计算效率，这里给出一种全局优化与形状近似相结合的转移轨道混合优化策略。在设计过程中，可借助智能优化算法进行搜索匹配，优化变量为日地 Halo 轨道出发相位、日地不稳定流形转移时长、行星际小推力转移时长、日火稳定流形转移时长和日火 Halo 轨道到达相位。在小推力转移过程中，应用基于形状的多项式拟合小推力转移轨道设计方法进行初步搜索和能量评估，快速得到能量较优的近似小推力转移轨道作为初值，然后将该近似轨道利用小推力优化方法加以精确设计，最终实现基于三体系统平衡点的地火低能量转移轨道设计，设计流程如图 6.4.1 所示。

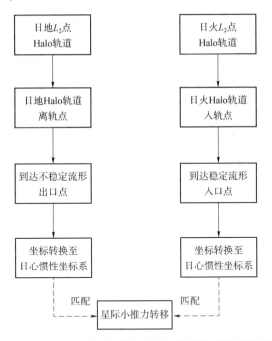

图 6.4.1　基于三体系统平衡点的地火低能量转移轨道设计流程图

假设地球和火星的公转轨道偏心率均为 0，采用圆型限制性三体模型生成周期轨道和流形，已知轨道设计中的初始和目标周期轨道的振幅，设计变量包括日地 Halo 轨道出发相角 θ_E、Halo 轨道出发时刻 T_E、不稳定流形递推时间 t_U、日火 Halo 轨道到达相角 θ_M、日火 Halo 轨道到达时刻 T_M 和稳定流形逆向递推时间 t_S，性能指标为小推力转移过程中的燃料消耗 J。

根据以上设计变量可得从初始轨道出发的初始状态，通过正向积分可得不稳定流形末端点的位置 r_u 和速度 v_u，对应的时刻为 $T_E + t_U$，通过坐标转换得到在惯性坐标系下的位置 r_U 和速度 v_U。同理，将目标轨道到达的终端状态进行逆向积分，可得稳定流形起始点的位置 r_s 和速度 v_s，对应的时刻为 $T_M - t_S$，在惯性坐标系下的位置 r_S 和速度 v_S，则小推力转移的时长为 $T_M - t_S - T_E + t_U$。

进而求得流形始末端相对日心的矢径大小 r_1 和 r_2，在日心惯性坐标系中的相角 θ_1 和 θ_2，相角变化率 $\dot{\theta}_1$ 和 $\dot{\theta}_2$，转移过程中转过的相角 $\theta_f = \theta_2 - \theta_1$。通过形状近似，小推力转移的燃料消耗为

$$\int_{m_0}^{m_f} \frac{\mathrm{d}m}{m} = -\int_0^{t_f} \frac{T}{I_{sp} g_0} \mathrm{d}t = -\int_0^{\theta_f} \frac{T}{I_{sp} g_0 \dot{\theta}} \mathrm{d}\theta \qquad (6.4.1)$$

式中，m_0——初始质量；

    m_f——终端质量；

    I_{sp}——比冲；

    g_0——地球表面引力加速度；

    T——推力。

式（6.4.1）即优化函数的指标 J。

利用全局优化算法可以得到基于形状近似的最优小推力转移，但其轨道与真实轨道存在一定差异。对此，可以采用第 4 章中精确的动力学模型和小推力转移优化方法对利用多项式法提供的初值进行进一步优化，得到精确的转移轨道方案。

6.4.2 基于平衡点流形拼接的地火转移轨道设计实例与分析

本节给出基于三体系统平衡点的地火转移轨道设计实例，这里选择初始轨道为日地 L_2 点振幅为 500 000 km 的 Halo 轨道，目标轨道为日火 L_2 点振幅为 200 000 km 的 Halo 轨道，探测器的发动机推力参数为比冲 3 000 s、推力 0.35 N、初始质量为 1 000 kg、转移时间在 2024—2027 年间。根据全局优化得到脉冲转移方案的最优始末状态如表 6.4.1 所示，对应的转移轨道如图 6.4.2 所示。

表 6.4.1　基于三体系统平衡点地火转移轨道全局优化结果

地球出发端		火星到达端	
Halo 轨道出发时间/(年/月/日)	2024/02/12	Halo 轨道到达时间/(年/月/日)	2026/01/30
不稳定流形递推时长/天	142.6	稳定流形逆推时长/天	146.8
Halo 轨道出发相角/(°)	42.8	Halo 轨道到达相角/(°)	259.5

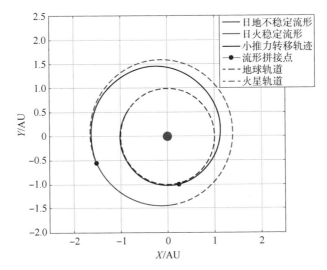

图 6.4.2　基于三体系统平衡点的地火低能量脉冲转移轨道设计（附彩图）

　　由表 6.4.1 可以看出，从日地 Halo 轨道到日火 Halo 轨道飞行时间为 717.2天，其中从日地不稳定流形末端到日火稳定流形进入点总时长为 427.9 天。采用第 5 章中给出的同伦法对连接流形的小推力转移轨道进行优化，结果如表 6.4.2所示，小推力发动机开关机序列如表 6.4.3 所示。

表 6.4.2　地火低能量转移小推力轨道设计参数

参数	数值	参数	数值
初始质量/kg	1 000	消耗燃料质量/kg	147.9
小推力发动机个数	1	搜索出发日期/(年/月/日)	2022/07/05
小推力幅值/mN	200	搜索到达日期/(年/月/日)	2023/09/05
到达剩余质量/kg	852.1	飞行时间/天	427.9

表 6.4.3　小推力发动机开关机序列

时间/(年/月/日)	2022/07/05	2023/01/18	2023/07/12	2023/09/05
开关机序列	开	关	开	关

基于同伦法的地火平衡点流形拼接小推力转移轨道及推力变化历程如图 6.4.3 和图 6.4.4 所示。

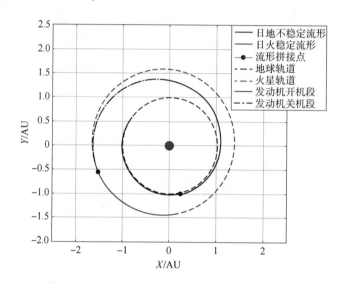

图 6.4.3　地火平衡点小推力转移轨道（附彩图）

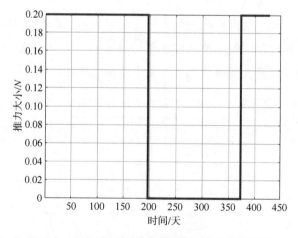

图 6.4.4　地火平衡点小推力转移推力变化历程

作为对比,直接采用小推力转移情况下,相同探测器状态和转移时间下总燃料消耗为 175.4 kg,比借助三体系统平衡点流形进行小推力转移多消耗燃料 26.5 kg。采用脉冲转移情况下,最优两脉冲转移轨道所需的速度增量为 11.6 km/s,假设发动机比冲为 310 s,则对应的燃料消耗超过 900 kg。以上分析表明,充分利用三体系统平衡点流形和小推力结合的转移轨道方式可有效减少行星际飞行所需的燃料消耗,实现低能量的行星际探测。

参 考 文 献

[1] HIDAY - JOHNSTON L A, HOWELL K C. Transfers between libration - point orbits in the elliptic restricted problem [J]. Celestial mechanics and dynamical astronomy,1994,58(4):317 - 337.

[2] ROMAGNOLI D,CIRCI C. Earth - Moon weak stability boundaries in the restricted three and four body problem [J]. Celestial mechanics and dynamical astronomy, 2009,103(1):79 - 103.

[3] GARCÍA F, GÓMEZ G. A note on weak stability boundaries [J]. Celestial mechanics and dynamical astronomy,2007,97(2):87 - 100.

[4] WANG Y M,QIAO D,CUI P Y. Analysis of two - impulse capture trajectories into halo orbits of Sun - Mars system [J]. Journal of guidance,control,and dynamics, 2014,37(3):985 - 990.

[5] 李翔宇,乔栋. 火星探测器同步轨道捕获策略研究[C]// 第九届全国多体系统动力学暨第四届全国航天动力学与控制学术会议论文摘要集,2015:128.

[6] LI X Y,QIAO D,CIRCI C. Mars high orbit capture using manifolds in the Sun - Mars system [J]. Journal of guidance,control and dynamics,2020,43(7):1383 - 1392.

[7] LI X Y,QIAO D,MACDONALD M. Energy - saving capture at Mars via backward stable orbits [J]. Journal of guidance, control and dynamics, 2019, 42 (5): 1136 - 1145.

[8] BELBRUNO E A,MILLER J K. Sun - Perturbed Earth - to - Moon transfers with ballistic capture [J]. Journal of guidance, control, and dynamics, 1993,7(4):

770 – 775.

[9] BELBRUNO E, MILLER J K. A ballistic lunar capture trajectory for the Japanese Spacecraft Hiten: IOM 312/90. 4 – 1731[R]. Pasadena, CA. : Jet Propulsion Laboratory, 1990.

[10] BELBRUNO E. Capture dynamics and chaotic motion in celestial mechanics: with application to the construction of low energy transfers[M]. Princeton Oxford: Princeton University Press, 2004.

[11] HYERACI N, TOPPUTO F. Method to design ballistic capture in the elliptic restricted three – body problem[J]. Journal of guidance, control, and dynamics, 2010, 33(6): 1814 – 1823.

[12] LI X Y, QIAO D, CUI P Y. Indirect planetary capture via periodic orbits about libration points[C] // The 6th International Conference on Astrodynamics Tools and Technique, 2016.

第7章
火星着陆探测轨迹优化设计与制导控制

着陆探测是火星探测的关键步骤之一。在火星大气进入着陆过程中，不仅要保证探测器的着陆精度，还要考虑热防护、过载抑制等问题，因此高效可靠的制导控制算法是保证着陆过程安全的关键。本章将分别给出火星进入着陆过程中复杂约束下的轨迹优化，以及强扰动下的高精度制导与控制方法。

■ 7.1 火星着陆探测过程分析与动力学建模

7.1.1 火星着陆探测过程概述

火星着陆的进入着陆过程通常包括四个阶段——接近段、大气进入段、降落伞减速段和动力下降段，后三个阶段分别简称为"进入"（entry）、"下降"（descent）、"着陆"（landing），即火星 EDL 过程[1]。在进入段之前的接近段主要对进入点、航迹角、方位角、惯性速度等进入点参数进行调整。火星 EDL 过程对于火星的安全着陆至关重要，以"洞察号"为例，其进入过程如图 7.1.1 所示。

大气进入段的开始高度约为 130 km，速度约为 5 ~ 7 km/s，航迹角通常在 10° ~ 20° 之间，进入段结束于降落伞打开。在这一阶段，着陆器将利用自身的气动构型将速度减至 2Ma 左右，从而满足开伞条件。在大气进入段的着陆器处于超声速飞行状态，其动力学模型强非线性，环境模型存在诸多不确定干扰因素，

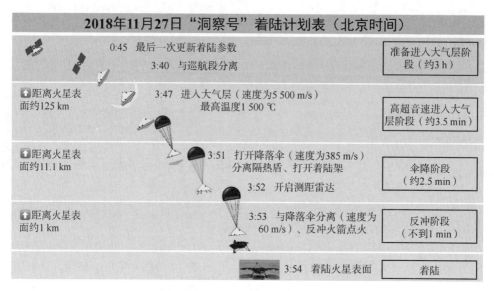

图 7.1.1　"洞察号"的火星 EDL 过程示意图

期间将经历热流峰值、过载峰值和动压峰值，这些对着陆器的安全性和着陆精度影响较大，是火星着陆过程中气动环境最恶劣的阶段，也是最重要的阶段。

降落伞减速段始于降落伞的展开，此时的高度约为 10 km，速度为 $2Ma$ 左右；减速段结束于动力下降主发动机点火反推。这一阶段主要利用降落伞进行减速，根据降落伞的材料和结构特征对降落伞的开伞高度和速度进行限定。如果开伞高度太高，就会导致着陆器减速不够充分，从而速度超过安全开伞的速度阈值；如果开伞高度太低，则会因为预留调整时间太短而影响着陆精度。

动力下降段始于主发动机点火，高度约为 $500 \sim 2\,000$ m，速度小于 100 m/s；结束于着陆火星表面。在该着陆过程中，通常利用反推火箭进行减速，同时也需要控制着陆器进行调姿和避障，并最终达到预定着陆点。火星着陆探测历史上有三种着陆方式：气囊着陆、支架着陆和空中吊车着陆。气囊着陆过程中，垂直速度约为 $5 \sim 15$ m/s，水平速度约为 20 m/s，着陆误差为千米级；支架着陆过程中，着陆器的着陆速度较小，垂直速度约为 $2 \sim 4$ m/s，水平速度约为 1 m/s，着陆精度较高；空中吊车着陆时，着陆器距地面高度约为 20 m，垂直速度约为 0.75 m/s，水平速度小于 0.5 m/s，并最终切断吊带后定点着陆，其着陆精度最高。

7.1.2　火星大气进入轨迹动力学模型

火星大气进入动力学模型通常建立在火星固连极坐标系下，其具体形式如下：

$$
\begin{cases}
\dfrac{\mathrm{d}V}{\mathrm{d}t} = -\dfrac{D - T\cos\alpha}{m} - \dfrac{\mu_{\mathrm{e}}}{r^2}\sin\gamma + \omega_{\mathrm{e}}^2 r\cos\varphi(\sin\gamma\cos\psi - \cos\gamma\sin\varphi\cos\psi) \\[2mm]
\dfrac{\mathrm{d}\psi}{\mathrm{d}t} = \dfrac{(L + T\sin\alpha)\sin\sigma}{mV\cos\gamma} - \dfrac{V}{r}\cos\gamma\cos\psi\tan\varphi - 2\omega_{\mathrm{e}}V(\tan\gamma\cos\phi\cos\varphi - \sin\phi) + \\[2mm]
\qquad \dfrac{\omega_{\mathrm{e}}^2 r\sin\psi\sin\varphi\cos\varphi}{\cos\gamma} \\[2mm]
\dfrac{\mathrm{d}\gamma}{\mathrm{d}t} = \dfrac{(L + T\sin\alpha)\cos\sigma}{mV} + \left(\dfrac{V^2}{r} - \dfrac{\mu_{\mathrm{e}}}{r^2}\right)\dfrac{\cos\gamma}{V} + 2\omega_{\mathrm{e}}V\cos\varphi\sin\psi + \\[2mm]
\qquad \Omega^2 r\cos\varphi(\cos\gamma\cos\varphi + \sin\gamma\cos\psi\sin\varphi) \\[2mm]
\dfrac{\mathrm{d}r}{\mathrm{d}t} = V\sin\gamma \\[2mm]
\dfrac{\mathrm{d}\theta}{\mathrm{d}t} = \dfrac{V\cos\gamma}{r} \\[2mm]
\dfrac{\mathrm{d}\varphi}{\mathrm{d}t} = \dfrac{V\cos\gamma\sin\psi}{r} \\[2mm]
\dfrac{\mathrm{d}m}{\mathrm{d}t} = -\dfrac{T}{I_{\mathrm{sp}}g_0}
\end{cases}
$$

$$(7.1.1)$$

式中，V——着陆器在火星固连极坐标系下的速度；

$\quad\quad r$——着陆器矢径；

$\quad\quad \gamma$——航迹角；

$\quad\quad \theta$——经度；

$\quad\quad \varphi$——纬度；

$\quad\quad m$——着陆器质量；

$\quad\quad \mu_{\mathrm{e}}$——引力常数；

$\quad\quad I_{\mathrm{sp}}, g_0$——发动机比冲和重力加速度；

$\quad\quad \alpha, \sigma, T$——攻角、滚转角和发动机推力，为控制变量；

$\quad\quad L, D$——升力和阻力，

$$\begin{cases} L = 0.5\rho V^2 S C_L \\ D = 0.5\rho V^2 S C_D \end{cases} \tag{7.1.2}$$

式中，S——参考面积；

ρ——气体密度；

C_L, C_D——升力系数和阻力系数。

针对上述动力学模型，为了便于讨论做如下假设：①考虑火星是一个质量均匀的球体；②火星大气相对火星表面静止，且大气边缘呈球面；③着陆器进入过程中的质量损耗或烧蚀可忽略；④进入过程中着陆器姿态完全可控，轨迹仅由滚转角和升力系数控制。

对动力学模型进行无量纲化处理，分别取无量纲化单位为

$$r_c = r_a, V_c = \sqrt{\frac{\mu_e}{r_c}}, t_c = \frac{r_c}{V_c}$$

$$m_c = m_0, \rho_c = \frac{m_c}{Sr_c}, T_c = \frac{m_c V_c}{t_c} \tag{7.1.3}$$

式中，$r_c, V_c, t_c, m_c, \rho_c, T_c$——单位位置矢径、单位速度、单位时间、单位质量、单位大气密度、单位推力；

r_a——轨道远心点距离。

从而推导出相应的无量纲化动力学模型为

$$\begin{cases} \dfrac{\mathrm{d}V}{\mathrm{d}t} = -\dfrac{0.5\rho V^2 C_D - T\cos\alpha}{m} - \dfrac{1}{r^2}\sin\gamma + f_V(\omega_e) \\[3mm] \dfrac{\mathrm{d}\psi}{\mathrm{d}t} = \dfrac{0.5\rho V^2 C_D + T\sin\alpha}{mV\cos\gamma}\sin\sigma - \dfrac{V}{r}\cos\gamma\cos\psi\tan\phi + f_\psi(\omega_e) \\[3mm] \dfrac{\mathrm{d}\gamma}{\mathrm{d}t} = \dfrac{0.5\rho V^2 C_L + T\sin\alpha}{mV}\cos\sigma + \left(\dfrac{V^2}{r} - \dfrac{1}{r^2}\right)\dfrac{\cos\gamma}{V} + f_\gamma(\omega_e) \\[3mm] \dfrac{\mathrm{d}r}{\mathrm{d}t} = V\sin\gamma \\[3mm] \dfrac{\mathrm{d}\theta}{\mathrm{d}t} = \dfrac{V\cos\gamma}{r} \\[3mm] \dfrac{\mathrm{d}\varphi}{\mathrm{d}t} = \dfrac{V\cos\gamma\sin\psi}{r} \\[3mm] \dfrac{\mathrm{d}m}{\mathrm{d}t} = -\dfrac{V_c T}{I_{sp}g_0} \end{cases} \tag{7.1.4}$$

定义热流密度为

$$Q = 9.436\,9 \times 10^{-5} \rho^{0.5} V^{3.08} \tag{7.1.5}$$

式中，密度 ρ 的单位是 kg/m^3，速度 V 的单位是 m/s，热流密度 Q 的单位为 W/m^2。

定义动压为

$$q = \frac{1}{2} \rho V^2 \tag{7.1.6}$$

式中，密度 ρ 的单位是 kg/m^3，速度 V 的单位是 m/s，动压 q 的单位为 kN/m^2。

定义大气密度为

$$\rho = \rho_0 \exp(-\beta H) \tag{7.1.7}$$

式中，ρ_0——参考位置大气密度，单位为 kg/m^3；

　　　H——着陆器距离参考位置的高度，单位为 km；

　　　β——常数；

　　　ρ——密度，单位为 kg/m^3。

定义过载为

$$g = \sqrt{D^2 + L^2}/G \tag{7.1.8}$$

式中，G——着陆器受到的重力，单位为 N。

火星大气极为稀薄，表面气压仅为地球的 7%，大气密度约为地球的 1%，其大气平均温度为 -31 ℃，且伴有强风和沙暴，能见度较低，这对火星大气模型的建立提出了巨大的挑战，而且火星大气变化频繁，增加了大气模型的不确定性。人类对火星的探测已开展了数十年，然而受这些不确定性的影响，至今仍无法给出高精度的大气密度模型。在此采用较为常用的指数模型[2]：

$$\rho = 1.474 \times 10^{-2} \exp(8\,805.7^{-1} H) \tag{7.1.9}$$

7.1.3　火星大气进入轨迹的影响因素分析

在火星进入过程中，由于要承受复杂多变的大气环境，所以着陆器自身的结构与质量、气动布局设计、热防护结构设计、控制边界，以及进入大气的初值选择都将直接决定着火星进入过程与任务的成败。因此，在讨论火星最优进入轨迹之前，要分析相关参数特性。

7.1.3.1　进入速度对火星进入轨迹的影响

首先分析进入速度对火星进入过程轨迹的影响。基于单一变量原则，假设其他初值（表7.1.1）和常量不变，不同初始进入速度 V_0 情况下的高度、速度、航程变化曲线如图7.1.2～图7.1.4所示。

表 7.1.1　分析进入速度对火星进入轨迹影响的其他参数初值

初始进入角/(°)	初始航向角/(°)	弹道系数/(kg·m^{-2})	升阻比	滚转角/(°)
−15.2	0	50	0.2	0

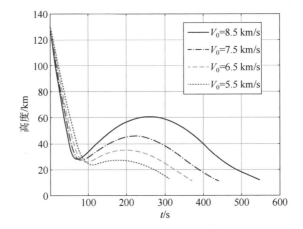

图 7.1.2　不同初始进入速度情况下的高度变化曲线

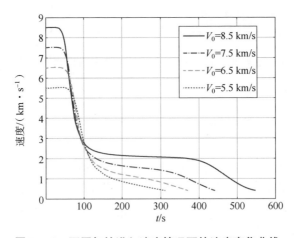

图 7.1.3　不同初始进入速度情况下的速度变化曲线

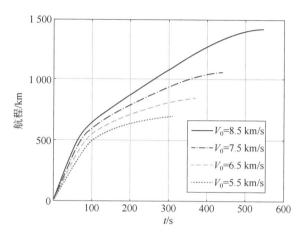

图 7.1.4　不同初始进入速度情况下的航程变化曲线

由图 7.1.2～图 7.1.4 可以看出：初始速度对整个进入过程的轨迹影响非常大；在末端速度固定的情况下，初始速度越大，探测器进入过程中二次跳跃的高度就越高；飞行时间越长，相应的飞行航程也越大，且增加明显。

7.1.3.2　进入角对火星进入轨迹的影响

同样基于单一变量原则，分析进入角对火星进入过程轨迹的影响，假设其他初值和常量（表 7.1.2），不同初始进入角 γ_0 情况下的高度、速度、航程变化曲线如图 7.1.5～图 7.1.7 所示。

表 7.1.2　进入角对火星进入轨迹影响参数初值

初始进入速度/(km·s^{-1})	初始航向角/(°)	弹道系数/(kg·m^{-2})	升阻比	滚转角/(°)
6	0	50	0.2	0

由图 7.1.5～图 7.1.7 可以看出：初始进入角的选取对整个进入过程的影响显著，且随着进入角线性变化，整个进入轨迹呈现非线性的变化趋势；随着进入角逐渐减小，探测器进入过程中高度变化的跳跃程度明显减弱，进入速度的变化更为剧烈，且航程也随着进入角的减小而减小。

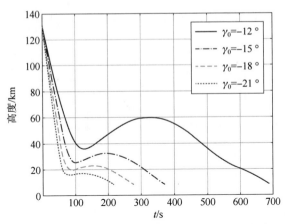

图 7.1.5　不同初始进入角情况下的高度变化曲线

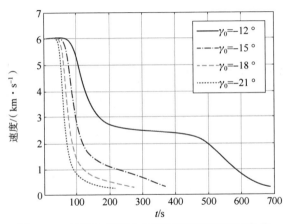

图 7.1.6　不同初始进入角情况下的速度变化曲线

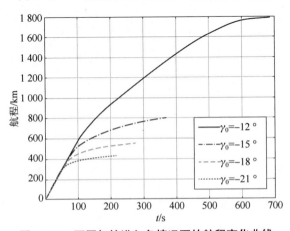

图 7.1.7　不同初始进入角情况下的航程变化曲线

7.1.3.3　升阻比对火星进入轨迹的影响

同样采用单一变量原则。除升阻比外，其他参数的初值如表 7.1.3 所示。由于升阻比与着陆器的气动构型密切相关，因此设计着陆器时需考虑到升阻比的基本要求。不同升阻比 L/D 情况下的高度、速度、航程变化曲线如图 7.1.8 ~ 图 7.1.10 所示。

表 7.1.3　进入角对火星进入轨迹影响参数初值

初始进入速度 /$(km \cdot s^{-1})$	初始航向角/(°)	初始进入角 /(°)	弹道系数 /$(kg \cdot m^{-2})$	滚转角/(°)
6	0	− 15.2	50	0

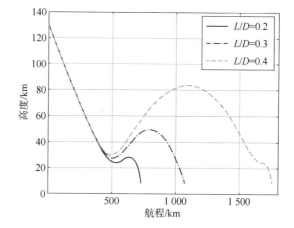

图 7.1.8　不同升阻比情况下的高度变化曲线

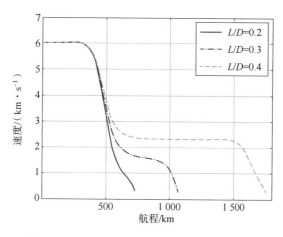

图 7.1.9　不同升阻比情况下的速度变化曲线

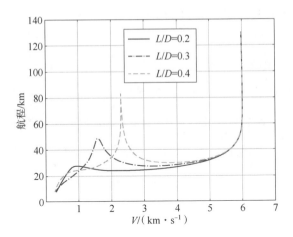

图 7.1.10　不同升阻比情况下的航程变化曲线

由图 7.1.8 ~ 图 7.1.10 可以看出，随着升阻比逐渐增大，着陆器跳跃幅度增大，并且巡航段的距离也随之增加，这表明随着升阻比的逐渐增大，着陆器在大气层内的调节能力显著增强。

■ 7.2　火星大气进入轨迹的优化设计

7.2.1　火星大气进入轨迹优化设计方法

在选定动力学模型之后，需要对大气进入轨迹进行优化。根据其对动力学模型处理方式的不同，可将轨迹优化方法分为间接法、直接法和混合法等，各方法的求解思路与连续推力轨道优化类似，这里不再赘述。

本节采用直接优化算法求解大气进入轨迹优化问题。假设 $x(t) \in \mathbb{R}^n$ 为状态变量，$u(t) \in \mathbb{R}^m$ 为控制变量，t_0 和 t_f 为起始时刻和终端时刻，则一个典型的 Bolza 型最优控制问题可以描述为寻找 $u(t)$ 使得性能指标函数最小。性能指标可描述为

$$J = \Phi(x(t_0), t_0, x(t_f), t_f) + \int_{t_0}^{t_f} g(x(t), u(t), t) \, \mathrm{d}t \tag{7.2.1}$$

式中，$\Phi(\cdot)$——终端指标；

$g(\cdot)$——积分型指标。

式 (7.2.1) 中各变量需要满足的约束为

$$
\begin{cases}
\dot{\boldsymbol{x}}(t_0) = f(\boldsymbol{x}(t), \boldsymbol{u}(t), t), & t \in [t_0, t_f] \\
\psi(\boldsymbol{x}(t_0), t_0, \boldsymbol{x}(t_f), t_f) = 0 \\
C(\boldsymbol{x}(t), \boldsymbol{u}(t), t) \leqslant 0
\end{cases}
\tag{7.2.2}
$$

式中，$\psi(\cdot)$——等式约束；

　　$C(\cdot)$——不等式约束。

这里把时间范围 $t \in [t_0, t_f]$ 变换为 $\tau \in [-1, 1]$，变换方法为

$$
\tau = \frac{2t}{t_f - t_0} - \frac{t_f + t_0}{t_f - t_0}
\tag{7.2.3}
$$

对于一个定义在 $[-1, 1]$ 上的函数 $f(t)$，取 Legendre – Gauss 多项式的 K 个零点（LG 点）$\tau_1 \sim \tau_K$，则可以利用 Gauss 积分公式将积分求解转化为一个近似求和：

$$
\int_{-1}^{1} f(t)\, \mathrm{d}t \approx \sum_{i=1}^{K} \omega_i f(\tau_i)
\tag{7.2.4}
$$

式中，ω_i——第 i 处的高斯权重。

利用起始点 $\tau = -1$ 及 K 个 LG 点，共计 $K+1$ 个点，对 $\boldsymbol{x}(t)$ 进行 $K+1$ 次多项式拉格朗日插值，可得

$$
\boldsymbol{x}(\tau) \approx \boldsymbol{X}(\tau) = \sum_{i=0}^{K} L_i(\tau) \boldsymbol{X}(\tau_i)
\tag{7.2.5}
$$

式中，$\boldsymbol{X}(\tau_i)$——第 i 个节点处的轨迹状态（当 $i=0$ 时，为起始点，当 $i>0$ 时，为 LG 点）；

$L_i(\tau)$ 的定义式如下：

$$
L_i(\tau) = \prod_{j=0, j \neq i}^{K} \frac{\tau - \tau_j}{\tau_i - \tau_j}, \quad i = 0, 1, \cdots, K
\tag{7.2.6}
$$

拉格朗日插值可以保证在 $K+1$ 个差值点处有 $\boldsymbol{x}(\tau_i) = \boldsymbol{X}(\tau_i)$，其他点处两者近似相等。同理，对控制变量的逼近则是基于 N 个拉格朗日插值多项式得到，即

$$
\boldsymbol{u}(\tau) \approx \boldsymbol{U}(\tau) = \sum_{i=1}^{N} L_i(\tau) \boldsymbol{U}(\tau_i)
\tag{7.2.7}
$$

对式 (7.2.5) 求导, 可得到 $\dot{x}(\tau)$ 在 K 个 LG 点处的近似值:

$$\dot{x}(\tau_k) \approx \dot{X}(\tau_k) = \sum_{i=0}^{K} \dot{L}_i(\tau_k) X(\tau_i) = \sum_{i=0}^{K} D_{ki} X(\tau_i), \quad k = 1, 2, \cdots, K$$

$$(7.2.8)$$

式中, D_{ki}——微分矩阵的元素, 仅与 LG 点的个数 K 有关, 其定义为

$$D_{ki} = \dot{L}_i(\tau_k) = \sum_{i=0}^{K} \frac{\prod_{j=0,j\neq i}^{K} (\tau_k - \tau_j)}{\prod_{j=0,j\neq i}^{K} (\tau_i - \tau_j)} \quad (7.2.9)$$

以上对状态变量、控制变量及系统约束直接进行离散化处理后, 连续型最优控制问题的微分方程约束可转化为 $7K$ 维的代数矩阵 R_k, 其表达式为

$$R_k \equiv \sum_{i=0}^{K} D_{ki} X_i - \frac{t_f - t_0}{2} f(x, u) = 0, \quad k = 1, 2, \cdots, K \quad (7.2.10)$$

终端约束可化为

$$R_f \equiv X_f - X_0 - \frac{t_f - t_0}{2} \sum_{k=1}^{K} \omega_k f(x, u) = 0 \quad (7.2.11)$$

边界条件可化为

$$\varphi(X_0, t_0, X_f, t_f) = 0 \quad (7.2.12)$$

过程约束可化为

$$C(X_k, U_k, \tau_k; t_0, t_f) \leqslant 0, \quad k = 1, 2, \cdots, K \quad (7.2.13)$$

至此, 这里已经把一个基本的最优控制问题转化为一个多变量多约束的参数优化问题, 未知量 $Y = [X_0, \cdots, X_K, X_f, U_1, U_2, \cdots, U_K, t_0, t_f]$, 在满足 $R_k = 0$, $R_f = 0$, $\varphi = 0$, $C \leqslant 0$ 的条件下, 采用现有的非线性规划问题求解算法进行优化求解, 便可以优化得到最优控制问题的解。

7.2.2 考虑横程范围的火星大气进入轨迹优化设计

假设着陆器从火星大气边缘开始进入, 沿着优化轨迹到达减速伞开伞状态; 同时, 假设着陆器进入时的初值如表 7.2.1 所示。

表 7.2.1　着陆器进入火星大气的初值

初始高度/km	初始速度/(km·s^{-1})	初始航迹角/(°)
128	6	−15

减速伞开伞的状态约束包括终端能量控制条件和终端条件，而终端条件决定着陆器到达开伞时段的状态。终端条件为

$$\begin{cases} r(\tau_f) = r_f, \theta(\tau_f) = \theta_f, \varphi(\tau_f) = \varphi_f \\ V(\tau_f) = V_f, \gamma_{min} \leqslant \gamma(\tau_f) \leqslant \gamma_{max}, \psi(\tau_f) = \psi_f \end{cases} \tag{7.2.14}$$

式中，开伞高度 r_f 约为 8～15 km；速度 V_f 约为 400～500 m/s；飞行航迹角 γ_f 介于 −11°～−15°；θ_f 和 φ_f 取决于着陆的经纬度；ψ_f 取决于着陆的机动性要求等。在火星着陆过程中，主要考虑终端高度、终端速度和航程等变量。

这里假设选取着陆器进入大气飞行的横向航程最大为性能指标，即

$$J = -\varphi_f \rightarrow min \tag{7.2.15}$$

控制量升力系数 C_L 和阻力系数 C_D 的关系如下：

$$C_D = C_{D0} + kC_L^2 \tag{7.2.16}$$

式中，C_{D0}——零阻力系数；

k——诱导阻力因子。

通常情况下，火星进入轨迹优化所选择的控制量多数为控制角，即滚转角、攻角等。在研究进入轨迹优化过程中，控制角的选择策略通常分两种。其一，将攻角直接配平，即升力系数和阻力系数在整个进入过程中保持常值，具体保持通过攻角匹配飞行马赫数实现，而整个过程只有滚转角作为控制量，这样整个过程可以分别研究纵向运动和横向运动，进而实现进入轨迹优化，这种策略在制导过程中较为常见。其二，将滚转角和攻角均选取为控制量，给定控制变量上下界，通过优化得到滚转角和攻角的控制律。本节选取第二种策略来优化进入轨迹，由于升力系数直接关联攻角，因此直接选取升力系数代替攻角作为控制量。由此，在本节中，最优控制问题的控制量只有升力系数 C_L 和滚转角 σ，其约束条件为

$$\begin{cases} 0 \leqslant C_L \leqslant C_{L max} \\ 0 \leqslant \sigma \leqslant \sigma_{max} \end{cases} \tag{7.2.17}$$

优化所需的初始参数和常量如表 7.2.2 所示。

表 7.2.2　火星大气进入轨迹优化初始参数

参数	值	参数	值	参数	值
$\sigma_{max}/(°)$	120	C_{Lmax}	2	r_a/km	3 524
$\beta/(°)$	1/8 805.7	m/kg	500	C_{D0}	0.1
k	1.11	$\rho_0/(kg \cdot m^{-2})$	0.014 74	S/m^2	16

首先，给出火星大气进入无路径约束情况下，着陆器的状态变量、控制变量及过程变量的变化曲线如图 7.2.1 ~ 图 7.2.8 所示。

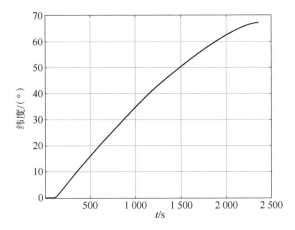

图 7.2.1　火星大气进入过程中的纬度变化曲线

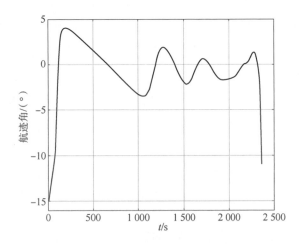

图 7.2.2　火星大气进入航迹角变化曲线

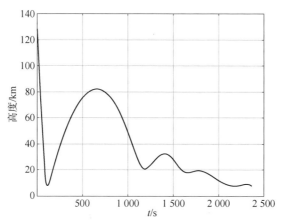

图 7.2.3　火星大气进入高度变化曲线

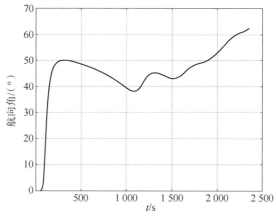

图 7.2.4　火星大气进入航向角变化曲线

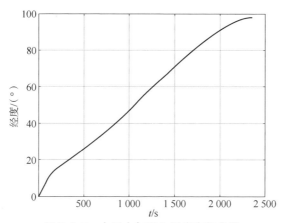

图 7.2.5　火星大气进入经度变化曲线

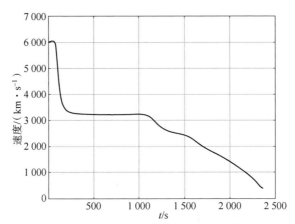

图 7.2.6　火星大气进入速度变化曲线

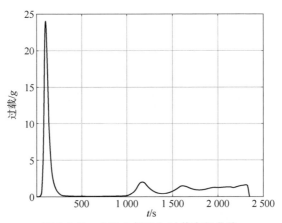

图 7.2.7　火星大气进入过载变化曲线

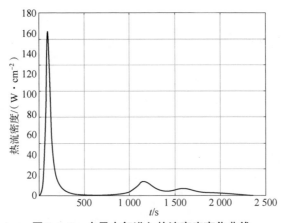

图 7.2.8　火星大气进入热流密度变化曲线

　　由图 7.2.1~图 7.2.6 可以看出：着陆器在火星大气进入初期，受重力及负航迹角的共同作用，其高度迅速下降、航迹角迅速增加、速度快速减小，下降过程持续约 150 s，航迹角逐渐增加直至由负变正，着陆器第一次出现向上爬升，而这时航迹角也出现了较大幅值的波动，主要是初始进入速度过大，着陆器刚进入大气时减速不充分，随着高度急剧下降到最低点时会出现明显跳跃，再次快速进入大气，轨迹出现第二次较大范围的波动，但速度变化幅值很小；之后，着陆器高度经过跳跃开始振荡下降，速度随之逐渐减小，航迹角在 0° 附近振荡；最后，着陆器到达终端位置时满足速度、航迹角和高度约束。

　　由图 7.2.7、图 7.2.8 可以看出：着陆器在开始下降时，其负载急剧增加，当第一次下降达到最低点时，着陆器所承受的动压、过载以及热流密度均达到了峰值；之后，随着下降过程的进行，热流密度和过载值均近似趋于减小，当着陆器振荡下降时，热流密度和过载值出现微小波动，但此时速度已经下降很多，其值相比于最大峰值已经很小。

7.2.3　考虑开伞约束的火星大气进入轨迹优化设计

　　着陆器在火星大气进入段的终端状态为减速伞开伞条件，一般在满足终端速度约束前提下，高度越高越有利于开伞。因此，本节将分析高度最大情况下的着陆轨迹优化问题。此处选取的性能指标为满足终端速度、航迹角和高度约束情况下终端高度最大，即性能指标可表示为

$$J = - h_f \rightarrow \min \tag{7.2.18}$$

　　除性能指标之外，其余参数、控制变量及其上下界均与 7.2.2 节相同。本节在分析终端高度最大的火星进入轨迹优化问题时，分别选取不同升阻比着陆器进行对比分析，结果如表 7.2.3 所示。

表 7.2.3　不同升阻比情况下火星大气进入轨迹优化结果

升阻比	0.350	0.845	1.000
热流密度峰值/($W \cdot cm^{-2}$)	94.437	57.635	56.693
总进入时间/min	3.841	10.620	13.276
终端高度/km	25.579	25.756	26.023

由以上结果可以看出：随着升阻比的增加，着陆器的终端高度逐渐增加，这得益于升阻比增加使得着陆器在火星大气内的调节能力增强，飞行航程更远，在充分减速情况下高度也不会过低；由于在火星大气进入过程中要保持较大的终端高度条件下充分减速，着陆器在大气内的飞行时间随着升阻比的增加而显著增长。不同升阻比 L/D 条件下着陆器在火星大气进入过程的轨迹如图 7.2.9 和图 7.2.10 所示。

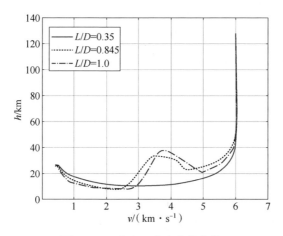

图 7.2.9　高度 – 速度变化曲线

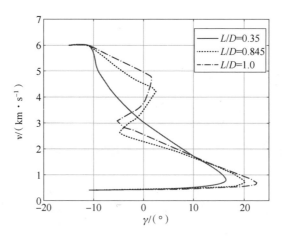

图 7.2.10　速度 – 航迹角变化曲线

由图 7.2.9 和图 7.2.10 可以看出：随着升阻比的增加，着陆器进入轨迹会出现跳跃，其中跳跃的速度范围约在初始速度的 1/2 处；在进入过程中，航迹角除了第一次会出现幅值较大的跳跃之外，还将随着升阻比的增加出现振荡，但在终端时刻，状态变量都趋于终端约束值。

7.2.4　考虑复杂路径约束的火星大气进入轨迹优化设计

通常情况下，着陆器在火星大气进入过程中要确保能在可控范围内安全达到开伞条件，还需满足驻点热流等约束条件。需要说明的是，过载与动压通常作为联合过程约束，但考虑到着陆器热流密度约束更为严格，且三种过程约束正相关，因此仅施加热流密度约束即可同步降低过载和动压峰值，因此这里仅将热流密度约束作为路径约束。

在考虑热流密度约束时，通常以驻点热流密度作为参考值与着陆器能承受的最大热流密度值进行比较。因为驻点是着陆器加热比较严重的区域，所以驻点热流密度 $\dot{Q}$ 可用于表征其受热的峰值 $\dot{Q}_{max}$，即

$$\dot{Q} \leq \dot{Q}_{max} \tag{7.2.19}$$

式中，$\dot{Q}$ 的计算公式如下：

$$\dot{Q} = 3.08 \times 10^{-4} \rho^{0.5} V^{3.08} \tag{7.2.20}$$

这里选取的性能指标与 7.2.3 节相同，即探测器在进入终端位置时的高度最大。不同热流密度峰值 $\dot{Q}_{max}$ 约束下，火星大气进入轨迹的优化结果如表 7.2.4 所示。

表 7.2.4　不同热流密度峰值约束情况下火星进入优化结果

$\dot{Q}_{max}/(W \cdot cm^{-2})$	80	60	40
过载峰值/g	54.88	52.76	50.81
动压峰值/($kN \cdot m^{-2}$)	24.67	22.98	21.56
总进入时间/min	18.218	14.37	10.50
终端高度/km	25.579	25.295	24.517

由表 7.2.4 中的统计结果可以看出：随着热流密度峰值约束强度增加（峰值热流密度降低），着陆器在火星大气内的飞行时间逐渐减小，且终端位置对应的高度亦逐渐降低。这表明，增加热流密度这个路径约束改变了着陆器进入过程的轨迹，并导致最高开伞点位置降低。着陆器进入过程中各状态变量的变化如图 7.2.11 ~ 图 7.2.16 所示。

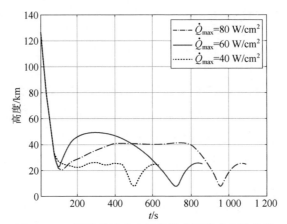

图 7.2.11　不同热流密度峰值约束下高度变化曲线

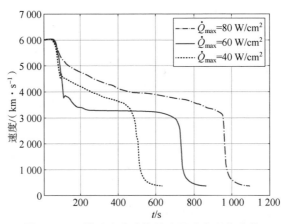

图 7.2.12　热流密度峰值约束下速度变化曲线

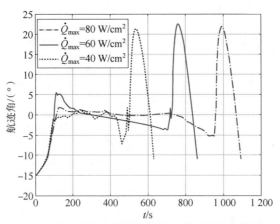

图 7.2.13　热流密度峰值约束下航迹角变化曲线

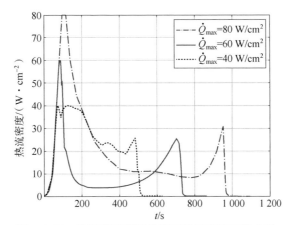

图 7.2.14　热流密度峰值约束下热流密度变化曲线

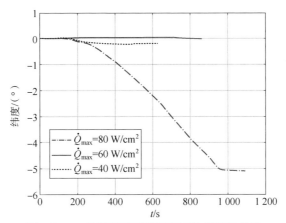

图 7.2.15　热流密度峰值约束下纬度变化曲线

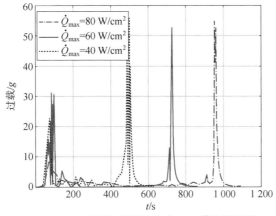

图 7.2.16　热流密度峰值约束下过载变化曲线

由以上着陆器在热流密度峰值约束下火星大气进入过程中各状态变量的变化过程可以看出：热流密度峰值约束的施加对于火星大气进入过程的整体趋势并没有较大的改变，例如，进入过程中着陆器高度出现跳跃，但随着热流密度峰值约束逐渐加强，巡航段逐渐变短，飞行时间减小。从图 7.2.14 可以看出：峰值出现两次，最大峰值出现在着陆器首次进入最低点的位置，亦是最大峰值热流密度的所在位置。从图 7.2.16 可以看出：热流密度峰值约束的增加对过载的变化影响不大，其峰值出现在着陆器第二次下降到最低点的时候。

■ 7.3 火星探测大气进入制导方法

7.3.1 火星大气进入方式分析

根据着陆器构型、升力作用方式等的不同，可将大气进入方式分为三类：弹道进入式、无控弹道升力进入式、有控弹道升力进入式。弹道进入式的着陆器在大气进入飞行过程中不产生升力。如果着陆器在大气进入过程中产生了升力，但飞行轨迹是无控的，则称为无控弹道升力式进入。在有控弹道升力式进入过程中，升力矢量主要用于调整飞行方向。

弹道进入式的着陆器不能依靠气动升力对进入轨迹进行控制，故这种进入方式下的着陆椭圆域更小；受导航误差积累、火星大气和气动参数不确定性等因素的影响，弹道进入式的着陆点散布会很大，弹道进入式的典型代表有"凤凰号""火星探路者"等。在"海盗号"系列任务中，着陆器虽然采用了弹道升力式构型，但在火星大气进入段中并没有采用制导系统进行主动控制，故"海盗号"系列是无控弹道升力式进入的典型代表。在"海盗 1 号"和"海盗 2 号"的大气进入过程中，升力只用于保持着陆器大气进入的稳定性，而没有被用于调整进入轨迹。在有控弹道升力式进入中，着陆器可以通过反作用控制系统（RCS）来修正轨迹、减少着陆误差。同时，为了减少着陆椭圆域的大小，升力可以用来改善着陆点的高度。相较于第一代（如"海盗号"系列）的无控弹道升力进入式，在火星实验室（MSL）任务中采用的有控进入方式能够达到很高的火星着陆精度，这也代表了未来发展的方向。

火星大气进入制导的目标是将着陆器从大气进入点精确导向末端开伞点。然而，制导的效果在实际工程应用中会受到许多不确定性因素和误差的影响，其中最主要的误差来源是大气进入点的状态估计误差、大气密度和气动参数的不确定性，以及火星表面的复杂气流。减小不确定性和误差的最有效方法是在大气进入过程中对轨迹进行控制，下一代的火星着陆器中将采用火星实验室（MSL）任务中发展起来的弹道升力式构型和有控进入模式。

尽管为了更好地完成控制会同时将攻角和滚转角作为控制变量，但攻角的加入不仅会使得控制律更加复杂，还会给工程实现带来挑战。例如，利用反馈控制系统可以比较容易地实现对滚转角的控制，但攻角的控制需要对襟翼或多个质心轴进行调整。因此为了简化制导和便于工程实现，在火星大气进入过程中通常只通过滚转角对着陆器进行控制，而攻角控制主要是平衡攻角或固定数值，以达到所需的升阻比。通过对滚转角的控制，着陆器可以控制能量和航程，以达到目标点。将滚转角作为唯一控制量的缺点是：在火星大气密度小的情况下，控制力有限。

火星大气进入制导方法通常可以分为两类——预测校正制导、参考轨迹跟踪制导。预测校正制导是指首先构建大气进入动力学模型和预测当前着陆器的末端状态，然后设计反馈控制器对实际末端状态和目标末端状态的偏差进行修正[3-9]。参考轨迹跟踪制导是指首先通过性能指标和约束提前得到一条最优轨迹，然后设计控制器跟踪这条参考轨迹[10-11]。

7.3.2　火星大气进入轨迹跟踪制导方法

本节主要介绍火星大气进入轨迹跟踪制导的方法，并给出相应的仿真分析。轨迹跟踪制导算法设计的关键在于如何处理不确定性扰动带来的制导偏差和制导过程中的控制饱和问题。为此，本节提出一种基于双齐次积分滑模的固定时间自适应参考轨迹跟踪制导方法，可以较好地解决上述两方面问题。

7.3.2.1　参考轨迹跟踪制导问题描述

火星大气进入动力学如式（7.1.1）所示，探测器无动力进入大气不考虑助推作用。考虑到火星大气进入过程的高动态特性，因此设计的制导律必须保证全程一致性收敛。由于动力学属于典型的非线性系统，因此可描述成如下形式：

$$\dot{\boldsymbol{x}}(t) = \boldsymbol{f}(\boldsymbol{x}(t)), \boldsymbol{x}(t_0) = \boldsymbol{x}_0, \boldsymbol{x} \in \mathbb{R}^n \tag{7.3.1}$$

式中，$\boldsymbol{f}(\boldsymbol{x}): \mathbb{R}^n \to \mathbb{R}^n$ 为连续向量场。

如果式（7.3.1）所述的系统是有限时间稳定的，并且其收敛时间是一致有界的，即存在一个正常数 T_m 使得 $T(\boldsymbol{x}_0) \leqslant T_m$，$\forall \boldsymbol{x}_0 \in \mathbb{R}^n$，则称式（7.3.1）所述的系统是固定时间稳定的。

定义 1：对于 $\lambda = 0$ 或 $\lambda = \infty$，考虑函数 $f(\boldsymbol{x}): \mathbb{R}^n \to \mathbb{R}$，若存在参数 $(\boldsymbol{r}_\lambda, d_\lambda, f_\lambda(\boldsymbol{x}))$，其中，$\boldsymbol{r}_\lambda = [r_{\lambda,1}, \cdots, r_{\lambda,n}]^{\mathrm{T}}$ 为权重向量场，d_λ 为齐次度，$f_\lambda(\boldsymbol{x})$ 为逼近函数，对于任意的 $\varepsilon > 0$，则有

$$\lim_{\varepsilon \to \lambda} \max_{\boldsymbol{x} \in \mathbb{R}^n} \left(\frac{f(\varepsilon^{r_{\lambda,1}} x_1, \cdots, \varepsilon^{r_{\lambda,n}} x_n)}{\varepsilon^{d_\lambda}} - f_\lambda(\boldsymbol{x}) \right) = 0 \tag{7.3.2}$$

则称 $f(\boldsymbol{x})$ 是关于参数 $(\boldsymbol{r}_\lambda, d_\lambda, f_\lambda(\boldsymbol{x}))$ 的 λ 极限齐次函数。

考虑向量场 $\boldsymbol{f}(\boldsymbol{x}) = [f_1(\boldsymbol{x}), \cdots, f_n(\boldsymbol{x})]^{\mathrm{T}}$，若存在参数 $(\boldsymbol{r}_\lambda, d_\lambda, \boldsymbol{f}_\lambda(\boldsymbol{x}))$，其中，$\boldsymbol{r}_\lambda$ 为权重向量场，d_λ 为齐次度，$\boldsymbol{f}_\lambda(\boldsymbol{x}) = [f_{\lambda,1}(\boldsymbol{x}), \cdots, f_{\lambda,n}(\boldsymbol{x})]^{\mathrm{T}}$ 为逼近向量场，使得向量场中的函数 $f_i(\boldsymbol{x})$ 关于参数 $(\boldsymbol{r}_\lambda, d_\lambda + r_{\lambda,i}, f_{\lambda,i}(\boldsymbol{x}))$ 是 λ 极限齐次的，$i = 1, 2, \cdots, n$，则称 $\boldsymbol{f}(\boldsymbol{x})$ 是关于参数 $(\boldsymbol{r}_\lambda, d_\lambda, \boldsymbol{f}_\lambda(\boldsymbol{x}))$ 的 λ 极限齐次向量场。

定义 2：若一个向量场 $\boldsymbol{f}(\boldsymbol{x})$ 同时是 0 极限和 ∞ 极限齐次向量场，则称 $\boldsymbol{f}(\boldsymbol{x})$ 是双边齐次向量场。

引理 1：对于式（7.3.1）所述的系统，假设 $\boldsymbol{f}(\boldsymbol{x})$ 是关于参数 $(\boldsymbol{r}_0, d_0, \boldsymbol{f}_0(\boldsymbol{x}))$ 和 $(\boldsymbol{r}_\infty, d_\infty, \boldsymbol{f}_\infty(\boldsymbol{x}))$ 的双边齐次向量场，如果系统 $\dot{\boldsymbol{x}} = \boldsymbol{f}(\boldsymbol{x})$，$\dot{\boldsymbol{x}} = \boldsymbol{f}_0(\boldsymbol{x})$ 和 $\dot{\boldsymbol{x}} = \boldsymbol{f}_\infty(\boldsymbol{x})$ 都是全局渐进稳定的，且满足条件 $d_\infty > 0 > d_0$，则式（7.3.1）所述的系统是固定时间稳定的。

引理 2：对于式（7.3.1）所述的系统，假设存在一个正定函数 $V: \mathbb{R}^n \to \mathbb{R}$，有

$$\dot{V} \leqslant -\kappa_1 V^p - \kappa_2 V^q \tag{7.3.3}$$

式中，$\kappa_1 > 0$，$\kappa_2 > 0$，$0 < p < 1$，$q > 1$，则式（7.3.1）所述的系统是固定时间稳定的，其收敛时间的上界为[12]

$$T_s = \frac{1}{\kappa_1(1-p)} + \frac{1}{\kappa_2(q-1)} \tag{7.3.4}$$

引理 3：对于 $z_1 \in \mathbb{R}$，$z_2 \in \mathbb{R}$，$p_1 > 0$，$p_2 > 0$，$\xi > 0$，下列不等式成立[13]：

$$\mid z_1 \mid^{p_1} \mid z_2 \mid^{p_2} \leqslant \frac{p_1}{p_1 + p_2} \xi \mid z_1 \mid^{p_1 + p_2} + \frac{p_2}{p_1 + p_2} \xi^{-\frac{p_1}{p_2}} \mid z_2 \mid^{p_1 + p_2} \qquad (7.3.5)$$

7.3.2.2　制导律设计和稳定性分析

若期望轨迹给定，则着陆器的径向距离偏差及其导数偏差分别定义为

$$\begin{cases} x_1 = r - r_\mathrm{d} \\ x_2 = \dot{r} - \dot{r}_\mathrm{d} \end{cases} \qquad (7.3.6)$$

式中，r——着陆器当前的位置矢径距离；

$\qquad r_\mathrm{d}$——着陆器到火星中心的期望径向距离。

对 x_2 求导，可得

$$\dot{x}_2 = \frac{V^2 \cos^2 \gamma}{r} - \frac{C_D \rho V^2 S}{2m} \sin \gamma + \frac{C_L \rho V^2 S}{2m} \cos \gamma \cos \sigma - \frac{\mu}{r^2} - \ddot{r}_\mathrm{d} \qquad (7.3.7)$$

式中，V——着陆器的速度。

考虑着陆器的升力系数、阻力系数和火星大气密度模型存在参数不确定：

$$\begin{cases} C_L = C_{L0} + \Delta C_L \\ C_D = C_{D0} + \Delta C_D \\ \rho = \rho_0 + \Delta \rho \end{cases} \qquad (7.3.8)$$

式中，C_{L0}, C_{D0}, ρ_0——标称升力系数、阻力系数和火星大气密度；

$\qquad \Delta C_L, \Delta C_D, \Delta \rho$——未知的升力系数偏差、阻力系数偏差和火星大气密度偏差。

选取倾侧角的余弦值作为着陆器大气进入段控制输入 $u = \cos \sigma$。倾侧角应限制在合理范围内，输入约束可表示为

$$u = \begin{cases} u_\mathrm{m}, & u_\mathrm{c} \geqslant u_\mathrm{m} \\ u_\mathrm{c}, & -u_\mathrm{m} \leqslant u_\mathrm{c} < u_\mathrm{m} \\ -u_\mathrm{m}, & u_\mathrm{c} < -u_\mathrm{m} \end{cases} \qquad (7.3.9)$$

式中，u_c——指令控制输入；

$\qquad u_\mathrm{m}$——允许的最大控制输入信号。

式 (7.3.9) 可以改写为

$$u = u_\mathrm{c} + \Delta u \qquad (7.3.10)$$

式中，Δu——控制输入偏差。

将式 (7.3.8) 和式 (7.3.10) 代入式 (7.3.7)，可得

$$\dot{x}_2 = \frac{V^2 \cos^2 \gamma}{r} - \frac{VS\dot{r}}{2m}(C_{D0} + \Delta C_D)(\rho_0 + \Delta \rho) +$$

$$\frac{S\cos \gamma}{2m}(C_{L0} + \Delta C_L)(\rho_0 + \Delta \rho)V^2 u - \frac{\mu}{r^2} - \ddot{r}_{\mathrm{d}}$$

$$= Hu + N(r, \dot{r}) + \delta \tag{7.3.11}$$

式中，H 和 $N(r, \dot{r})$ 为非线性确定项，δ 为集总不确定项，分别表示为

$$H = \frac{V^2 S \cos \gamma}{2m} C_{L0} \rho_0 \tag{7.3.12}$$

$$N(r, \dot{r}) = \frac{V^2 \cos^2 \gamma}{r} - \frac{V^2 S \sin \gamma}{2m} C_{D0} \rho_0 - \frac{\mu}{r^2} + \omega^2 r \cos^2 \phi + 2\omega V \cos \gamma \sin \psi \cos \phi - \ddot{r}_{\mathrm{d}}$$

$$\tag{7.3.13}$$

$$\delta = -\frac{V^2 S \sin \gamma}{2m}(\rho_0 \Delta C_D + C_{D0} \Delta \rho + \Delta C_D \Delta \rho) +$$

$$\frac{V^2 S \cos \gamma}{2m}(\rho_0 \Delta C_L + C_{L0} \Delta \rho + \Delta C_L \Delta \rho)u_{\mathrm{c}} +$$

$$\frac{V^2 S \cos \gamma}{2m}(C_{L0} + \Delta C_L)(\rho_0 + \Delta \rho)\Delta u \tag{7.3.14}$$

假设集总不确定项 δ 是一致有界的，即存在一个正常数 B 使得 $\delta^2 \leqslant B$。

基于双向齐次理论设计固定时间积分滑模面，以避免传统终端滑模控制所固有的奇异问题。固定时间积分滑模面设计为

$$s = x_2 + \int_0^t (\zeta_1(x_1(\tau), x_2(\tau)) + \zeta_2(x_1(\tau), x_2(\tau))) \mathrm{d}\tau \tag{7.3.15}$$

式中，$\zeta_1(x_1, x_2)$ 和 $\zeta_2(x_1, x_2)$ 的表达式为

$$\begin{cases} \zeta_1(x_1, x_2) = a_1 \mathrm{sig}^{\alpha_1}(x_1) + a_2 \mathrm{sig}^{\alpha_2}(x_2) \\ \zeta_2(x_1, x_2) = b_1 \mathrm{sig}^{\beta_1}(x_1) + b_2 \mathrm{sig}^{\beta_2}(x_2) \end{cases} \tag{7.3.16}$$

式中，$a_1 > 0, a_2 > 0, b_1 > 0, b_2 > 0, 0 < \alpha_1 < 1, \alpha_2 = \dfrac{2\alpha_1}{\alpha_1 + 1}, \beta_1 = 2\alpha_1 + 1, \beta_2 = \dfrac{2\alpha_1 + 1}{\alpha_1 + 1}$，

$\mathrm{sig}^{\alpha_1}(\cdot)$ 定义为 $\mathrm{sig}^{\alpha_1}(x) = \mathrm{sgn}(x)|x|^{\alpha_1}$。

对 s 求导，可得

$$\dot{s} = \dot{x}_2 + \zeta_1(x_1, x_2) + \zeta_2(x_1, x_2) \tag{7.3.17}$$

定理 1：当固定时间积分滑模面（式（7.3.15））到达零位置后，着陆器的径向距离偏差及其导数 x_1 和 x_2 能够在固定时间内收敛至零。

证明：当固定时间积分滑模面（式（7.3.15））到达零位置后，则有

$$\begin{cases} \dot{x}_1 = x_2 \\ \dot{x}_2 = -a_1 \mathrm{sig}^{\alpha_1}(x_1) - a_2 \mathrm{sig}^{\alpha_2}(x_2) - b_1 \mathrm{sig}^{\beta_1}(x_1) - b_2 \mathrm{sig}^{\beta_2}(x_2) \end{cases} \tag{7.3.18}$$

定义 $\boldsymbol{x} = [x_1, x_2]^{\mathrm{T}}$，则式（7.3.18）可以表示为 $\dot{\boldsymbol{x}} = \boldsymbol{f}(\boldsymbol{x})$。接下来，对定理 1 的证明可以分为两步：①证明 $\boldsymbol{f}(\boldsymbol{x})$ 是关于参数 $(\boldsymbol{r}_0, d_0, \boldsymbol{f}_0(\boldsymbol{x}))$ 和 $(\boldsymbol{r}_\infty, d_\infty, \boldsymbol{f}_\infty(\boldsymbol{x}))$ 的双边齐次向量场；②证明系统 $\dot{\boldsymbol{x}} = \boldsymbol{f}(\boldsymbol{x})$，$\dot{\boldsymbol{x}} = \boldsymbol{f}_0(x)$ 和 $\dot{\boldsymbol{x}} = \boldsymbol{f}_\infty(x)$ 都是全局渐进稳定的。

第 1 步，证明向量场 $\boldsymbol{f}(\boldsymbol{x})$ 的双边齐次性。

定义如下逼近向量场：

$$\boldsymbol{f}_0(\boldsymbol{x}) = [x_1, -a_1 \mathrm{sig}^{\alpha_1}(x_1) - a_2 \mathrm{sig}^{\alpha_2}(x_2)]^{\mathrm{T}} \tag{7.3.19}$$

根据定义 2，可得到 $\boldsymbol{f}(\boldsymbol{x})$ 是关于参数 $(\boldsymbol{r}_0, d_0, \boldsymbol{f}_0(\boldsymbol{x}))$ 的 0 极限齐次向量场，其中，$\boldsymbol{r}_0 = [2, \alpha_1 + 1]^{\mathrm{T}}$，$d_0 = \alpha_1 - 1 < 0$。

类似地，定义另一个逼近向量场：

$$\boldsymbol{f}_\infty(\boldsymbol{x}) = [x_1, -b_1 \mathrm{sig}^{\beta_1}(x_1) - b_2 \mathrm{sig}^{\beta_2}(x_2)]^{\mathrm{T}} \tag{7.3.20}$$

根据定义 2，可得到 $\boldsymbol{f}(\boldsymbol{x})$ 是关于参数 $(\boldsymbol{r}_\infty, d_\infty, \boldsymbol{f}_\infty(\boldsymbol{x}))$ 的 ∞ 极限齐次向量场，其中，$\boldsymbol{r}_\infty = [1, \alpha_1 + 1]^{\mathrm{T}}$，$d_\infty = \alpha_1 > 0$。因此，根据双边齐次理论，可得到 $\boldsymbol{f}(\boldsymbol{x})$ 是关于参数 $(\boldsymbol{r}_0, d_0, \boldsymbol{f}_0(\boldsymbol{x}))$ 和 $(\boldsymbol{r}_\infty, d_\infty, \boldsymbol{f}_\infty(\boldsymbol{x}))$ 的双边齐次向量场。

第 2 步，证明系统 $\dot{\boldsymbol{x}} = \boldsymbol{f}(\boldsymbol{x})$，$\dot{\boldsymbol{x}} = \boldsymbol{f}_0(\boldsymbol{x})$ 和 $\dot{\boldsymbol{x}} = \boldsymbol{f}_\infty(\boldsymbol{x})$ 的全局渐进稳定性。

针对系统 $\dot{\boldsymbol{x}} = \boldsymbol{f}(\boldsymbol{x})$，选取如下李雅普诺夫函数：

$$V = \frac{1}{\alpha_1 + 1} |x_1|^{\alpha_1 + 1} + \frac{1}{\beta_1 + 1} |x_1|^{\beta_1 + 1} + \frac{1}{2} x_2^2 \tag{7.3.21}$$

对 V 求导并将式（7.3.18）代入，可得

$$\begin{aligned} \dot{V} &= a_1 x_2 \mathrm{sig}^{\alpha_1}(x_1) + b_1 x_2 \mathrm{sig}^{\beta_1}(x_1) + x_2 \dot{x}_2 \\ &= -a_2 x_2 \mathrm{sig}^{\alpha_2}(x_2) - b_2 x_2 \mathrm{sig}^{\beta_2}(x_2) \end{aligned} \tag{7.3.22}$$

从式（7.3.22）可以看出，$\dot{V} \leqslant 0$。事实上，$\dot{V} \equiv 0$ 意味着 $x_2 \equiv 0$。根据拉萨尔不变集定理，可以得到当 $t \to \infty$ 时，$x_1 \to 0$，$x_2 \to 0$。因此，系统 $\dot{\boldsymbol{x}} = \boldsymbol{f}(\boldsymbol{x})$ 是全

局渐进稳定的。类似地，针对系统 $\dot{\boldsymbol{x}} = \boldsymbol{f}_0(\boldsymbol{x})$，选取李雅普诺夫函数为

$$V_0 = \frac{1}{\alpha_1 + 1} |x_1|^{\alpha_1 + 1} + \frac{1}{2} x_2^2 \tag{7.3.23}$$

针对系统 $\dot{\boldsymbol{x}} = \boldsymbol{f}_\infty(\boldsymbol{x})$，选取李雅普诺夫函数为

$$V_\infty = \frac{1}{\beta_1 + 1} |x_1|^{\beta_1 + 1} + \frac{1}{2} x_2^2 \tag{7.3.24}$$

同理，可证系统 $\dot{\boldsymbol{x}} = \boldsymbol{f}_0(\boldsymbol{x})$ 和 $\dot{\boldsymbol{x}} = \boldsymbol{f}_\infty(\boldsymbol{x})$ 也是全局渐进稳定的。

结合第 1 步和第 2 步，$\boldsymbol{f}(\boldsymbol{x})$ 是关于参数 $(\boldsymbol{r}_0, d_0, \boldsymbol{f}_0(\boldsymbol{x}))$ 和 $(\boldsymbol{r}_\infty, d_\infty, \boldsymbol{f}_\infty(\boldsymbol{x}))$ 的双边齐次向量场，此外，系统 $\dot{\boldsymbol{x}} = \boldsymbol{f}(\boldsymbol{x})$，$\dot{\boldsymbol{x}} = \boldsymbol{f}_0(\boldsymbol{x})$ 和 $\dot{\boldsymbol{x}} = \boldsymbol{f}_\infty(\boldsymbol{x})$ 都是全局渐进稳定的，且满足条件 $d_\infty > 0 > d_0$。因此，根据引理 1，可得到式 (7.3.16) 所述系统是固定时间稳定的。当固定时间积分滑模面（式 (7.3.15)）到达零位置后，着陆器的位置和速度跟踪误差 x_1 和 x_2 能够在固定时间内收敛至零。证毕。■

在积分滑模面（式 (7.3.15)）的基础上，设计固定时间自适应积分滑模跟踪制导律。此外，采用参数自适应律对集总不确定项进行估计，进一步提高跟踪制导律对着陆器的升阻力系数和火星大气密度模型参数不确定的鲁棒性。固定时间自适应积分滑模跟踪制导律设计为

$$u_c = H^{-1} \left[-k_1 \operatorname{sig}^p(s) - k_2 \operatorname{sig}^q(s) - \frac{\hat{B}s}{2\eta^2} - N(r, \dot{r}) - \zeta_1(x_1, x_2) - \zeta_2(x_1, x_2) \right] \tag{7.3.25}$$

式中，$k_1 > 0, k_2 > 0, 0 < p < 1, q > 1, \eta > 0$，$\hat{B}$ 是对集总不确定项平方上界 B 的估计。

参数自适应律设计为

$$\dot{\hat{B}} = -\lambda_1 \hat{B} + \lambda_2 \frac{s^2}{2\eta^2} \tag{7.3.26}$$

式中，$\lambda_1 > 0, \lambda_2 > 0$。

定理 2：针对参数不确定情况下的火星着陆器大气进入段制导控制系统，采用固定时间自适应积分滑模跟踪制导律（式 (7.3.25)）和参数自适应律（式 (7.3.26)），能够保证着陆器的径向距离偏差及其导数 x_1 和 x_2 在固定时间内收敛至零的邻域内。

证明：定理 2 的证明也可以分为两步：①证明在跟踪制导律的作用下，滑模

面能够在固定时间内收敛至零位置的邻域内；②证明当滑模面到达零位置后，着陆器的径向距离偏差及其导数能够在固定时间内收敛至零。

第 1 步，选取如下李雅普诺夫函数：

$$L = \frac{1}{2}s^2 + \frac{1}{2\lambda_2}\tilde{B}^2 \tag{7.3.27}$$

式中，$\tilde{B} = \hat{B} - B$。

对 L 求导并将式（7.3.11）和式（7.3.17）代入，可得

$$
\begin{aligned}
\dot{L} &= s\dot{s} \\
&= s\left[\dot{x}_2 + \zeta_1(x_1, x_2) + \zeta_2(x_1, x_2)\right] \\
&= s\left[Hu + N(r, \dot{r}) + \delta + \zeta_1(x_1, x_2) + \zeta_2(x_1, x_2)\right]
\end{aligned}
\tag{7.3.28}
$$

将固定时间自适应积分滑模跟踪制导律（式（7.3.25））和参数自适应律（式（7.3.26））代入式（7.3.28），则有

$$
\begin{aligned}
\dot{L} &= s\left(-k_1 \mathrm{sig}^p(s) - k_2 \mathrm{sig}^q(s) - \frac{\hat{B}s}{2\eta^2} + \delta\right) + \frac{1}{\lambda_2}\tilde{B}\left(-\lambda_1\hat{B} + \lambda_2\frac{s^2}{2\eta^2}\right) \\
&\leqslant -k_1|s|^{p+1} - k_2|s|^{q+1} + \delta s - \frac{Bs^2}{2\eta^2} - \frac{\lambda_1}{\lambda_2}\tilde{B}\hat{B}
\end{aligned}
\tag{7.3.29}
$$

考虑下列不等式：

$$\delta s \leqslant \frac{\eta^2}{2} + \frac{Bs^2}{2\eta^2} \tag{7.3.30}$$

$$-\tilde{B}\hat{B} = -\tilde{B}(\tilde{B} + B) = -\tilde{B}^2 + \tilde{B}B \leqslant -\frac{\tilde{B}^2}{2} + \frac{B^2}{2} \tag{7.3.31}$$

将式（7.3.30）和式（7.3.31）代入式（7.3.29），可得

$$
\begin{aligned}
\dot{V}_L &\leqslant -k_1|s|^{p+1} - k_2|s|^{q+1} + \frac{\eta^2}{2} - \frac{\lambda_1}{2\lambda_2}\tilde{B}^2 + \frac{\lambda_1}{2\lambda_2}B^2 \\
&= -k_1|s|^{p+1} - k_2|s|^{q+1} - \left(\frac{\lambda_1}{4\lambda_2}\tilde{B}^2\right)^{\frac{p+1}{2}} - \left(\frac{\lambda_1}{4\lambda_2}\tilde{B}^2\right)^{\frac{q+1}{2}} + \vartheta
\end{aligned}
\tag{7.3.32}
$$

式中，$\vartheta = \left(\frac{\lambda_1}{4\lambda_2}\tilde{B}^2\right)^{\frac{p+1}{2}} + \left(\frac{\lambda_1}{4\lambda_2}\tilde{B}^2\right)^{\frac{q+1}{2}} - \frac{\lambda_1}{2\lambda_2}\tilde{B}^2 + \frac{\lambda_1}{2\lambda_2}B^2 + \frac{\eta^2}{2}$。

分两种情况进行讨论。

Ⅰ）当 $\dfrac{\lambda_1}{4\lambda_2}\tilde{B}^2 \geqslant 1$ 时，则有

$$\left(\frac{\lambda_1}{4\lambda_2}\tilde{B}^2\right)^{\frac{p+1}{2}} + \left(\frac{\lambda_1}{4\lambda_2}\tilde{B}^2\right)^{\frac{q+1}{2}} - \frac{\lambda_1}{2\lambda_2}\tilde{B}^2 \leqslant \left(\frac{\lambda_1}{4\lambda_2}\tilde{B}^2\right)^{\frac{q+1}{2}} - \frac{\lambda_1}{4\lambda_2}\tilde{B}^2$$

$$(7.3.33)$$

Ⅱ）当 $\dfrac{\lambda_1}{4\lambda_2}\tilde{B}^2 < 1$ 时，根据引理 3，则有

$$\left(\frac{\lambda_1}{4\lambda_2}\tilde{B}^2\right)^{\frac{p+1}{2}} + \left(\frac{\lambda_1}{4\lambda_2}\tilde{B}^2\right)^{\frac{q+1}{2}} - \frac{\lambda_1}{2\lambda_2}\tilde{B}^2 \leqslant \left(\frac{\lambda_1}{4\lambda_2}\tilde{B}^2\right)^{\frac{p+1}{2}} - \frac{\lambda_1}{4\lambda_2}\tilde{B}^2$$

$$\leqslant (1-\bar{p})\,\bar{p}^{\frac{\bar{p}}{1-\bar{p}}} \qquad (7.3.34)$$

式中，$\bar{p} = \dfrac{p+1}{2}$。

考虑存在一个紧集 Λ 和一个正常数 s，使得 $\Lambda = \{\tilde{B}\,|\,|\tilde{B}| \leqslant s\}$。根据以上分析，可得

$$\left(\frac{\lambda_1}{4\lambda_2}\tilde{B}^2\right)^{\frac{p+1}{2}} + \left(\frac{\lambda_1}{4\lambda_2}\tilde{B}^2\right)^{\frac{q+1}{2}} - \frac{\lambda_1}{2\lambda_2}\tilde{B}^2 \leqslant D \qquad (7.3.35)$$

式中，D 定义如下：

$$D = \begin{cases} (1-\bar{p})\,\bar{p}^{\frac{\bar{p}}{1-\bar{p}}}, & s < 2\sqrt{\dfrac{\lambda_2}{\lambda_1}} \\[3mm] \left(\dfrac{\lambda_1}{4\lambda_2}s\right)^{\frac{q+1}{2}} - \dfrac{\lambda_1}{4\lambda_2}s, & s \geqslant 2\sqrt{\dfrac{\lambda_2}{\lambda_1}} \end{cases} \qquad (7.3.36)$$

将式（7.3.35）代入式（7.3.32）可得

$$\dot{V}_{\mathrm{L}} \leqslant -\kappa_1 V_{\mathrm{L}}^{\frac{p+1}{2}} - \kappa_2 V_{\mathrm{L}}^{\frac{q+1}{2}} + \bar{\vartheta} \qquad (7.3.37)$$

式中，$\kappa_1 = \min\left\{2^{\frac{p+1}{2}}k_1,\ \left(\dfrac{\lambda_1\eta}{2\lambda_2}\right)^{\frac{p+1}{2}}\right\}$；

$$\kappa_2 = \min\left\{2^{\frac{q+1}{2}}k_2,\ \left(\dfrac{\lambda_1\eta}{2\lambda_2}\right)^{\frac{q+1}{2}}\right\};$$

$$\bar{\vartheta} = D + \frac{\lambda_1}{2\lambda_2}B^2 + \frac{\eta^2}{2}\,。$$

根据引理 2，可得到在跟踪制导律的作用下，滑模面能够在固定时间内收敛至零位置。

第 2 步，当固定时间积分滑模面（式（7.3.15））收敛至零位置后，根据定理 1，可得到着陆器的径向距离偏差及其导数 x_1 和 x_2 能够在固定时间内收敛至零。

结合第 1 步和第 2 步，在跟踪制导律的作用下，滑模面能够在固定时间内收敛至零位置，且当滑模面到达零位置后，着陆器的径向距离偏差及其导数可在固定时间内收敛至零。因此，可得到整个闭环系统是固定时间稳定的，采用固定时间自适应积分滑模跟踪制导律（式（7.3.25））和参数自适应律（式（7.3.26）），能够保证着陆器的径向距离偏差及其导数 x_1 和 x_2 在固定时间内收敛至零的邻域内。证毕。■

7.3.2.3 仿真分析

接下来，以美国火星探测器"好奇号"为参考模型，对本节给出的固定时间自适应积分滑模跟踪制导律进行仿真分析。火星与着陆器的基本参数和着陆器的状态初值分别如表 7.3.1 和表 7.3.2 所示。参考轨迹由优化算法给出，倾侧角常数 $s = 59.63°$，速度方向全程不变。大气进入段制导控制系统是为了使得着陆器到达期望的开伞点，根据着陆高度的需求，这里仿真结束条件选取为着陆器高度 $h = 8.1$ km，仿真终止。

表 7.3.1 火星与着陆器的基本参数

参数	取值	参数	取值
探测器质量 m/kg	2 804	火星半径 r_M/km	3 396
探测器参考面积 S/m^2	15.9	火星引力常数 μ/(km$^3 \cdot$ s^{-2})	42 828
探测器升力系数 C_L	0.37	火星表面大气密度 ρ_s/(kg $\cdot$ m^{-3})	0.015 8
探测器阻力系数 C_D	1.37	大气密度标高 h_s/m	9 354

表 7.3.2 着陆器的状态初值

参数	取值	参数	取值
初始高度 h_0/km	133.56	初始速度 V_0/(m $\cdot$ s^{-1})	5 505
初始经度 θ_0/(°)	−90.072	初始飞行路径角 γ_0/(°)	−14.15
初始纬度 ϕ_0/(°)	−43.898	初始航向角 ψ_0/(°)	4.99

此外，本节所提出的跟踪制导方法中的参数选取依据为李雅普诺夫函数微分表达式满足固定时间衰减原则，即在式（7.3.37）满足条件下设置制导相关参数。在仿真分析中设置的参考值：$a_1 = 0.1$，$a_2 = 0.1$，$b_1 = 0.1$，$b_2 = 0.1$，$\alpha_1 = 2/3$，$\alpha_2 = 4/5$，$\beta_1 = 7/3$，$\beta_2 = 7/5$，$k_1 = 0.01$，$k_2 = 0.01$，$p = 99/101$，$q = 103/101$，$\eta = 0.1$，$\lambda_1 = 0.1$，$\lambda_2 = 0.1$。为了验证跟踪制导算法在极限偏差情况下的跟踪精度，分别给出升阻力系数和标称密度均正向拉偏 30% 和反向拉偏 30% 的情况，如图 7.3.1 和图 7.3.2 所示。

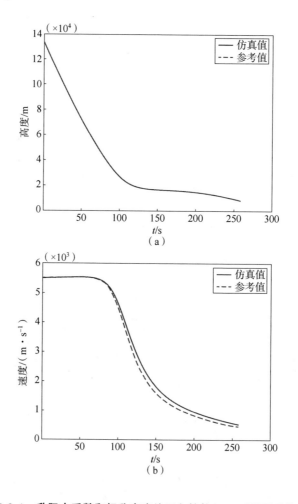

图 7.3.1　升阻力系数和标称密度均正向拉偏 30% 时的跟踪轨迹

（a）高度曲线（附彩图）；（b）速度曲线

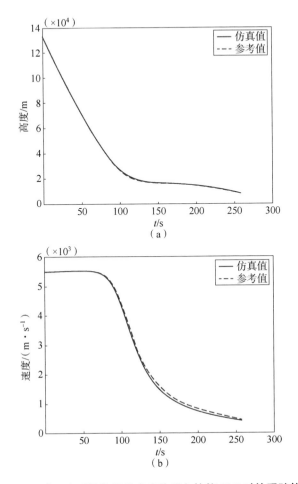

图 7.3.2　升阻力系数和标称密度均反向拉偏 30% 时的跟踪轨迹

（a）高度曲线（附彩图）；（b）速度曲线

由图 7.3.1 可以看出：对于升阻力系数和标称密度正向拉偏 30% 的情况，低升阻比着陆器的升阻力系数同时增加，随着升阻比增大，着陆器机动能力增强，但由于偏离标称轨迹对应的快减速通道，因此出现真实速度全程略大于标称速度的情况。同样，对于升阻力系数和标称密度反向拉偏 30% 的情况，由图 7.3.2 可以看出，升阻比的减小导致真实速度衰减明显快于标称速度，但本节给出的算法可保证终端速度和高度收敛于标称终端状态值。

事实上，在跟踪制导过程中，由于升阻力加速度在动力学中表现为控制角

（在此即倾侧角）的系数，因此升阻力系数及动压的扰动最终反馈在倾侧角剖面的调节上。通过图7.3.3给出的倾侧角剖面可以看出：两种拉偏情形对应的倾侧角剖面出现显著差异。这也是低升阻比飞行器在制导过程中，通过调整倾侧转动克服参数扰动的根本原因。

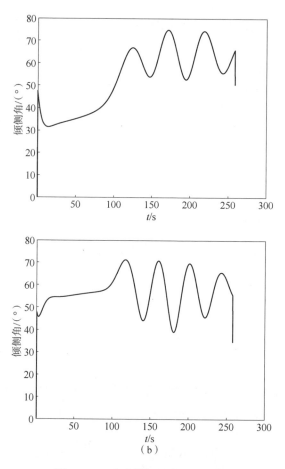

图 7.3.3 着陆器倾侧角时间曲线

（a）正向拉偏情形下的倾侧角；（b）反向拉偏情形下的倾侧角

为了进一步验证本节所提方法的鲁棒性，在考虑大气进入点初始状态偏差、升阻力系数偏差和密度偏差的情况下，进行1 000组蒙特卡罗仿真。升阻力系数偏差和密度偏差满足高斯分布，3σ值为30%，初始状态量的高斯分布3σ值取5%。蒙特卡罗仿真结果如图7.3.4所示。

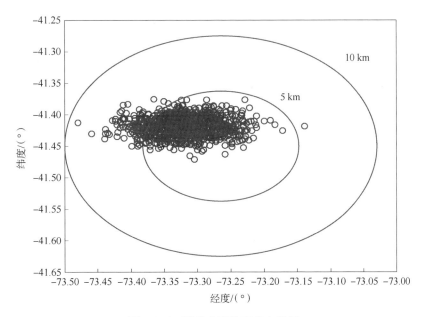

图 7.3.4　蒙特卡罗仿真分布结果

由图 7.3.4 可以看出：本章所提跟踪制导律可保证火星着陆器在大扰动高动态大气进入过程中实现最大 10 km 偏差的落点范围，且落点散布区域相对集中，可满足实际工程着陆精度的需求。

7.3.3　火星大气进入预测校正制导方法

火星着陆器大气进入的动力学方程如式（7.1.4）所示，采用数值预测校正制导方法，滚转角在每个制导周期的线性变化律为

$$|\sigma| = \sigma_{\mathrm{f}} + (\sigma_0 - \sigma_{\mathrm{f}}) \frac{R_{T-G} - R_{\mathrm{F}}}{R_{T-G}^0 - R_{\mathrm{F}}}, R_{T-G}^0 \geqslant R_{T-G} \geqslant R_{\mathrm{F}} \qquad (7.3.38)$$

式中，R_{T-G} 是任意时刻的剩余航程，而 R_{T-G}^0 是一次制导周期开始时刻的剩余航程，它们都是该时刻着陆器的位置与目标点间过地心平面和球面的交线的大圆距离；R_{F} 是滚转角停止更新的边界值，即当剩余航程小于该值时，停止更新滚转角，将末段的滚转角设定为常值 σ_{f}。在每个制导周期内，仍然对滚转角的方向进行判断。

实际所需的当前剩余航程可由初始航程进行积分得到，即

$$\frac{\mathrm{d}s}{\mathrm{d}t} = -\frac{V\cos\gamma}{r} \tag{7.3.39}$$

在每个制导周期开始的时刻，根据当前着陆器的状态对应一个精确的滚转角，使得积分到末端点的航程和当前大圆距离相等，这意味着着陆器在纵程上具有精确到达目标点的能力。其中，精确的滚转角可由牛顿迭代法进行快速求解。

在实际飞行至目标点的过程中，还需要考虑横程的误差。数值预测校正制导方法采用了与美国阿波罗飞船相似的横程校正方法：当横程误差大于限值时，滚转角进行反向。这样的翻转逻辑能够保证横程误差始终被限制在一个合理的范围内。

以美国火星实验室作为火星进入着陆器的参考模型，部分参数由表 7.3.3 给出。

表 7.3.3   火星进入着陆器相关参数

参数	数值	参数	数值
$\mu/(\mathrm{m^3 \cdot s^{-2}})$	$4.282\,838\,233 \times 10^{13}$	m/kg	3 152
R_M/m	$3.394\,2 \times 10^6$	L/D	0.24
$\Omega/(\mathrm{rad \cdot s^{-1}})$	$7.088\,218 \times 10^{-5}$		

这里采用了东向（场景1）、南向（场景2）和西北向（场景3）三种火星进入场景，初始参数如表 7.3.4 所示。此外，目标着陆点的经度和纬度分别为 137.45°和 −4.58°，假设着陆器以该经纬度作为大气进入的位置约束。

表 7.3.4   火星进入初始参数

状态量	场景 1	场景 2	场景 3
相对速度 $V/(\mathrm{km \cdot s^{-1}})$	6.0	6.2	5.8
航向角 $\psi/(°)$	96.27	176.26	−44.83
航迹角 $\gamma/(°)$	−15.2	−15.2	−15.2
高度 h/km	120	120	120
经度 $\theta/(°)$	125.30	137.01	145.07
纬度 $\varphi/(°)$	−4.10	7.82	−13.12

　　滚转角的初始值设为零，当进入的过载达 0.05g 后启动预测校正制导。结合火星着陆的实际情况，末端点速度设置为 400 km/s，以便降落伞减速系统的打开。三种场景下的火星进入标称轨迹和速度变化曲线如图 7.3.5 和图 7.3.6 所示。

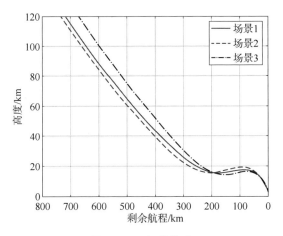

图 7.3.5　标称轨迹

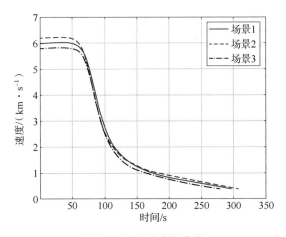

图 7.3.6　速度变化曲线

　　由于在初始时刻的状态不同，三种场景下的轨迹和速度曲线略有差异，但最终都能精确地达到末端目标点。图 7.3.7 和图 7.3.8 所示为滚转角和航向角的变化情况。

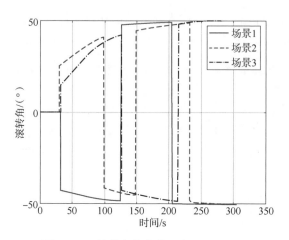

图 7.3.7　滚转角的变化历程（附彩图）

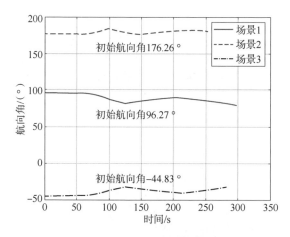

图 7.3.8　航向角的变化历程

　　由图 7.3.7 可以看出：①三种不同的初始航向将导致着陆器在进入过程中的航向翻转呈现显著的差异，其中场景 2（南向）和场景 3（西北向）在进入时刻的航向均偏离指向目标着陆点方向，因此滚转角均以正向偏转，从而修正飞行航向；②三种场景的初始经纬度不同，将导致初始剩余航程显著不同，其中场景 2 的初始剩余航程最大，因而火星进入过程的飞行总时间最长；③从滚转角变化曲线可以看出，其数值和符号随着陆器的飞行状态进行相应调整，而航向角的稳定变化也表明了横程制导算法的鲁棒性。

在火星大气进入过程中，会面临很多的参数不确定性问题。为了验证数值预测校正算法在火星大气进入环境中的稳定性，可采用蒙特卡罗打靶法对其进行测试，参数如表 7.3.5 所示。蒙特卡罗打靶的航程高度分布和落点分布如图 7.3.9 和图 7.3.10 所示。

表 7.3.5　火星大气进入不确定度分布

参数	3σ	分布
相对速度 $V/(\text{m} \cdot \text{s}^{-1})$	12.905 3	标准高斯分布
航迹角 $\gamma/(°)$	0.148 4	标准高斯分布
航向角 $\psi/(°)$	0.097 3	标准高斯分布
经度 $\theta/(°)$	0.074 9	标准高斯分布
纬度 $\varphi/(°)$	0.320 2	标准高斯分布
质量 m/kg	± 157.6	均匀分布
升力系数 C_L	15%	标准高斯分布
阻力系数 C_D	15%	标准高斯分布

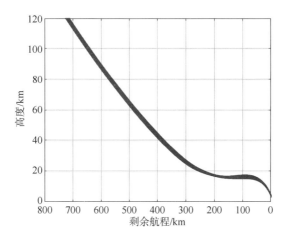

图 7.3.9　航程高度分布

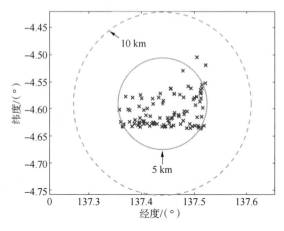

图 7.3.10　落点分布

蒙特卡罗打靶分析表明：数值预测校正制导方法误差在 5 km 精度以内达 91%，在 10 km 精度以内达 100%，实际上所有的落点误差都在 6.5 km 范围内。以上表明，数值预测校正算法在处理火星大气参数和动力学参数不确定性上具有较好的适应性和稳定性。事实上，由于数值预测校正方法在每一个制导环节中都根据偏差实时生成相应的控制量，因此对于初始偏差具有很好的鲁棒性。

7.4　火星着陆伞舱组合体动力学建模与稳定控制

火星进入段结束后，着陆器的速度将降至 2 Ma 左右，但仍需要利用降落伞进一步减速。在满足开伞条件后，着陆器将弹出降落伞，降落伞逐渐展开，伞和伞绳作为柔性体大大增加动力学建模的复杂度，且在展开过程中会遇到显著的振动现象，这对整个着陆系统的稳定性将产生严重影响。已有研究结果表明，将火星降落伞和伞绳作为刚体，将连接着陆器的四根悬绳视为只有线性拉伸弹力的模型，能够简化降落伞和着陆器系统的仿真复杂度，并很好地保证仿真结果与实际物理仿真的符合度[13]。本节将采用上述方法建立基本动力学模型，对火星减速段的降落伞动力学及稳定性进行初步分析和探讨。

7.4.1　火星着陆伞舱组合体动力学建模初步

在火星进入段的气动减速之后，降落伞在 2 Ma 左右弹出，随后降落伞逐渐展开，伞绳拉直后会出现展伞过程中的峰值开伞力。降落伞完全展开后，伞舱组合体将逐渐稳定，为下一步做准备。接下来，对降落伞和进入舱体的六自由度建模，以分析开伞过程中的开伞峰值力、着陆轨迹、着陆舱动力学和降落伞对舱体的作用力情况，并通过主动阻尼控制来抑制伞舱组合体姿态振荡问题。

为了描述伞舱组合体系统的结构，以及力与力矩的传递关系，本节将给出该系统的基本几何模型，建立伞舱系统动力学模型和不同坐标系下状态的关联。伞舱系统的几何结构和模型如图 7.4.1 所示。

由于盘缝带减速伞在稳定性与安全性方面的显著作用[14]，目前是火星着陆探测任务设计的首选，图 7.4.1（a）中伞的直径为 D_p，当减速伞完全充气后，其整体结构可以近似为一个完全刚体，质心 O_p 在对称中心，质心位置与吊带连接位置的距离为 L_p。着陆舱如图 7.4.1（b）所示，其本身的机械结构是传统的旋成舱体构型，但为了满足具备一定升阻比的需要，通常将质心 O_b 偏置于中心对称轴，质心与吊带连接点的距离记为 L_b，着陆舱最大直径记为 D_b。

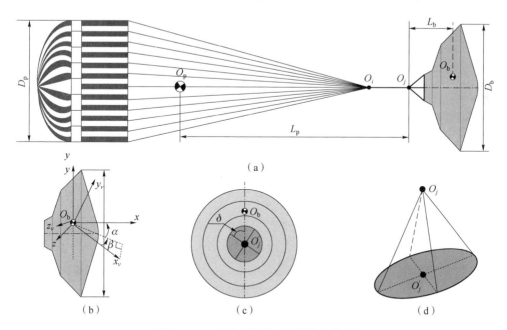

图 7.4.1　伞舱系统的几何结构和模型

（a）伞舱组合体；（b）着陆舱；（c）吊带垂直投影位置；（d）吊带三维结构

对于伞舱组合体系统，两者的关联位置直接取决于吊带。如图 7.4.1（c）和图 7.4.1（d）所示，其中吊带安装在着陆舱上的节点均匀分布于着陆舱顶部。在静态情况下，吊带连接点 O_j 在减速伞和着陆舱的结构对称轴上。由于四根吊带本身通过形变传递拉力，因此通常将其简化为线性弹簧阻尼模型。在开伞后，伞舱系统下降过程中，连接点总会偏离中心位置而使得减速伞和着陆舱产生力矩。吊带力学传递特性取决于材质、环境温度等，由于吊带结构力学非本节重点探讨的对象，因此这里引用美国火星科学实验室着陆器的相关数学模型[13]，即单个吊带拉力与形变之间的关联关系为

$$F_{\text{TBL}} = \begin{cases} C_{\text{TBL}} \cdot \Delta \dot{L}_{\text{TBL}}(t) + k_{\text{TBL}} \cdot \Delta L_{\text{TBL}}, & F_{\text{TBL}} > 0 \\ 0, & F_{\text{TBL}} \leq 0 \end{cases} \tag{7.4.1}$$

式中，F_{TBL}——吊带的拉力；

C_{TBL}——吊带的阻尼系数；

ΔL_{TBL}——吊带的形变长度；

$\Delta \dot{L}_{\text{TBL}}(t)$——吊带形变速率；

k_{TBL}——吊带的刚度。

需要特别说明的是，吊带的形变长度可以根据"刚化"伞体和着陆舱的位置关系计算得到，而形变速率可根据两者的速度关系计算得到。此外，吊带只有在拉伸情况下才会有形变力产生，否则，其作用力为 0。对于整个减速伞的展开、充气等涉及的复杂流固耦合及柔性多体动力学，这里不再展开叙述。同时，本节探讨的伞舱系统振荡阻尼，只考虑减速伞完全充气后的阶段，开伞过程不做讨论，但为了保证仿真的连续性，将弹伞过程借鉴美国火星科学实验室着陆器（MSL）的相关经验公式。

为了便于建模，这里给出了相关的坐标系描述，其详细的几何意义和相关解释可参见文献 [3]、[13]、[15]，相关坐标系定义如下：

（1）着陆舱本体坐标系：该坐标系的原点位于着陆舱质心；x 轴指向钝头且平行于中心轴；y 轴位于质心和中心轴所在平面，指向质心所在一侧；z 轴与 x 轴、y 轴构成右手坐标系。

（2）开伞点坐标系：原点位于开伞点时刻着陆舱在火星表面的投影；y 轴由原点指向开伞点；x 轴在开伞瞬时轨道面内垂直于 y 轴，并指向着陆舱运动方向；z 轴与 x 轴、y 轴构成右手坐标系。

（3）弹道坐标系：原点位于着陆舱质心；x 轴指向速度方向；y 轴在铅垂面内垂直于 x 轴；z 轴与 x 轴、y 轴构成右手坐标系。

首先，以开伞点为起始点，在开伞点坐标系下建立质心运动方程：

$$\begin{cases} \dot{x} = V\cos\theta_T\cos\sigma_T \\ \dot{y} = V\sin\theta_T\cos\sigma_T \\ \dot{z} = -V\sin\sigma_T \\ \dot{V} = (F_{xb}^A + F_{xb}^B)/m + g_x \\ \dot{\theta}_T = (F_{yb}^A/m + F_{yb}^B/m + g_{yb})/(V\cos\sigma_T) \\ \dot{\sigma}_T = -(F_{zb}^A/m + F_{zb}^B/m + g_{zb})/V \end{cases} \tag{7.4.2}$$

式中，(x,y,z)——着陆舱/减速伞质心在开伞点坐标系下的坐标；

$\quad$ V——火星固连坐标系下的速度；

$\quad$ θ_T,σ_T——速度倾角、航迹偏航角；

$\quad$ $\boldsymbol{F}^A = [F_{xb}^A, F_{yb}^A, F_{zb}^A]^T$——空气动力在弹道坐标系（半速度系）下的表示；

$\quad$ $\boldsymbol{F}^B = [F_{xb}^B, F_{yb}^B, F_{zb}^B]^T$——吊带拉力在弹道坐标系下的表示；

$\quad$ $\boldsymbol{g} = [g_{xb}, g_{yb}, g_{zb}]^T$——重力加速度在弹道坐标系下的表示；

$\quad$ m——着陆舱/减速伞质量。在振荡下降过程中，假设质量不变。

然后，建立着陆舱/减速伞的质心转动方程。考虑到减速伞开伞稳定过程时间较短，因此在该过程建立转动动力学时忽略火星自转影响，即开伞点坐标系在该阶段可暂时认定为惯性坐标系。此时转动方程的表达式为

$$\begin{cases} \dot{\vartheta} = (\omega_y\sin\gamma + \omega_z\cos\gamma)/\cos\psi \\ \dot{\psi} = \omega_y\cos\gamma - \omega_z\sin\gamma \\ \dot{\gamma} = \omega_x + (\omega_y\sin\gamma + \omega_z\cos\gamma)\tan\psi \\ \dot{\boldsymbol{\omega}} = -\boldsymbol{I}^{-1}(\boldsymbol{\omega}^\times \boldsymbol{I}\boldsymbol{\omega} + \boldsymbol{M}^A + \boldsymbol{M}^B + \boldsymbol{M}^c) + \tilde{\boldsymbol{\delta}} \end{cases} \tag{7.4.3}$$

式中，ϑ,ψ,γ——本体相对于开伞点坐标系的俯仰角、偏航角和滚转角；

$\quad$ $\boldsymbol{\omega} = [\omega_x, \omega_y, \omega_z]^T$——角速度在本体坐标系下的表示；

$\quad$ $\boldsymbol{M}^A = [M_x^A, M_y^A, M_z^A]^T$——气动力矩；

$M^B = [M_x^B, M_y^B, M_z^B]^T$——吊带拉力产生的力矩；

M^c——待设计用于阻尼着陆舱振荡的控制力矩；

$\tilde{\delta}$——随机误差；

$I, \omega^\times$——着陆舱/减速伞的惯量矩阵和角速度矩阵，其表达式为

$$I = \begin{bmatrix} I_x & -I_{xy} & -I_{xz} \\ -I_{xy} & I_y & -I_{yz} \\ -I_{xz} & -I_{yz} & I_z \end{bmatrix}, \quad \omega^\times = \begin{bmatrix} 0 & -\omega_z & \omega_y \\ \omega_z & 0 & -\omega_x \\ -\omega_y & \omega_x & 0 \end{bmatrix} \quad (7.4.4)$$

以上给出了伞舱系统的几何特征，以及下降过程的六自由度动力学模型。

7.4.2　火星着陆减速伞展开过程动态特性分析

在火星伞舱组合体运动中，开伞过程是整个系统中最为复杂、状态切换频率最高的过程。因此，分析火星着陆过程的减速伞展开动态性能，对于整个着陆过程的安全性评估和伞舱构型设计具有重要的指导意义。

由于伞舱系统在弹伞阶段不仅面临环境干扰，还受到伞舱系统误差的影响，因此在考虑随机误差条件下的状态散布更能直观反映该过程特征参数的瞬态规律。在此以开伞稳定性为主要分析目标，以蒙特卡罗打靶法为开伞过程特征参数的分析方法。假设开伞高度为 8 000 m，取蒙特卡罗打靶次数为 500 次，连接带和吊带受到的总拉力情况如图 7.4.2 所示。

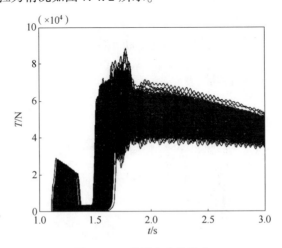

图 7.4.2　普通高度总拉力

　　由图 7.4.2 可以看出：减速伞在弹出的一瞬间，主伞绳拉直而产生初始的伞绳力；在此之后，由于伞舱组合体姿态摆动、减速伞充气等原因，伞绳出现短暂松弛，当减速伞完全充气后，伞绳拉力迅速激增，并达到伞绳峰值力。在整个弹伞过程中，从伞绳弹出到瞬间拉直所需的时间不到 100 ms，减速伞从开始弹出到完全充气拉直，总时长不超过 2 s，这也体现了火星着陆器在开伞过程的高动态特性。为了直观反映图 7.4.1 中各个吊带的拉力变化，这里分析了不同吊带在整个弹伞过程的伞绳力的变化，如图 7.4.3 ~ 图 7.4.6 所示。

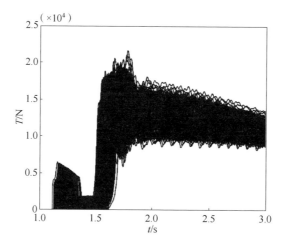

图 7.4.3　普通高度吊带 1 拉力

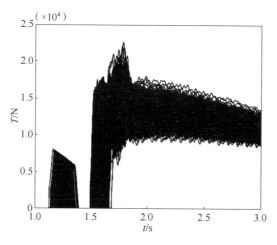

图 7.4.4　普通高度吊带 2 拉力

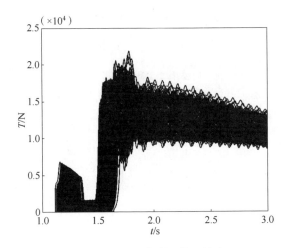

图 7.4.5 普通高度吊带 3 拉力

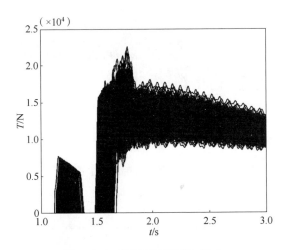

图 7.4.6 普通高度吊带 4 拉力

为了量化减速伞展开过程的状态量以及特征参数的变化，在此进行了统计分析并给出了该过程伞舱组合体下降中的规律性参数。通过打靶数据分析发现，弹伞过程时间的最小值为 1.596 s，最大值为 1.814 s，平均展开时间为 1.691 s；弹伞过程的高度最小值为 5 202 m，最大值为 9 892.9 m，平均高度为 7 651.3 m；弹伞瞬间组合体速度的最小值为 433.1 m/s，最大值为 445.9 m/s，平均速度为 439.7 m/s；弹伞阶段的动压最小值为 410.5 Pa，最大值为 742.3 Pa，平均动压为 589.9 Pa；相应的数据统计直方图如图 7.4.7 ~ 图 7.4.10 所示。

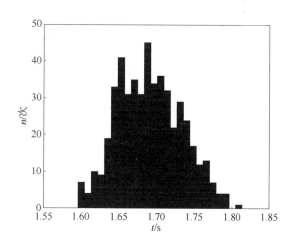

图 7.4.7 蒙特卡罗打靶得到的完全开伞时间统计数分布

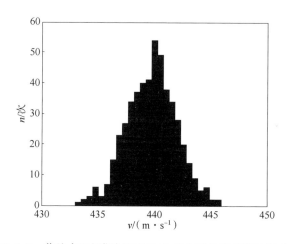

图 7.4.8 蒙特卡罗打靶得到的完全开伞时的速度统计数分布

降落伞完全展开的时间、速度差别不大,动压的分布范围主要受到开伞高度的影响。开伞高度主要集中在 5 ~ 10 m 之间,开伞动压主要集中在 400 ~ 750 Pa 之间。

为了验证本节所给出伞舱组合体基本模型的准确性,在此以美国 NASA Langley Research Center(兰利研究中心)分析火星探测漫游者着陆器(MER)降落伞开伞过程为例进行对比。火星探测漫游者着陆器(MER)不包括降落伞的质量为 810. 3 kg,降落伞直径为 4 m。兰利研究中心使用 NASA 的动力学仿真

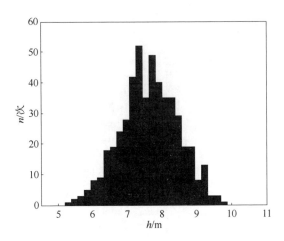

图 7.4.9   蒙特卡罗打靶得到的完全开伞时的高度统计数分布

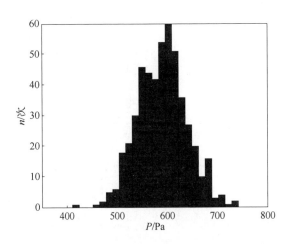

图 7.4.10   蒙特卡罗打靶得到的完全开伞时的动压统计数分布

软件 POST Ⅱ 对该过程进行了模拟，降落伞打开后的受力情况如图 7.4.11 所示[16]。

作为对比，本节选取了开伞高度同样为 7 400 m 的情况进行仿真，降落伞开伞后飞行 10 s 内的受力情况如图 7.4.12 所示。

由图 7.4.11 和图 7.4.12 的对比可以看出，两者的变化规律基本一致，由于文献［14］中的开伞距离相对较短，故峰值开伞力较小，开伞时间也相对较短，但从伞绳拉直、充气到稳定过程特性保持了较好的一致性。

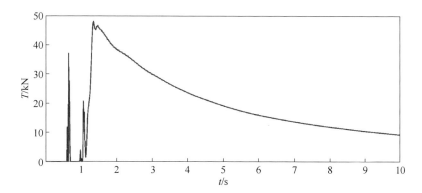

图 7.4.11　火星探测漫游者着陆器（MER）降落伞受力情况[14]

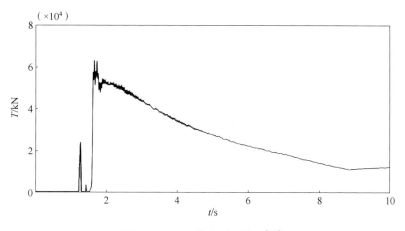

图 7.4.12　降落伞受力情况[17]

7.4.3　火星着陆伞舱组合体稳定阻尼控制律设计

　　火星着陆过程动力学模型高度非线性，环境恶劣，系统参数误差与外界扰动大，这使得着陆安全性与着陆精度成为任务执行中的突出问题。从过往失败的火星探测任务来看，除发射失利外，其余多数是到达火星后着陆器在 EDL 过程中因受复杂环境影响而失联。在该过程中，大气进入段决定了着陆点精度；而历时数秒的伞降段由于需要经历高动态开伞、阻尼稳定以及防热大底分离，已经成为影响 EDL 安全性的关键阶段。无论是减速伞打开（特别是大攻角开伞），还是后续防热大底分离，都会对着陆舱的姿态产生瞬时大幅冲击，造成本身具有静稳定结构的着陆舱发生姿态超过稳定阈值的情况发生。同时，由于减速伞开伞至防热大底分离总共历时约 10 s，如果在此时间段不能通过主动阻尼控制来抑制着陆舱姿态振幅，将直接影响防热大底分离的安全性，并显著降低探测雷达等高度测量仪器的工作效能，进而给整个着陆任务带来巨大潜在风险。因此，为了最大限度地降低安全隐患，伞舱组合体的振荡阻尼是着陆器下降过程中必须重点考虑的问题。

　　为了直观地给出无控情况下伞舱组合体姿态失稳风险，在此以 7.4.2 节中的开伞条件，在不考虑大底分离的情况下，对伞舱组合体从开伞时刻开始到飞行 20 s 的姿态情况进行仿真分析，其着陆舱和降落伞的攻角随时间变化的情况如图 7.4.13和图 7.4.14 所示。

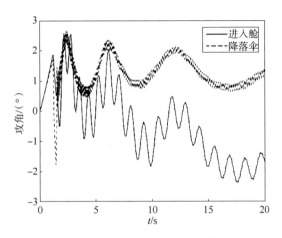

图 7.4.13　无阻尼控制的攻角振荡

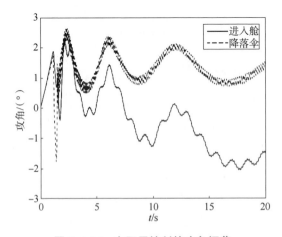

图 7.4.14　有阻尼控制的攻角振荡

由图 7.4.13 和图 7.4.14 可以看出：在整个开伞过程中，无论是着陆舱还是降落伞都会发生大幅姿态振荡，但相对而言，降落伞趋势更为稳定，而着陆舱由于伞绳持续大力矩作用，姿态振幅几乎不衰减，存在发散的可能。

为此，本节针对火星着陆伞舱组合体振荡阻尼问题，在考虑可靠性和任务可行性的前提下，提出了一种通过主动控制快速衰减振幅的姿态稳定方法。该方法通过综合设计镇定姿态角的比例反馈和镇定姿态角速度的动态面控制策略，实现伞舱系统的振荡衰减，在有限时间内使其稳定在安全范围内。

7.4.3.1 姿态振荡阻尼控制律设计

在控制算法设计过程中，需要考虑两方面因素。一方面，算法设计力求低复杂度，保证着陆舱在有限姿控系统响应能力下输出所需的控制力矩；另一方面，算法设计需要保证姿态的渐近稳定，在现有姿控条件下使得振幅尽量减小。

以上述分析为依据，在设计控制算法时，由于存在姿态角和姿态角速度两种状态，所以采用复合控制。这里将同时采用比例反馈控制镇定姿态角和采用动态面控制镇定姿态角速度。

首先，针对姿态角的变化情况，姿态角微分方程可以表述为

$$\dot{\boldsymbol{\Phi}} = \boldsymbol{A}(\boldsymbol{\Phi})\boldsymbol{\omega} \tag{7.4.5}$$

式中，$\boldsymbol{A}(\boldsymbol{\Phi})$——角速度的非线性系数矩阵；

$\boldsymbol{\omega}$——着陆器角速度。

假设需要稳定的姿态为 $\boldsymbol{\Phi}^*$，此时姿态角偏差为

$$\boldsymbol{\Phi}_e = \boldsymbol{\Phi} - \boldsymbol{\Phi}^* \tag{7.4.6}$$

需要特别说明的是，对于姿态的稳定性，这里只需考虑俯仰和偏航通道。由于在开伞阶段，即使姿态角振荡，其整体幅值也可以看作小量，因此俯仰角 ϑ 和偏航角 ψ 可近似表示为

$$\begin{cases} \vartheta \approx \alpha + \theta_V \\ \psi \approx \beta + \psi_V \end{cases} \tag{7.4.7}$$

式中，α, β——攻角和侧滑角；

θ_V, ψ_V——速度倾角和速度偏角。

由于在开伞（或抛大底）的短暂过程中，速度倾角和速度偏角变化微小，

因而俯仰和偏航通道的姿态角偏差在短时间内可通过攻角和侧滑角来表示，即

$$\vartheta_e \approx \alpha_e, \psi_e \approx \beta_e$$

为了使姿态角稳定，需给角度变化率增加额外输入虚拟控制律 $\boldsymbol{u}$。假设其与 $\boldsymbol{\omega}$ 同量纲，从而使得姿态角偏差满足如下指数衰减律：

$$\dot{\boldsymbol{\Phi}}_e = -\boldsymbol{K}_p \boldsymbol{\Phi}_e \tag{7.4.8}$$

式中，$\boldsymbol{K}_p$——正定反馈增益矩阵。

将式（7.4.8）代入式（7.4.5），则有

$$\dot{\boldsymbol{\Phi}}_e = \boldsymbol{A}(\boldsymbol{\Phi})\boldsymbol{\omega} - \dot{\boldsymbol{\Phi}}^* + \boldsymbol{A}(\boldsymbol{\Phi})\boldsymbol{u} = -\boldsymbol{K}_p \boldsymbol{\Phi}_e$$

$$\Leftrightarrow \boldsymbol{A}\boldsymbol{u} = -\boldsymbol{A}\boldsymbol{\omega} + \dot{\boldsymbol{\Phi}}^* - \boldsymbol{K}_p \boldsymbol{\Phi}_e \tag{7.4.9}$$

因而，可得虚拟控制律 $\boldsymbol{u}$ 为

$$\boldsymbol{u} = \boldsymbol{A}^{-1}(-\boldsymbol{A}\boldsymbol{\omega} + \dot{\boldsymbol{\Phi}}^* - \boldsymbol{K}_p \boldsymbol{\Phi}_e) \tag{7.4.10}$$

然后，继续设计控制力矩 $\boldsymbol{M}^c$。考虑到当系统稳定时，$\boldsymbol{u} \to \boldsymbol{0}$，此时 $\boldsymbol{M}^c$ 的作用是使得姿态角速度偏差为 $\boldsymbol{\omega}_e$ 和 $\boldsymbol{u} \to \boldsymbol{0}$，式（7.4.9）可以简写为 $\boldsymbol{u} = \boldsymbol{u}^c - \boldsymbol{\omega}$，所以可以认为 $\boldsymbol{\omega}_e = -\boldsymbol{u}$ 是 $\boldsymbol{M}^c$ 设计的目标。由式（7.4.9）可知，表达式包含角速度信息，这里为避免求导，可采用低通滤波器，即

$$\bar{\boldsymbol{u}}^c = \boldsymbol{f}(\boldsymbol{u}^c(0), T) \tag{7.4.11}$$

式中，$\boldsymbol{f}(\cdot)$——滤波函数；

T——滤波器时间常数。

此时，取 $\boldsymbol{u} = \bar{\boldsymbol{u}}^c - \boldsymbol{\omega}$，定义滤波误差为 $\boldsymbol{u}_e = \bar{\boldsymbol{u}}^c - \boldsymbol{u}^c$。在通过稳定性分析控制律之前，这里可以给出控制律，其表达式为

$$\boldsymbol{M}^c = -\boldsymbol{\omega}^\times \boldsymbol{I}\boldsymbol{\omega} - \boldsymbol{I}(\boldsymbol{K}_M \boldsymbol{u} + \boldsymbol{A}^T \boldsymbol{\Phi}_e + \dot{\bar{\boldsymbol{u}}}^c) - \boldsymbol{M}^{aero} - \boldsymbol{M}^{TBL} \tag{7.4.12}$$

式中，$\boldsymbol{K}_M$——正定反馈增益矩阵；

$\boldsymbol{M}^{aero}, \boldsymbol{M}^{TBL}$——着陆器所受的气动力矩和减速伞吊带产生的拉力矩。

需要说明的是：上述控制律是基于 Lyapunov 函数稳定性推导给出的，可以实现有限时间稳定。

7.4.3.2 控制算法的收敛性分析

对于式（7.4.12）所示的控制律，定义如下 Lyapunov 函数：

$$V_L = \frac{1}{2}(\boldsymbol{\Phi}_e^T \boldsymbol{\Phi}_e + \boldsymbol{\omega}_e^T \boldsymbol{\omega}_e + \boldsymbol{u}_e^T \boldsymbol{u}_e) \tag{7.4.13}$$

对式 (7.4.13) 进行微分, 可得

$$\dot{V}_{\mathrm{L}} = \boldsymbol{\Phi}_{\mathrm{e}}^{\mathrm{T}} \dot{\boldsymbol{\Phi}}_{\mathrm{e}} + \boldsymbol{\omega}_{\mathrm{e}}^{\mathrm{T}} \dot{\boldsymbol{\omega}}_{\mathrm{e}} + \dot{\boldsymbol{u}}_{\mathrm{e}}^{\mathrm{T}} \dot{\boldsymbol{u}}_{\mathrm{e}}$$

同时, 根据式 (7.4.3) 中的第四个公式, 可知

$$\boldsymbol{\omega}_{\mathrm{e}} = \dot{\boldsymbol{\omega}} - \dot{\boldsymbol{u}}^{\mathrm{c}} = -\boldsymbol{I}^{-1} (\boldsymbol{\omega}^{\times} \boldsymbol{I} \boldsymbol{\omega} + \boldsymbol{M}^{\mathrm{A}} + \boldsymbol{M}^{\mathrm{B}} + \boldsymbol{M}^{\mathrm{c}}) + \tilde{\boldsymbol{\delta}} - \dot{\boldsymbol{u}}^{\mathrm{c}}$$

结合式 (7.4.12), 整理可得

$$\dot{V}_{\mathrm{L}} = -\boldsymbol{\Phi}_{\mathrm{e}}^{\mathrm{T}} \boldsymbol{K}_{\mathrm{p}} \boldsymbol{\Phi}_{\mathrm{e}} + \boldsymbol{\Phi}_{\mathrm{e}}^{\mathrm{T}} \boldsymbol{A}(\boldsymbol{\Phi}) \boldsymbol{\omega}_{\mathrm{e}} - \boldsymbol{\omega}_{\mathrm{e}}^{\mathrm{T}} \boldsymbol{K}_{\mathrm{M}} \boldsymbol{\omega}_{\mathrm{e}} + \boldsymbol{\omega}_{\mathrm{e}}^{\mathrm{T}} \tilde{\boldsymbol{\delta}} + \boldsymbol{u}_{\mathrm{e}}^{\mathrm{T}} \dot{\boldsymbol{u}}_{\mathrm{e}} \tag{7.4.14}$$

为了得到 Lyapunov 函数导数的上边界, 这里采用类似动态面控制稳定性分析的方法, 基于杨氏不等式来确定其上确界。杨氏不等式的一般表达式为

$$\boldsymbol{v}_1^{\mathrm{T}} \boldsymbol{B} \boldsymbol{v}_2 \leqslant \max \{ \lambda_i(\boldsymbol{B}), i = 1, 2, \cdots, N \} \cdot \left(\frac{\|\boldsymbol{v}_1\|^2 + \|\boldsymbol{v}_2\|^2}{2} \right) \tag{7.4.15}$$

同时, 采用式 (7.4.11) 所述的低通滤波器, 因此

$$\dot{\boldsymbol{u}}_{\mathrm{e}} = -\frac{\boldsymbol{u}_{\mathrm{e}}}{T} - \dot{\boldsymbol{u}}^{\mathrm{c}} \tag{7.4.16}$$

结合式 (7.4.15) 和式 (7.4.16), 将其代入式 (7.4.14) 可得

$$\dot{V}_{\mathrm{L}} \leqslant \left[\frac{1}{2} \lambda_{\max}(\boldsymbol{A}) - \lambda_{\min}(\boldsymbol{K}_{\mathrm{p}}) \right] \|\boldsymbol{\Phi}_{\mathrm{e}}\|_2^2 +$$

$$\left[\frac{1}{2} \lambda_{\max}(\boldsymbol{A}) - \lambda_{\min}(\boldsymbol{K}_{\mathrm{M}}) + \frac{1}{2} \right] \|\boldsymbol{\omega}_{\mathrm{e}}\|_2^2 +$$

$$\frac{\|\tilde{\boldsymbol{\delta}}\|_2^2}{2} - \frac{\|\boldsymbol{u}_{\mathrm{e}}\|_2^2}{T} - \boldsymbol{u}_{\mathrm{e}}^{\mathrm{T}} \dot{\boldsymbol{u}}^{\mathrm{c}} \tag{7.4.17}$$

考虑到随机误差存在边界, 即 $\|\tilde{\boldsymbol{\delta}}\| \leqslant D$, 同时滤波误差属于高阶小量, 即 $|\boldsymbol{u}_{\mathrm{e}}^{\mathrm{T}} \dot{\boldsymbol{u}}^{\mathrm{c}}| \leqslant o(\|\boldsymbol{u}_{\mathrm{e}}\|)$, 因此式 (7.4.17) 可以写为

$$\dot{V}_{\mathrm{L}} \leqslant -GV + C \tag{7.4.18}$$

式中,

$$G = 2 \cdot \min \left\{ \lambda_{\min}(\boldsymbol{K}_{\mathrm{p}}) - \frac{1}{2} \lambda_{\max}(\boldsymbol{A}), \lambda_{\min}(\boldsymbol{K}_{\mathrm{M}}) - \frac{1}{2} \lambda_{\max}(\boldsymbol{A}) - \frac{1}{2}, \frac{1}{T} \right\} \tag{7.4.19}$$

$$C = \frac{D^2}{2} - \boldsymbol{u}_{\mathrm{e}}^{\mathrm{T}} \dot{\boldsymbol{u}}^{\mathrm{c}} \tag{7.4.20}$$

显然, 通过设计增益矩阵 $\boldsymbol{K}_{\mathrm{p}}$ 和 $\boldsymbol{K}_{\mathrm{M}}$, 可使得 $G > 0$, 即可实现系统的控制误差和滤波误差有界且指数收敛。此时, 有

$$V_L \leqslant V_L(0) \mathrm{e}^{-Gt} + C/G \tag{7.4.21}$$

上述控制算法能够保证在振荡阻尼全过程中实现姿态的稳定，其不仅可以应用在开伞后着陆器姿态稳定过程，还可用在防热大底分离后着陆舱的振荡抑制。

这里需要特别说明的是：着陆舱的振荡阻尼并非需要将着陆舱的姿态控制到零角速度状态，而是只需要将其控制到安全范围内，从而避免伞舱系统因为高振幅振荡导致的安全风险。因此，在控制力矩施加时，当姿态振幅降低到一定阈值以下后，可停止主动力矩输入，从而尽可能避免不必要的能量消耗，即理论控制输入为

$$\boldsymbol{M}^c = \begin{cases} \boldsymbol{0}, & |\zeta - \bar{\zeta}| \leqslant \Delta\zeta_{\max} \text{且} \zeta\dot{\zeta} \leqslant 0 \\ \boldsymbol{M}^c, & \text{其他} \end{cases} \tag{7.4.22}$$

式中，ζ——攻角 α、侧滑角 β 或总攻角 η；

$\bar{\zeta}$——角度的理想稳态值；

$\Delta\zeta_{\max}$——特征角度的可允许的最大振幅。

此外，还需要注意，着陆舱本身控制力矩有限，因此需避免控制力矩 M_ξ^{input} 超过其控制边界，即

$$M_\xi^{\mathrm{input}} = \begin{cases} M_\xi^c, & M_\xi^c \leqslant M_\xi^{\max} \\ \mathrm{sgn}(M_\xi^c) M_\xi^{\max}, & \text{其他} \end{cases} \tag{7.4.23}$$

式中，$M_\xi^{\max}$——着陆舱机体三通道的可用控制力矩的上界，$\xi = x,y,z$。

以上给出了着陆舱姿态振荡阻尼控制算法，下面将给出算法的仿真与分析。

7.4.3.3　姿态振荡阻尼控制仿真与分析

为了验证伞舱系统的振荡阻尼控制效果，下面通过仿真给出结果分析。在仿真中，伞舱系统的物理几何参数可参考文献［14］。在控制律设计中，着陆舱和减速伞的气动参数同样取 MSL 已试验任务的数据曲线，通过插值获得。需要说明的是，本文仿真中所用的伞舱系统模型为四吊带连接，因而伞体平衡攻角取零攻角附近。

为了保证一致收敛性，对于算例阻尼控制，姿态角反馈增益取 $\boldsymbol{K}_\mathrm{p} = \mathrm{diag}(0.1, 0.05, 0.01)$，姿态角速度反馈增益取 $\boldsymbol{K}_\mathrm{M} = \mathrm{diag}(0.001, 0.001, 0.001)$，其中，增益系数的选取依据是在考虑 Lyapunov 函数稳定性和控制效能的基础上给出的。同时，

滤波周期 $T = 500$ ms，着陆舱三通道可用输出力矩 M_ξ^{max} 均取 200 N·m；取振幅值 $\Delta\xi_{max} = 2°$，稳态值可根据无控结果选取。在该阶段过程中，当着陆舱 Ma 达 2 时执行开伞指令，在开伞过程中因受伞体冲击作用，会给着陆舱姿态造成较大的振幅。基于上述控制参数，减速伞和着陆舱的攻角 α 与侧滑角 β 的变化如图 7.4.15 所示。为了不影响开伞过程，振荡阻尼主控力矩是在开伞完全充气后施加。

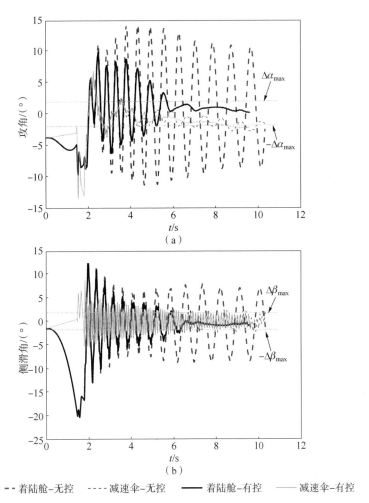

图 7.4.15　着陆舱和减速伞在主动阻尼下的姿态角变化曲线（附彩图）

（a）攻角变化曲线；（b）侧滑角变化曲线

主控力矩的施加可能改变原有减速伞的稳定攻角，从而导致减速伞不稳定在自然气动力的平衡攻角附近。尽管如此,由于减速伞的姿态本身是渐近稳定的,且主控力矩对伞的作用非常有限,因而在此无须担心主控力矩的施加可能对减速伞本身造成负面影响。

由图 7.4.15(a)可以看出:在无控状况下,攻角振幅达约 15°,按变化趋势,当动压降低到防热大底分离条件时,攻角振荡仍然难以自然衰减;在主控阻尼作用下,攻角在约 6 s 时降低到了可允许的振幅边界内,其后攻角在该范围内小幅振荡,最终满足约束范围。由于控制力矩受限于着陆器本身的控制能力,因而调节时间往往取决于伞舱系统本身。由图 7.4.15(b)可以看出,侧滑角在无主动阻尼情况下一直处于无衰减振荡状态,当主控阻尼施加后,约 6 s 前进入可允许边界内。着陆舱和减速伞总攻角的变化如图 7.4.16 所示。

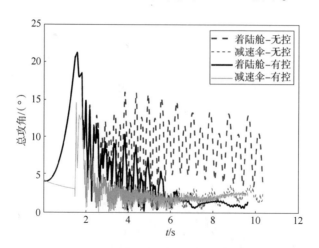

图 7.4.16   着陆舱和减速伞总攻角的变化曲线(附彩图)

由图 7.4.16 可以看出:实际上,减速伞姿态在无主动阻尼情况下可以依靠盘缝结构自然衰减,即有无主动阻尼并不会显著影响减速伞的姿态,而着陆舱需要有主动阻尼的施加才能降低其总攻角。整个过程的吊带总拉力变化情况如图 7.4.17 所示,可以发现,实际上主动阻尼并不会影响吊带拉力的传递。

从以上分析可以发现,如果不施加主动阻尼控制,着陆舱姿态就很难在短时间内自然衰减稳定。为了保证后续大底分离的安全性,就非常有必要施加主动阻尼控制。上述仿真结论也表明,本节所给出的伞舱组合体振动阻尼控制方法能够显著抑制着陆舱姿态振荡幅值,从而降低其失稳风险,保障安全着陆。

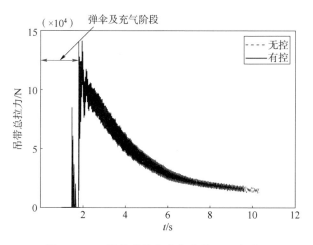

图 7.4.17　吊带总拉力变化曲线 （附彩图）

参 考 文 献

［1］ ZANG T,CIANCIOLO A D,KINNEY D,et al. Overview of the NASA entry,descent and landing systems analysis study［C］∥ AIAA SPACE 2011 Conference and Exposition,2011:8649.

［2］ 章仁为. 卫星轨道姿态动力学与控制［M］. 北京:北京航空航天大学出版社,1998.

［3］ STEINFELDT B A,TSIOTRAS P. A state – dependent Riccati equation approach to atmospheric entry guidance ［C］∥ AIAA Guidance, Navigation, and Control Conference,2010:8310.

［4］ WU H N,WANG Z P,GUO L. Disturbance observer based reliable H_∞ fuzzy attitude tracking control for Mars entry vehicles with actuator failures［J］. Aerospace science and technology,2018,77:92 – 104.

［5］ BENITO J,MEASE K D. Nonlinear predictive controller for drag tracking in entry guidance［C］∥ AIAA/AAS Astrodynamics Specialist Conference and Exhibit,

2008：7350.

［6］LÉVESQUE J F，DE LAFONTAINE J. Optimal guidance using density – proportional flightpath angle profile for precision landing on Mars［C］// AIAA Guidance，Navigation，and Control Conference and Exhibit，2006：6076.

［7］KOZYNCHENKOA I. Analysis of predictive entry guidance for a Mars lander under high model uncertainties［J］. Acta astronautica，2011，68（1/2）：121 – 132.

［8］WANG T，ZHANG H，ZENG L，et al. A robust predictor – corrector entry guidance ［J］. Aerospace science and technology，2017，66：103 – 111.

［9］滕锐，韩宏伟，乔栋. 火星探测最优离轨制导方法研究［J］. 深空探测学报，2020，7（2）：181 – 187.

［10］HORMIGO T，ARAÚJO J，CÂMARA F. Nonlinear dynamic inversion – based guidance and control for a pinpoint Mars entry［C］// AIAA Guidance，Navigation and Control Conference and Exhibit，2008：6817.

［11］DE LAFONTAINE J，LÉVESQUE J F，KRON A. Robust guidance and control algorithms using constant flight path angle for precision landing on Mars［C］// AIAA Guidance，Navigation，and Control Conference and Exhibit，2006：6075.

［12］JIANG B，HU Q，FRISWELLM I. Fixed – time attitude control for rigid spacecraft with actuator saturation and faults［J］. IEEE transactions on control systems technology，2016，24（5）：1892 – 1898.

［13］HARDY G H，LITTLEWOOD J E，PÓLYA G. Inequalities［M］. Cambridge：Cambridge University Press，1952.

［14］CRUZ J R，WAY D W，SHIDNER J D，et al. Parachute models used in the Mars Science Laboratory entry，descent，and landing simulation［C］// AIAA Aerodynamic Decelerator Systems（ADS）Conference，2013：1276.

［15］王海涛. 大型降落伞抽打现象及运动稳定性研究［D］. 长沙：国防科学技术大学，2011.

［16］RAISZADEH B，QUEEN E M. Mars exploration rover terminal descent mission modeling and simulation ［C］∥ The 14th AAS/AIAA Space Flight Mechanics Meeting,2004:271.

［17］韩宏伟,乔栋,崔祜涛,等. 火星稀薄大气进入过程伞舱组合体振荡阻尼方法研究［J］. 中国科学:技术科学,2020,50(9):1140 – 1149.

第8章
火星系统内探测的轨道设计

火星有两颗天然卫星（以下简称"火卫"），即福布斯（Phobos，简称"火卫一"）和戴莫斯（Deimos，简称"火卫二"）。针对火卫的探测也是近年来的研究热点。本章将基于火星 – 火卫系统，介绍火卫的探测轨道设计和利用太阳扰动力的火卫低能量捕获轨道设计；然后，分析考虑火卫形状摄动的火星 – 火卫系统动平衡点附近的周期轨道和共振轨道，以及高精度模型下的轨道修正方法；最后，在此基础上讨论利用脉冲和小推力的火卫附近转移轨道设计。

■ 8.1 基于火星系统的火卫探测捕获轨道设计

第1章中已介绍了火卫的物理特性和轨道参数，其中火卫一和火卫二相对火星的轨道半径分别为 9 376 km 和 23 458 km。要实现火卫探测，通常探测器需经星际转移被火星系统捕获。火卫的轨道高度相对较高，若采用传统直接捕获方法就需要消耗较多燃料。这里将结合第 7 章中给出的火星稳定集的概念，利用火星逆向稳定集进行火卫捕获轨道的设计。就基本飞行原理而言，充分利用火星引力和太阳引力摄动实现轨道状态的自然改变，可有效降低探测器经日心轨道转移至火卫附近所需的燃料消耗。

8.1.1　基于火星稳定集的火卫探测捕获轨道设计方法

若要实现火卫的探测，探测器可以先进入与火卫相同（或相近）的轨道，经调相后与火卫交会，因此这里忽略火卫的真实相角，重点分析转移进入火卫运行轨道的捕获策略。由 6.3 节的分析可以发现，位于弱稳定边界或稳定集的转移轨道在环绕火星的过程中，受到太阳引力摄动的作用，轨道的近心点会发生明显变化，经过若干周期的演化，轨道的近心点高度可能由较低的轨道高度（<200 km）抬升至上万甚至十万千米，可以覆盖火卫对应的轨道高度。同时，结合 6.3 节对捕获能量的分析，可以将火星的捕获过程分成两次脉冲。第一次脉冲 Δv_1 在距离火星较低的近心点将星际转移轨道捕获至稳定集内偏心率较大的稳定集轨道。轨道经演化后，近心点与轨道倾角均发生改变，当捕获轨道与火卫轨道相切时，施加第二次脉冲 Δv_2 将探测器捕获至火卫运行轨道。

在实际探测任务中，火卫探测的捕获轨道还需与行星际转移轨道相匹配，并考虑火星公转轨道偏心率等因素。本节将基于利用火星稳定集的捕获原理，给出在惯性坐标系下低能量精确捕获轨道的设计方法。该方法利用行星际转移轨道的双曲线赤经赤纬来选择合适的轨道倾角，采用两端点打靶与弹道捕获轨道双向积分匹配，得到最优的低能量捕获精确转移轨道设计方案。

首先，以太阳质心为原点建立惯性坐标系，则探测器轨道动力学方程可表示为

$$
\begin{cases}
\dot{\boldsymbol{r}} = \boldsymbol{v} \\
\dot{\boldsymbol{v}} = -\dfrac{\mu_{\mathrm{m}}\,\boldsymbol{r}}{r^3} - \mu_{\mathrm{s}}\left(\dfrac{\boldsymbol{r}_{\mathrm{s}}}{r_{\mathrm{s}}^3} + \dfrac{\boldsymbol{r}_{\mathrm{ps}}}{r_{\mathrm{ps}}^3}\right) + \boldsymbol{a}_{\mathrm{a}}(\boldsymbol{r}_{\mathrm{a}}) + \boldsymbol{a}_{\mathrm{N}} + \boldsymbol{a}_{\mathrm{SPR}} + \boldsymbol{a}_{\mathrm{N}}
\end{cases}
\tag{8.1.1}
$$

式中，$\boldsymbol{r},\boldsymbol{v}$——探测器相对火星的位置矢量和速度矢量；

$\boldsymbol{r}_{\mathrm{s}}$——太阳至探测器的位置矢量；

$\boldsymbol{r}_{\mathrm{ps}}$——火星至太阳的位置矢量；

$\boldsymbol{r}_{\mathrm{a}}$——火卫至探测器的位置矢量；

$\boldsymbol{a}_{\mathrm{a}},\boldsymbol{a}_{\mathrm{SPR}},\boldsymbol{a}_{\mathrm{N}}$——火卫引力摄动、太阳光压摄动以及其他天体的引力摄动。

在星际转移段，由于探测器距离火星较远，因此可将火星考虑为质点引力作用。

根据地火转移发射机会搜索可以得到探测器进入火星时的双曲线超速矢量 $\boldsymbol{V}_{\infty\mathrm{M}}$，但还需确定轨道的倾角 i_{M} 和近心点高度 r_{pM}，以进一步获得满足约束的双曲线轨道。根据稳定集的捕获策略，要求探测器在施加首次捕获机动时对应的近心点高度应尽可能低，该高度即双曲线轨道相对火星的近心点高度。由 3.3.2 节可知，给定 i_{M} 和 r_{pM}，存在两组可能的双曲线轨道，即 $\Gamma_1(\boldsymbol{V}_{\infty\mathrm{M}}, i_{\mathrm{M}}, r_{\mathrm{pM}}, \Omega_{\mathrm{M1}},$

ω_{M1}),$\Gamma_2(V_{\infty M},i_M,r_{pM},\Omega_{M2},\omega_{M2})$。利用轨道参数,可以确定轨道对应的近心点状态,可用于转移轨道的设计。

在理想情况下,探测器仅需两次轨道机动即可经日心轨道转移至火卫附近。但在实际设计中,考虑到大偏心率轨道对误差较敏感,通常在轨道远心点处施加修正脉冲使其达到终点状态,调制作用较为灵活,因此也可以通过三次脉冲实现从日心轨道至火卫附近的转移,如图8.1.1所示。

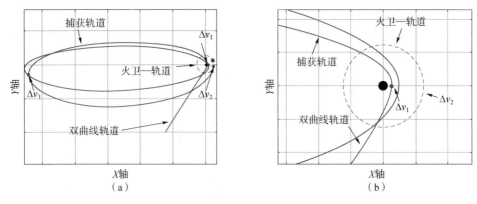

图8.1.1 三脉冲火卫捕获轨道设计(附彩图)

(a)全局图;(b)火卫一附近局部图

基于以上讨论,本节将给出一种基于两端点打靶的捕获轨道设计方法[1]。首先,将双曲线近心点后的捕获轨道由精确动力学模型正向积分至远心点,同时将捕获轨道与火卫轨道相切的入轨点逆向积分至远心点;其次,在远心点建立截面,利用微分修正对捕获轨道的位置、速度和时间进行修正,匹配轨道的远心点位置,得到位置连续的捕获轨道;最后,利用轨道机动匹配远心点的速度,从而实现完整的转移轨道。

采用逆向稳定集的捕获轨道应选择尽可能大的偏心率,以降低捕获所需的速度增量。因此针对确定的双曲线速度,给定较大的偏心率 e_s^f,选择不同倾角的双曲线轨道,施加捕获机动后对轨道进行积分,并记录相应的远心点状态 $\boldsymbol{x}_a^+(i)$。同时,在火卫轨道上选择不同的轨道相角 f_s 作为轨道的近心点,给定偏心率 e_s^b 进行逆向积分。由于轨道主要受太阳的引力作用,与太阳的相对位置密切相关,因此还需要确定逆向积分的初始时刻 t_b,以保证轨道的连续性。根据轨道偏心率估算轨道周期并选定所需的转移轨道环绕圈数，可以给出转移时间的估计值；利用远心点状态匹配，可以对转移时间的误差进行修正。逆向捕获轨道的远心点状态可以记为 $\boldsymbol{x}_a^-(f_s)$。

通过在远心点建立截面，可以记录不同轨道倾角对应的正向捕获轨道，以及不同轨道相角对应的逆向捕获轨道远心点状态；通过遍历搜索可得距离最近的正向和逆向远心点作为备选的拼接点，记为 $\boldsymbol{x}_a^+(\boldsymbol{r}_a^+, \boldsymbol{v}_a^+, i_s^*, t_a^+)$，$\boldsymbol{x}_a^-(\boldsymbol{r}_a^-, \boldsymbol{v}_a^-, f_s^*, t_a^-)$。其中，$t_a^+$ 表示正向轨道积分得到的远心点时刻，t_a^- 表示逆向轨道积分对应的远心点时刻。远心点的位置误差可以表示为 $\Delta\boldsymbol{r}_a = \boldsymbol{r}_a^+ - \boldsymbol{r}_a^-$。拼接点在位置、速度和时间上均存在一定误差，采用微分修正方法消除误差可以得到位置和时间均连续的捕获轨道。

修正过程分为两步：第 1 步，修正通过改变初次捕获后所得的近心点速度，使远心点位置匹配为 $\boldsymbol{x}_a^-(f_s^*)$，但转移时间固定为 t_a^+。速度修正量为 $[\delta v_{px}^*, \delta v_{py}^*, \delta v_{pz}^*]^T$，修正目标点 $\boldsymbol{r}_a^-$ 为 $(r_{ax}^-, r_{ay}^-, r_{az}^-)^T$。根据状态转移矩阵可得修正的表达式为

$$
\begin{bmatrix} \delta r_{ax}^+ \\ \delta r_{ay}^+ \\ \delta r_{az}^+ \end{bmatrix} = \begin{bmatrix} \dfrac{\partial r_{ax}^+}{\partial v_{px}} & \dfrac{\partial r_{ax}^+}{\partial v_{py}} & \dfrac{\partial r_{ax}^+}{\partial v_{pz}} \\[2mm] \dfrac{\partial r_{ay}^+}{\partial v_{px}} & \dfrac{\partial r_{ay}^+}{\partial v_{py}} & \dfrac{\partial r_{ay}^+}{\partial v_{pz}} \\[2mm] \dfrac{\partial r_{az}^+}{\partial v_{px}} & \dfrac{\partial r_{az}^+}{\partial v_{py}} & \dfrac{\partial r_{az}^+}{\partial v_{pz}} \end{bmatrix} \cdot \begin{bmatrix} \delta v_{px} \\ \delta v_{py} \\ \delta v_{pz} \end{bmatrix} \tag{8.1.2}
$$

同时，利用 B 平面法获得日心轨道的精确近心点状态，从而得到经过修正后的第一次捕获机动对应的速度增量为 Δv_1，经过修正后的捕获轨道远心点状态为 $\boldsymbol{x}_{ac}^+(\boldsymbol{r}_a^-, v_{ac}^+)$。

第 2 步，修正用于消除捕获轨道的时间误差，初始位置选为 $\boldsymbol{r}_a^-$，初始时间调整为 t_a^+，修正捕获轨道在远心点的速度 $\boldsymbol{v}_a^-$ 和转移时间 T_b，使轨道满足终端状态与火卫轨道相切。若忽略火卫的轨道相角，则终端状态应满足：

$$
a = a_{\text{Pho}}, i = i_{\text{Pho}}, \tau = 0 \tag{8.1.3}
$$

式中，a_{Pho}——火卫一轨道半长轴；

$\quad\quad i_{\text{Pho}}$——火卫一轨道倾角；

$\quad\quad \tau$——轨道至近心点的时间。

采用状态向量的形式表示终端状态 $\boldsymbol{x}_{\mathrm{f}}(\boldsymbol{r}_{\mathrm{f}},\boldsymbol{v}_{\mathrm{f}})$，则终端条件 $\boldsymbol{q}=[q_1,q_2,q_3]^{\mathrm{T}}$ 应满足：

$$\begin{cases} q_1 = \|\boldsymbol{r}_{\mathrm{f}}\| = a_{\mathrm{Pho}} \\ q_2 = \boldsymbol{r}_{\mathrm{f}} \cdot \boldsymbol{v}_{\mathrm{f}} = 0 \\ q_3 = (\boldsymbol{r}_{\mathrm{f}} \times \boldsymbol{v}_{\mathrm{f}}) \cdot \boldsymbol{i}_3 = \|\boldsymbol{r}_{\mathrm{f}}\|\|\boldsymbol{v}_{\mathrm{f}}\| \end{cases} \tag{8.1.4}$$

式中，$\boldsymbol{i}_3$——惯性坐标系的基向量，$\boldsymbol{i}_3 = [0,0,1]^{\mathrm{T}}$。

微分修正的链式关系表达式可表示为

$$\begin{bmatrix} \delta q_1 \\ \delta q_2 \\ \delta q_3 \end{bmatrix} = \frac{\partial \boldsymbol{q}}{\partial \begin{bmatrix} \boldsymbol{r}_{\mathrm{f}} \\ \boldsymbol{v}_{\mathrm{f}} \end{bmatrix}} \cdot \frac{\partial \begin{bmatrix} \boldsymbol{r}_{\mathrm{f}} \\ \boldsymbol{v}_{\mathrm{f}} \end{bmatrix}}{\partial \begin{bmatrix} \boldsymbol{v}_{\mathrm{a}}^- \\ \boldsymbol{T}_{\mathrm{b}} \end{bmatrix}} \cdot \begin{bmatrix} \delta v_{\mathrm{ax}}^- \\ \delta v_{\mathrm{ay}}^- \\ \delta v_{\mathrm{az}}^- \\ \delta T_{\mathrm{b}} \end{bmatrix} \tag{8.1.5}$$

两步轨道修正后，即可得远心点修正所需的速度增量 $\Delta v_3 = v_{\mathrm{ac}}^+ - v_{\mathrm{ac}}^-$ 和第 2 次捕获机动的速度增量 Δv_2。经过两步修正后，即可得到位置和时间上连续的转移轨道，从而完成从日心轨道至强扰动环境下的火卫附近的捕获轨道设计。图 8.1.2 所示为两步轨道修正的示意图。

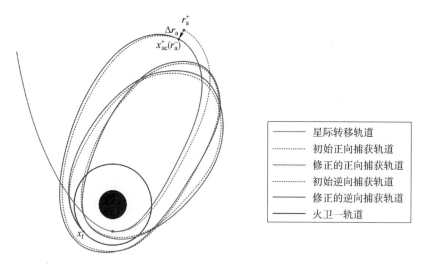

图 8.1.2　两步轨道修正示意图（附彩图）

8.1.2　火卫一探测捕获轨道设计实例与分析

根据 8.1.1 节提出的设计方法，本节在高精度模型下设计星际转移至火卫一附近的捕获轨道。火卫一轨道的偏心率较小，且相对火星赤道的倾角也较小；同时，轨道周期约为 8 h，远小于轨道转移的时长。因此，可以将火卫一的轨道简化为火星赤道坐标系下倾角为 0° 的圆轨道，终端状态约束选择为：轨道半长轴 $a_{Pho} = 9\,377$ km，轨道的偏心率 $e_{Pho} = 0$，轨道倾角 $i_{Pho} = 0°$。选择 2026—2027 年间的地火转移窗口，经过轨道优化确定最优转移机会为出发时间 2026 年 11 月 6 日，到达时间 2027 年 9 月 7 日。日心轨道相对火星的双曲线速度为 2.565 5 km/s（$v_\infty = [\,-2.262\,2\,,\,-0.292\,6\,,1.173\,5\,]^T$ km/s），对应的赤经、赤纬分别为 $\alpha_\infty = 187.37°$，$\beta_\infty = 27.22°$。根据轨道倾角约束，双曲线轨道的倾角应在 27.22°~152.78° 之间。考虑到轨道的安全性，选择首次机动对应的近心点高度为 200 km（$r_{ps} = 3\,589$ km）。计算得到对应的两组近心点位置和速度如图 8.1.3 所示。

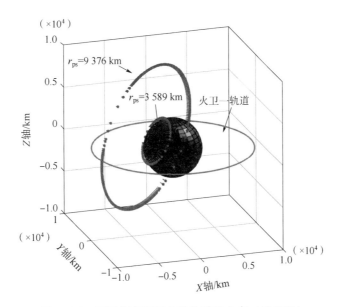

图 8.1.3　不同倾角下双曲线轨道近心点（附彩图）

图 8.1.3 中实线给出了近心点的速度方向。不同倾角下的双曲线轨道近心点

组成了一个圆环，且半径随着近心点高度的增大而增大；同时，两组近心点各对应半个圆弧。利用双端点打靶法可以得到正向和逆向轨道的远心点位置，根据轨道周期估算，选择逆向积分时间为 180 天，并定义逆向轨道的最后一次远心点和正向轨道的首次远心点作为匹配远心点。分别选择了几组正向和逆向捕获轨道的偏心率：$\{e_{f2}=0.987, e_{b2}=0.965\}$，$\{e_{f1}=0.985, e_{b1}=0.960\}$，$\{e_{f3}=0.990, e_{b3}=0.970\}$。

不同偏心率下的捕获轨道远心点分布如图 8.1.4 所示。随着偏心率的增大，远心点距离也随之增大。逆向轨道远心点位于赤道平面附近的圆环内，而正向轨道远心点集中在火星附近某一空间区域内，且仅有少数远心点位于赤道平面附近。通过搜索得到匹配远心点的偏心率组合为 $\{e_f=0.987, e_b=0.965\}$，对应的最佳双曲线轨道倾角为 $i^*=39°$，火卫一的入轨相角为 $\theta^*=115°$，初始匹配误差为 10 500 km，匹配远心点的分布如图 8.1.5 所示。

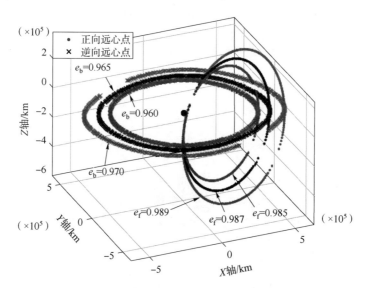

图 8.1.4　火卫一转移轨道远心点庞加莱截面（附彩图）

以匹配点的远心点状态为初值，经过两步修正得到的捕获轨道如图 8.1.6 所示。其中，第一次捕获速度增量为 $\Delta v_1=644.6$ m/s，第二次捕获速度增量为 $\Delta v_2=858.7$ m/s，轨道在远心点的修正速度增量为 $\Delta v_3=10.2$ m/s，总的速度增量为 $\Delta v=\Delta v_1+\Delta v_2+\Delta v_3=1.514$ km/s，总的转移时间为 203.5 天。

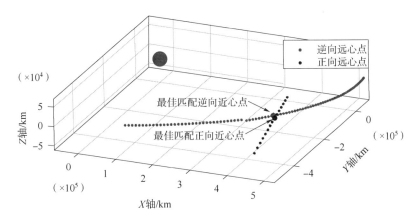

图 8.1.5　火卫一转移轨道最佳远心点匹配（附彩图）

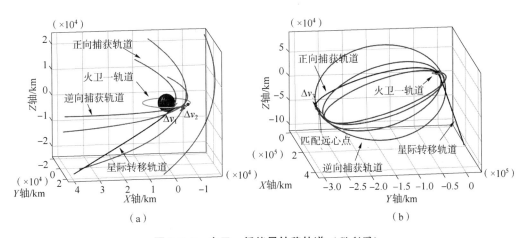

（a）　　　　　　　　　　　　　　（b）

图 8.1.6　火卫一低能量转移轨道（附彩图）

由图 8.1.6 可以看出，捕获轨道的偏心率和近心点高度在转移过程中发生了明显的改变。作为对比，不考虑倾角的直接捕获所需的速度增量为 $v_d = 1.827$ km/s，而传统的双椭圆转移所需的速度增量 $v_e = 1.640$ km/s。若增加倾角约束，则所需的捕获速度增量更大。结果也验证了在惯性坐标系下利用火星逆向稳定集设计火卫捕获轨道的可行性，与传统方法相比可以节约速度增量超过 126 m/s，可为探测器的在轨保持和轨道机动预留更多的燃料，可支持探测器在火卫附近的更多探测活动。

8.1.3 火卫二探测捕获轨道设计实例与分析

本节在高精度模型下设计火卫二探测的捕获轨道。火卫二轨道的偏心率很小（约为 0.000 2），且相对火星赤道倾角也较小（约为 0.93°）；同时，轨道周期约为 30 h，同样远小于轨道转移的时长。因此，可将火卫二的轨道简化为火星赤道坐标系下，倾角为 0° 的圆轨道，终端状态约束选择为 $a_{\mathrm{Dei}} = 23\,458$ km，$e_{\mathrm{Dei}} = 0$，$i_{\mathrm{Dei}} = 0°$。采用与 8.1.2 节相同的地火转移窗口，日心轨道相对火星的双曲线速度为 $v_\infty = [-2.262\,2, -0.292\,6, 1.173\,5]^{\mathrm{T}}$ km/s，首次机动对应的近心点高度为 200 km。

利用双端点打靶法得到正向和逆向捕获轨道的远心点位置，根据轨道周期估算，选择逆向积分时间为 160 天，定义逆向轨道的最后一次远心点和正向轨道的首次远心点作为匹配远心点。分别选择几组正向和逆向捕获轨道的偏心率：$\{e_{\mathrm{f1}} = 0.986, e_{\mathrm{b1}} = 0.940\}$，$\{e_{\mathrm{f2}} = 0.989, e_{\mathrm{b2}} = 0.947\}$，$\{e_{\mathrm{f3}} = 0.992, e_{\mathrm{b3}} = 0.952\}$。

相比于火卫一，火卫二的轨道半径较大，所以为了在远心点处将正向和逆向远心点处能量进行匹配，正向轨道偏心率稍大于火卫一情况，而逆向轨道偏心率稍小于火卫一情况。不同偏心率下的捕获轨道远心点分布如图 8.1.7 所示。

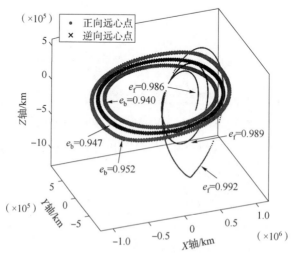

图 8.1.7 火卫二转移轨道远心点庞加莱截面（附彩图）

由图 8.1.7 可以看出，随着偏心率的增大，远心点距离也增大。逆向轨道远心点位于赤道平面附近的圆环内，而正向轨道远心点集中在火星附近某一空间区域内，且仅有少数远心点位于赤道平面附近。通过搜索得到匹配远心点的偏心率组合为 $\{e_f = 0.992, e_b = 0.947\}$，对应的最佳的双曲线轨道倾角为 $i^* = 38.2°$，火卫二的入轨相角为 $\theta^* = 138°$，初始匹配误差为 861 km，匹配远心点的分布如图 8.1.8 所示。

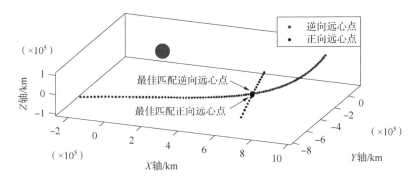

图 8.1.8　火卫二转移轨道远心点匹配（附彩图）

以匹配点的远心点状态为初值，经过两步修正得到的捕获轨道如图 8.1.9 所示。其中，第一次捕获速度增量为 $\Delta v_1 = 642.8$ m/s，第二次捕获速度增量为 $\Delta v_2 = 534.1$ m/s，轨道在远心点的修正速度增量为 $\Delta v_3 = 16.4$ m/s，总的速度增量为 $\Delta v = 1.193$ km/s，总转移时间为 185.7 天。

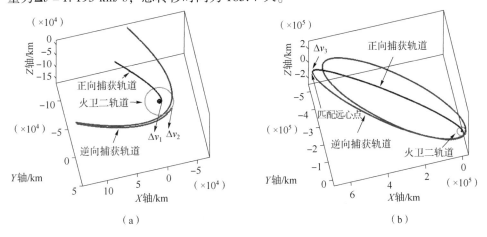

（a）　　　　　　　　　　　（b）

图 8.1.9　火卫二低能量转移轨道（附彩图）

（a）火卫二附近局部图；（b）全局图

作为对比，不考虑倾角的直接捕获所需的速度增量约为 $v_d = 1.848$ km/s。对比火卫一与火卫二的捕获轨道，在相同的地火转移窗口下，由于火卫二所处的轨道高度更高，因此捕获至火卫二附近所需的速度增量要小于火卫一，其主要体现在第二次捕获机动中，首次捕获机动和修正机动对应的速度增量接近。随着轨道高度的提高，利用稳定集的低能量捕获轨道相比直接捕获节省的速度增量也进一步增大。

■ 8.2 基于火星系统共振轨道的火卫飞越探测轨道设计

共振轨道是多天体系统中的一类重要周期轨道，适合于行星系统的探测。本节将以火星 – 火卫系统为背景，给出多天体系统中共振轨道的设计方法，探讨火卫附近可能适用于各类探测任务的不同共振比的共振轨道。

8.2.1 火星 – 火卫系统的共振轨道设计

共振轨道通常指围绕同一中心天体运动的两个质量体公转周期成简单整数比关系的轨道。在火星 – 火卫系统中，可以把火卫和探测器类比为两个质量体，若其轨道呈整数比关系，则两者的轨道会周期性地近距离相遇，为探测器对火卫探测提供了条件。

这里假设探测器绕火星飞行 p 圈所需的时间与火卫绕火星飞行 q 圈所需的时间相同，且 p 和 q 均为正整数。例如，探测器绕火星飞行 2 圈，同时火卫绕火星运行了 3 圈，即探测器与火卫形成 2:3 共振。探测器与火卫的轨道周期满足下式：

$$\frac{p}{q} = \frac{n_p}{n_q} = \frac{\dfrac{1}{T_p}}{\dfrac{1}{T_q}} = \frac{T_q}{T_p} \tag{8.2.1}$$

式中，n_p, n_q——探测器和火卫的平均角速度，且 $n_i = \sqrt{Gm_1/a_i^3}$，$i = p, q$，Gm_1 为火星的引力常数。

若不考虑火卫的引力作用，则可以根据共振比和任一轨道参数设计相应的共振轨道。选择探测器的初始状态为近心点，其近心点半径为 r_p，根据共振比和火卫轨道周期可得到探测器共振轨道的周期 T_p，则探测器轨道的初始速度 V_i 可以表示为[2]

$$V_i = \sqrt{2Gm_1\left(\frac{1}{r_p} - \frac{1}{2a}\right)} \tag{8.2.2}$$

式中，a——共振轨道的半长轴，$a = \left[Gm_1\left(\frac{T_p}{2\pi}\right)^2\right]^{\frac{1}{3}}$。

对于火卫附近的共振轨道，由此探测器会受到火卫引力摄动的影响，因此理想情况下得到的共振轨道在摄动力的作用下将偏离标称值，使得轨道周期不满足共振条件，甚至有可能与火卫发生碰撞。

这里将采用一种类同伦的迭代修正方法[3]进行轨道修正。首先，将系统的质量比由 0 演变为目标值，基于三体系统模型通过迭代求解得到不考虑形状摄动的共振轨道；然后，根据轨道共振特性，利用动力学模型的对称性，采用微分修正方法对共振轨道进行修正，得到精确的共振轨道。对于二体轨道，可认为系统的质量比为 0，将二体模型的轨道作为初值，逐渐增大质量比至目标值；然后对火卫的形状进行演化，得到考虑火卫形状摄动的共振轨道。

8.2.2　火卫附近共振轨道设计实例与分析

根据火卫的相关参数，对火卫附近的共振轨道进行设计。火星 – 火卫一的 1:1 共振轨道及其演化情况如图 8.2.1 所示。由于火卫一的尺寸较小，1:1 共振轨道始终在其附近运动，因此轨道受火卫一的非球形摄动影响较大。采用二体模型得到初始结果后，需要进行多次修正才能获得精确数值解。

如图 8.2.1 所示，随着质量比 μ 的增大，轨道逐渐向火卫一靠近；同时，随着火卫一由球形接近扁球形，共振轨道也逐渐向火卫一靠近，但引力影响比形状摄动的影响更显著。

采用相同方法，可给出火卫一和火卫二附近不同共振比的共振轨道。利用轨道延拓方法，可以生成相同共振比的共振轨道族。不同共振比 $p:q$ 的火卫一和火卫二的共振轨道族如表 8.2.1 和表 8.2.2 所示，其中的蓝色加粗轨道的初始时刻

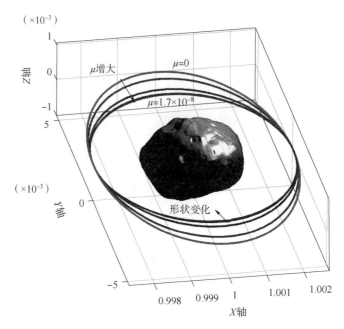

图 8.2.1　火卫一 1:1 共振轨道随质量系数和形状参数的演化（附彩图）

距离火卫一和火卫二均为 200 km，所对应的非零初始状态、周期和雅可比常数 C 的值如表 8.2.3 和表 8.2.4 所示。随着共振轨道与火卫距离的改变，轨道周期和轨道能量也会发生变化。

表 8.2.1　旋转坐标系下不同共振比 $p{:}q$ 的火卫一共振轨道族（附彩图）

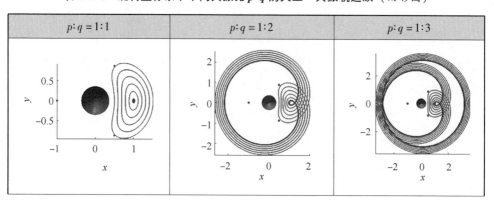

续表

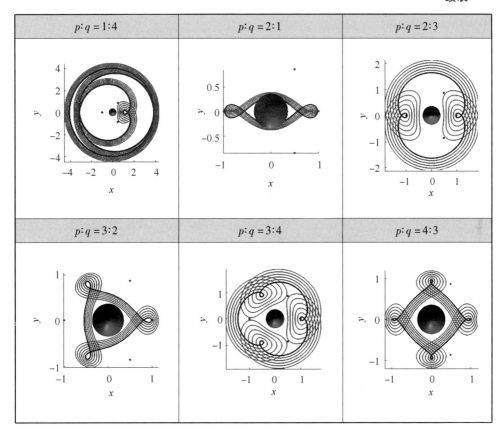

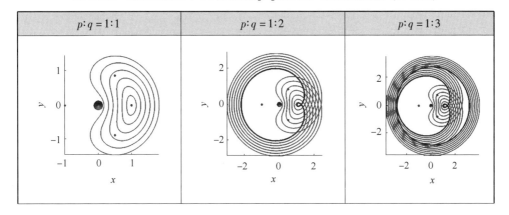

表 8.2.2　旋转坐标系下不同共振比 *p*:*q* 的火卫二共振轨道族（附彩图）

续表

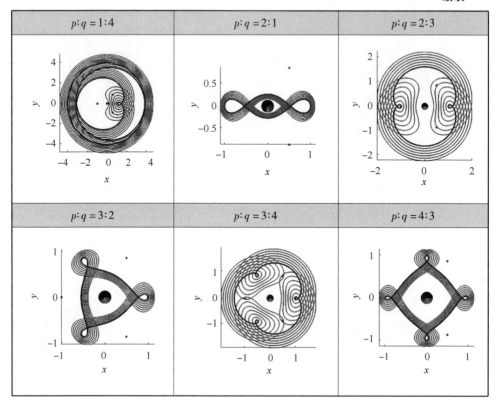

表 8.2.3　初始时刻距离火卫一 200 km 的共振轨道族的初始条件和雅可比常数值

共振比 $p:q$	$\dot{y}/(\mathrm{m \cdot s^{-1}})$	轨道周期/天	雅可比常数 C
1:1	91.752	0.318 526	2.999 545
1:2	449.638	0.637 798	2.957 161
1:3	580.433	0.956 699	2.927 690
1:4	651.242	1.275 599	2.908 612
2:1	−648.385	0.318 900	2.909 424
2:3	326.929	0.956 698	2.978 006
3:2	−261.680	0.637 801	2.986 407
3:4	267.302	1.275 594	2.985 757
4:3	−142.044	0.956 704	2.996 973

表 8.2.4 初始时刻距离火卫二 200 km 的共振轨道族的初始条件和雅可比常数值

共振比 $p:q$	$\dot{y}/(\text{m}\cdot\text{s}^{-1})$	轨道周期/天	雅可比常数 C
1:1	23.113	1.259 193	2.999 927
1:2	251.803	2.524 798	2.965 498
1:3	335.213	3.787 200	2.938 685
1:4	380.339	5.049 599	2.921 002
2:1	−453.891	1.262 400	2.887 401
2:3	173.475	3.787 195	2.983 740
3:2	−203.706	2.524 802	2.977 496
3:4	135.385	5.049 592	2.990 183
4:3	−126.783	3.787 204	2.991 417

考虑高精度动力学模型，对三体模型下的共振轨道进行修正，可以得到较为精确的共振轨道。由于除了 1:1 共振轨道外，其他共振轨道距离火卫较远，受火卫的影响有限，高精度模型下其他共振比的轨道与火星环绕轨道几乎重合，仅 1:1 共振轨道需要通过迭代修正才能得到精确数值解，如图 8.2.2 所示。

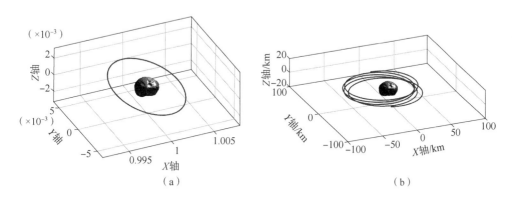

图 8.2.2 高精度模型下火卫一 1:1 共振轨道

（a）惯性坐标系；（b）星历会合坐标系

8.2.3 火卫共振环绕探测轨道相对距离变化分析

探测器与天体的距离变化，会影响对天体的遥感探测、信号传输等。本节将在 8.2.2 节的基础上对一个周期内探测器与火卫和火星间的距离变化进行分析。不同共振比（$p:q$）情况下，一个周期内探测器与火星和火卫的距离变化如图 8.2.3、图 8.2.4 所示，其中的虚线表示探测器与火星的距离，实线表示探测器与火卫一/火卫二的距离。

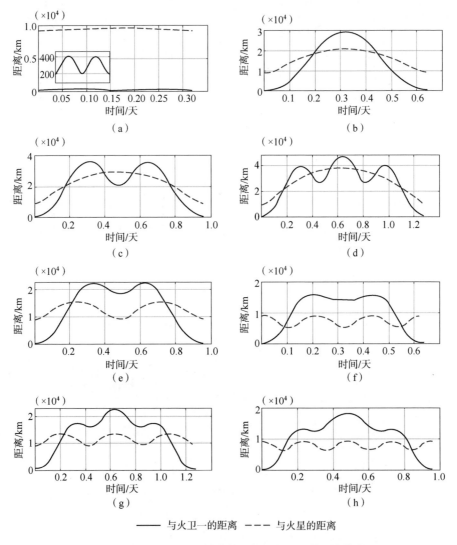

图 8.2.3　火卫一共振轨道与火星和火卫一的距离变化

（a）1:1；（b）1:2；（c）1:3；（d）1:4；（e）2:3；（f）3:2；（g）3:4；（h）4:3

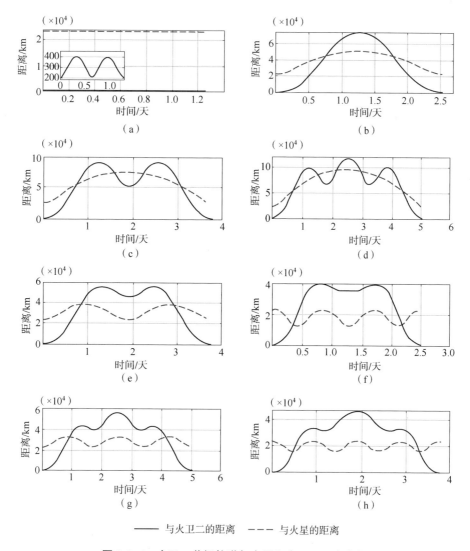

——　与火卫二的距离　- - -　与火星的距离

图 8.2.4　火卫二共振轨道与火星和火卫二距离变化

（a）1:1；（b）1:2；（c）1:3；（d）1:4；（e）2:3；（f）3:2；（g）3:4；（h）4:3

由图 8.2.3 和图 8.2.4 可以看出：

（1）除 1:1 共振轨道始终位于火卫附近以外，其他共振轨道仅在一个周期内的有限时间与火卫的距离较近。由于火卫一的轨道高度低、轨道周期短，因此位于共振轨道的探测器可以在 1 天左右实现对火卫一的探测。

（2）除较小共振比（1:3、1:4）的轨道外，其他轨道都距离火星较近，适合同时兼顾火星和火卫一开展遥感探测。这里可以通过调节近心点高度，使轨道周期与火星自转周期成比例关系，进而实现火星回归探测与火卫共振探测。

（3）火卫二的轨道高度较高、轨道周期较长，除1:1共振轨道外，其余共振比的轨道与火卫二的会合周期超过2天，用于火卫二探测的效率较低且探测区域有限。1:1共振轨道是更为适合的火卫二探测轨道。

■ 8.3 基于火星－火卫系统平衡点的火卫探测轨道设计

火星－火卫与探测器可以构成一个三体系统，因此可以利用三体系统平衡点及其附近的周期轨道研究和探讨火卫探测的轨道设计问题。与传统的地月或日地三体系统有所不同，火星－火卫系统的质量比很小，这导致平衡点距离火卫一/火卫二很近，而且火卫一/火卫二的形状与传统的大行星类球形也存在差别，非球形摄动明显，因此在火卫附近的运动轨道设计中，这些因素都不可忽略。

8.3.1 火星－火卫系统的平衡点及特性

质心旋转坐标系下火星－火卫与探测器构成的三体轨道动力学方程与第6章中日火系统的三体动力学方程类似，其区别在于需要考虑火卫的不规则形状引起的摄动。受火星引力的作用，火卫存在自旋锁定现象，即火卫的自旋速度与公转速度相同，因此火卫的不规则形状摄动在旋转坐标系下为时不变量，则火星－火卫与探测器构成的三体轨道动力学方程可描述为

$$\begin{cases} \ddot{x} - 2\dot{y} = x - \dfrac{(1-\mu)(x+\mu)}{r_1^3} + U_{sx} \\[2mm] \ddot{y} + 2\dot{x} = y - \dfrac{(1-\mu)y}{r_1^3} + U_{sy} \\[2mm] \ddot{z} = -\dfrac{(1-\mu)z}{r_1^3} + U_{sz} \end{cases} \tag{8.3.1}$$

式中，U_s——考虑火卫不规则形状的引力势能，可采用三轴椭球体模型[3]近似表示或利用多面体模型[4]描述。这里采用三轴椭球体描述火卫形状的引力势能[4]：

$$U_e(\alpha_k, \beta_k, \gamma_k) = -\frac{3}{4}\int_\lambda^\infty \vartheta(u)\frac{\mathrm{d}u}{\Delta(u)} \qquad (8.3.2)$$

式中，

$$\vartheta(u) = \frac{x_2^2}{\alpha^2+u} + \frac{y_2^2}{\beta^2+u} + \frac{z_2^2}{\gamma^2+u} - 1 \qquad (8.3.3)$$

$$\Delta(u) = \sqrt{(\alpha^2+u)(\beta^2+u)(\gamma^2+u)} \qquad (8.3.4)$$

式中，x_2, y_2, z_2——探测器相对火卫固连坐标系的位置；

　　　α, β, γ——三轴椭球体模型的三轴半长；

　　　λ——方程 $\vartheta(\lambda) = 0$ 的解。

在火星－火卫系统中，由于火卫一和火卫二的质量非常小，因此 L_1 和 L_2 平衡点都距离火卫非常近，如图 8.3.1 和图 8.3.2 所示。火卫一的 L_1 点和 L_2 点距离火卫一的中心分别为 16.575 km 和 16.595 km，均不到火卫一半径的两倍。火卫二的 L_1 点和 L_2 点距离火卫二中心分别为 21.462 km 和 21.475 km。虽然火卫二比火卫一更小，但其与火星的距离比火卫一大很多，这使得火卫二的 L_1 点和 L_2 点与其中心的距离均比火卫一大。

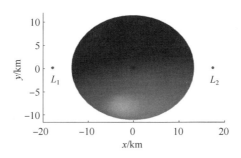

图 8.3.1　火卫一的 L_1 和 L_2 平衡点位置

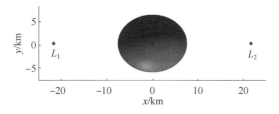

图 8.3.2　火卫二的 L_1 和 L_2 平衡点位置

火星–火卫系统中考虑火卫形状摄动的雅可比积分同样为常数, 可表示为

$$C = \frac{1}{2}v^2 - U_e = \frac{1}{2}(\dot{x}^2 + \dot{y}^2 + \dot{z}^2) - U_e \qquad (8.3.5)$$

式中, v——探测器相对于旋转坐标系的速度矢量。

由三体系统的基本特性可知, 三体系统轨道动力学方程线性化后, 系数矩阵的特征根形式决定了平衡点的稳定性。对于任意三体系统, 特征方程均存在一对正实根、一对纯虚数特征根, 这表明共线平动点均是不稳定的。对于圆型限制性三体问题, 三角平衡点特征方程的判别式为

$$\Delta = 1 - 27\mu(1 - \mu) \qquad (8.3.6)$$

当 $\Delta < 0$ 时, 特征方程存在两个实部不为零的共轭复根; 当 $\Delta = 0$ 时, 对应的系统参数为 $\mu_c = 0.038\ 520\ 896\ 504\ 551$, 该值称为 Routh 临界质量。

从特征根的分布可知, 三角平衡点的线性稳定性与系统质量参数 μ 有关: 当 $0 < \mu < \mu_c$ 时, 三角平衡点是线性稳定的; 当 $\mu = \mu_c$ 时, 三角平衡点为多项式不稳定; 当 $\mu > \mu_c$ 时, 三角平衡点是不稳定的。太阳系中几乎所有的太阳–行星系统、行星–卫星系统均满足 $0 < \mu < \mu_c$ 条件。对于火星–火卫一和火星–火卫二系统, 其系统质量参数 μ 分别为 1.68×10^{-8} 和 3.49×10^{-9}, 故这两个系统的三角平衡点均线性稳定。

8.3.2 火卫平衡点附近的周期运动

在火星–火卫系统平衡点附近同样存在周期运动, 但受到火卫不规则形状产生的摄动影响, 火星–火卫系统中平衡点附近实际飞行的周期轨道与理想模型的轨道存在较大误差。在此采用逐级逼近的思想对火卫平衡点附近的周期轨道进行设计。首先, 基于三体系统质点模型, 对平衡点附近周期轨道的近似解析解进行数值修正, 获得平衡点附近的周期轨道; 其次, 考虑火卫形状, 通过同伦映射逐步逼近, 获得火卫三轴椭球体模型下的周期轨道; 最后, 基于坐标变换和多级微分修正, 得到高精度动力学模型下平衡点附近的周期轨道。

8.3.2.1 考虑形状摄动的火卫平衡点附近周期轨道

根据以上给出的方法, 通过微分修正可得到不考虑形状摄动的火卫平衡点附近的周期轨道, 以此作为初值, 将火卫考虑为三轴椭球体, 对火卫形状进行同伦演化。假设火卫的半长轴分别为 $\alpha > \beta > \gamma$。定义形状参数 k_1 和 k_2 如下:

$$
\begin{cases}
k_1 = \dfrac{\alpha}{r_c} \\[2mm]
k_2 = \dfrac{\gamma}{r_c}
\end{cases}
\tag{8.3.7}
$$

式中，r_c——椭球体的平均半径。

首先，k_1、k_2 的初值均为 1，逐步增大 k_1 并减小 k_2 至火卫形状的真实值；然后，将上一步 k_1、k_2 取值得到的周期轨道精确值作为初值，利用微分修正得到新形状参数下的周期轨道。通过多次迭代，最终得到考虑火卫形状摄动的平衡点附近的周期轨道精确值[5-6]。

以火卫一为例，火卫一的椭球三轴半径分别为 $\alpha = 13.4$ km，$\beta = 11.2$ km，$\gamma = 9.2$ km，对应的形状参数为 $k_1 = 1.19$，$k_2 = 0.82$。通过以上迭代，得到火卫一附近平面 Lyapunov 轨道、垂直 Lyapunov 轨道和 Halo 轨道，如图 8.3.3 所示。

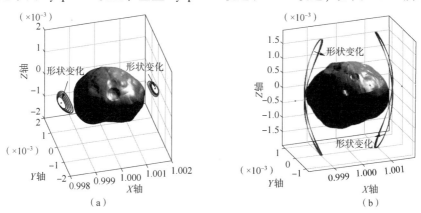

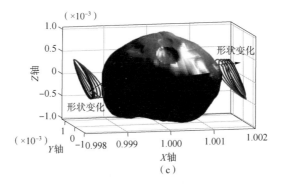

图 8.3.3　考虑形状摄动的火卫一平衡点附近的周期轨道（附彩图）

（a）平面 Lyapunov 轨道；（b）垂直 Lyapunov 轨道；（c）Halo 轨道

　　由图8.3.3可以看出：①由于探测器距离火卫一较近，因此火卫一的形状摄动对轨道的初始状态影响较大；②相同z向振幅的Halo轨道更靠近平衡点，平面振幅减小；③平面Lyapunov轨道靠近火卫一侧的振幅也减小；④垂直Lyapunov轨道的影响相对较小，相同z向振幅下轨道穿越xy平面的位置接近平衡点，但"8"字形的顶端更靠近火卫，表明轨道向火卫一侧弯曲。对得到的任意一组周期解进行延拓，即可得到相应的周期轨道族，如图8.3.4所示。

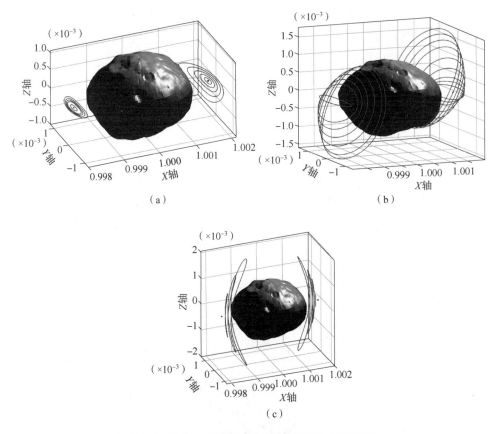

（a）　　　　　　　　　　　　　　（b）

（c）

图8.3.4　火卫一平衡点附近周期轨道族（附彩图）

（a）平面Lyapunov轨道；（b）垂直Lyapunov轨道；（c）Halo轨道

8.3.2.2　高精度模型下火卫平衡点附近的周期轨道

　　以上火卫平衡点附近的周期轨道主要考虑了火卫不规则形状的引力摄动，在实际的任务设计中，还需进一步考虑火卫相对于火星的运动、第三体引力作用等。对于高精度模型下的运动，在惯性坐标系下更容易描述，所以这里首先给出火星 – 火卫旋转坐标系模型与惯性坐标系间的转换关系。

假设火卫在火星惯性坐标系下的轨道根数为半长轴 a、偏心率 e、升交点经度 Ω、倾角 i、近心点辐角 ϖ、真近点角 f。在高精度星历会合坐标系中，主天体以及平衡点的位置将是时变量。火卫在高精度星历会合坐标系中的位置可描述为

$$\begin{bmatrix} R(1-\mu) & 0 & 0 \end{bmatrix} \tag{8.3.8}$$

其中，R 为归一化的火卫距离，$R = 1 - e\cos E$，E 为火卫一轨道偏近点角。瞬时平衡点位置为 $R\lambda$，λ 为旋转坐标系下的平衡点位置。

假设周期轨道相对于瞬时平衡点位置在高精度模型下近似不变，则探测器的位置可表示为 $[x + (R-1)\lambda, y, z]^{\mathrm{T}}$，探测器相对大天体的位置矢量为 $[x + (R-1)\lambda - R(1-\mu), y, z]^{\mathrm{T}}$。探测器的位置从高精度星历会合坐标系转换至惯性坐标系，则为[7]

$$\begin{bmatrix} x_i \\ y_i \\ z_i \end{bmatrix} = D\boldsymbol{R}_z(-\Omega)\boldsymbol{R}_x(-i)\boldsymbol{R}_z(-\varpi-\theta-\pi)\begin{bmatrix} x + (R-1)\lambda - R(1-\mu) \\ y \\ z \end{bmatrix}$$

$$\tag{8.3.9}$$

同样，假设周期轨道相对于瞬时平衡点的速度近似不变，探测器在高精度星历会合坐标系中的速度为探测器相对于平衡点的速度与瞬时平衡点速度之和。瞬时平衡点的速度为

$$\dot{x}_L = \lambda\frac{e\sin E}{1 - e\cos E}\sqrt{\frac{G(m_1+m_2)}{a}}\frac{T_{\mathrm{M}}}{D_{\mathrm{M}}} \tag{8.3.10}$$

式中，T_{M}——归一化单位时间；

D_{M}——归一化单位距离。

火卫在高精度星历旋转坐标系中的速度为

$$\dot{x}_E = (1-\mu)\frac{e\sin E}{1 - e\cos E}\sqrt{\frac{G(m_1+m_2)}{a}}\frac{T_{\mathrm{M}}}{D_{\mathrm{M}}} \tag{8.3.11}$$

$$v_{\mathrm{e}} = \begin{bmatrix} 0 \\ 0 \\ \omega \end{bmatrix} \times \begin{bmatrix} x + (R-1)\lambda - R(1-\mu) \\ y \\ z \end{bmatrix} \tag{8.3.12}$$

式中，ω——归一化瞬时角速度，

$$\omega = \dot{\theta}\, T_{\mathrm{M}} = \frac{\sqrt{a(1-e^2)}}{a^2(1-e\cos E)^2}\sqrt{G(m_1+m_2)}\, T_{\mathrm{M}} \qquad (8.3.13)$$

探测器的速度从高精度星历旋转坐标系转至惯性坐标系为

$$\begin{bmatrix} \dot{x} \\ \dot{y} \\ \dot{z} \end{bmatrix} = \frac{D_{\mathrm{M}}}{T_{\mathrm{M}}} \boldsymbol{R}_z(-\Omega)\boldsymbol{R}_z(-i)\boldsymbol{R}_z(-\varpi-\theta-\pi)(\dot{x}_E+v_{\mathrm{e}}) \qquad (8.3.14)$$

可以将旋转坐标系下得到的平衡点附近轨道划分为若干段，并将每段轨道的初始状态利用式（8.3.9）和式（8.3.14）转换到惯性坐标系下，利用星历计算太阳和其他第三体在惯性坐标系下的位置矢量，从而求解各天体相对探测器的引力作用。对各段轨道在惯性坐标系下进行积分，并利用微分修正对各段轨道进行拼接，从而得到速度和位置连续的轨道[8]。

以 8.2.2.1 节中的周期轨道为初值，设计火卫一附近高精度模型下的周期轨道。假设初始时刻火卫一位于近心点，同时忽略火卫一自转轴的章动现象，得到惯性坐标系和高精度星历会合坐标系下的 L_1 点附近的周期运动，如图 8.3.5 ~ 图 8.3.7所示。

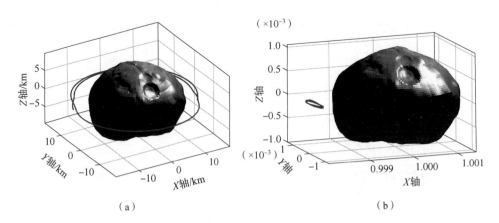

（a）　　　　　　　　　　　　　（b）

图 8.3.5　高精度模型下火卫一平面 Lyapunov 轨道 （附彩图）

（a）惯性坐标系；（b）星历会合坐标系

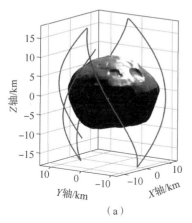 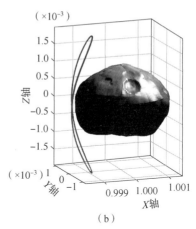

图 8.3.6 高精度模型下火卫一垂直 Lyapunov 轨道（附彩图）

（a）惯性坐标系；（b）星历会合坐标系

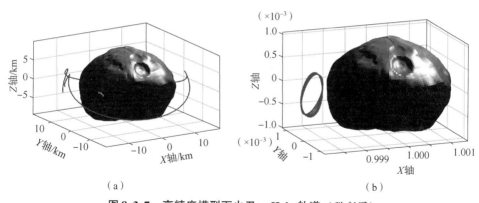

图 8.3.7 高精度模型下火卫一 Halo 轨道（附彩图）

（a）惯性坐标系；（b）星历会合坐标系

受各种摄动力的影响，高精度模型下的周期轨道将不再是闭合轨道，但轨道仍将维持在周期轨道的附近，形成拟周期轨道。以上设计方法可为火卫探测轨道设计以及小天体附近的周期或拟周期轨道设计提供重要参考。

8.3.3 基于火卫平衡点的探测轨道观测效能分析

观测效能是深空探测任务设计需要考量的重要因素，它将直接影响对探测天体的遥感成像、通信覆盖等。本节以 8.3.2.2 节中精确模型下火卫平衡点附近的周期轨道为例，分析其对火卫表面的观测性能。在此主要以表面覆盖性和探测器与火卫表面距离变化为主要参量来描述和分析。

　　假设探测器携带的传感器视场锥角为 15°，且传感器始终指向火卫中心，分析探测器对火卫表面的覆盖性。同时，基于火卫多面体模型，提取每个轨道位置上探测器与火卫中心连线穿过火卫表面的位置坐标，得到探测器在一个轨道周期内与火卫表面的距离变化。对于火卫平衡点 L_1 附近的三类轨道，一个周期内探测器对火卫表面的覆盖情况（假设火卫为不考虑自旋的静态）及其与火卫表面的距离变化如图 8.3.8～图 8.3.10 所示，其中红色区域为可覆盖区域。由于 L_1 点和 L_2 点相对火卫一的距离接近，轨道的覆盖性和距离变化类似，但对火卫一的覆盖范围在背离火星的一侧。

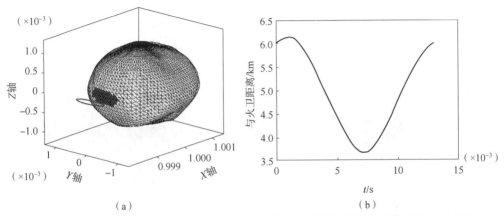

图 8.3.8　火卫一平衡点附近平面 Lyapunov 轨道的覆盖性及与表面距离的变化（附彩图）

（a）轨道图及表面覆盖性；（b）轨道至表面距离变化

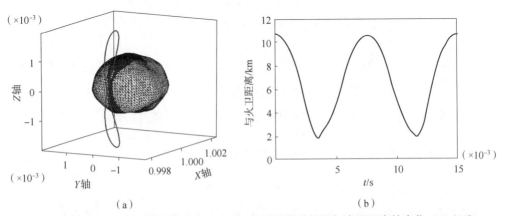

图 8.3.9　火卫一平衡点附近垂直 Lyapunov 轨道的覆盖性及与表面距离的变化（附彩图）

（a）轨道图及表面覆盖性；（b）轨道至表面距离变化

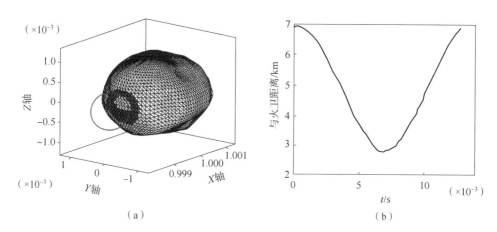

图 8.3.10　火卫一平衡点附近 Halo 轨道的覆盖性及与表面距离的变化（附彩图）

（a）轨道图及表面覆盖性；（b）轨道至表面距离变化

以上分析表明：垂直 Lyapunov 轨道对火卫表面的覆盖率最高，在不考虑火卫自旋的情况下，一个轨道周期可达 9.4%，同时可以覆盖南北极；Halo 轨道的表面覆盖率约为 3.4%，且主要集中在中低纬度区域；平面 Lyapunov 轨道的表面覆盖率仅约为 1.6%，主要集中在赤道附近。

■ 8.4　火卫附近周期轨道间的转移轨道设计

从 8.3 节的分析中可以看出，火卫附近存在多种类型的平衡点周期轨道可用于遥感探测，但由于火卫自转与公转同步，因此这些周期轨道仅能观测到火卫表面局部区域，难以实现覆盖全球。此外，受火星强大的引力摄动影响，火卫一的影响球在天体内部[9]，火卫二的影响球也十分接近天体表面，这导致火卫附近传统的二体环绕轨道不存在或受摄动作用明显[10-11]。为了实现对火卫多个区域的精细探测，增大探测覆盖率，需要综合利用多个平动点周期轨道，其中就涉及周期轨道之间的转移。本节重点探讨火卫附近周期轨道间的转移轨道设计。

与传统的三体系统相同，火星 – 火卫系统共线平衡点附近的周期轨道均为不稳定轨道，存在稳定流形与不稳定流形。根据轨道的单值矩阵求解特征方向施加扰动，生成渐进靠近（或远离）周期轨道的不变流形，每个周期轨道存在两组稳定流形与不稳定流形，分别靠近（或远离）火卫，如图 8.4.1 所示。与日 – 地系统及地月系统不同的是，火星－火卫系统中周期轨道的尺寸与火卫接近（10 km量级），导致在轨道设计中无法将火卫当作质点来考虑，而需要考虑火卫自身形状带来的路径约束。以火卫一为例，由图 8.4.1（a）可以看出，平衡点 L_1 和 L_2 的周期轨道对应的内侧一支稳定/不稳定流形会与火卫一表面接触，表明这类流形可以用于弹道着陆，但是无法在平衡点之间建立常见的同宿与异宿链接，以实现轨道间转移。因此，本节研究借助外侧不变流形的转移轨道，给出一种外侧不变流形与推力结合的轨道转移方式，分别利用脉冲和连续推力轨道将初始轨道和目标轨道的外流形连接，最终实现不同平衡点周期轨道间的轨道转移。

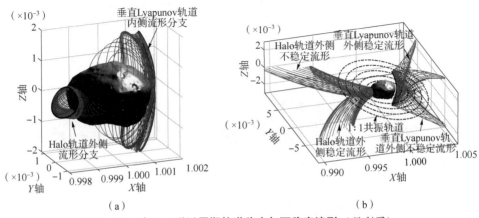

（a）　　　　　　　　　　（b）

图 8.4.1　火卫一附近周期轨道稳定与不稳定流形（附彩图）

（a）周期轨道内侧流形；（b）周期轨道外侧流形

8.4.1　利用共振轨道的火卫附近周期轨道间脉冲转移轨道设计

本节研究利用外侧不变流形的脉冲转移，分析外侧流形与 1:1 共振轨道间的几何关系。图 8.4.2 给出了火卫一平衡点 L_1 附近 Halo 轨道的不稳定流形外侧分支与 1:1 共振轨道的相交情况。可以看出，外侧流形经过 1:1 共振轨道所在区域，即流形管与共振轨道存在相交关系。通过修正初始状态，可以获得与共振轨道精确连接的扰动流形，然后可利用机动实现周期轨道与共振轨道的转移。若选择不稳定流形与共振轨道相交，则可以实现周期轨道向共振轨道的转移；若选择稳定流形与共振轨道相交，则可以实现共振轨道向周期轨道的转移。由于火卫一1:1 共振轨道为稳定轨道，因此施加小扰动后的轨道仍然维持在原轨道附近不发散，如图 8.4.3 所示。于是，可将1:1共振轨道选作中间过渡轨道，用于不同平衡点间周期轨道或同一平衡点不同类型（或不同振幅）周期轨道间的转移。

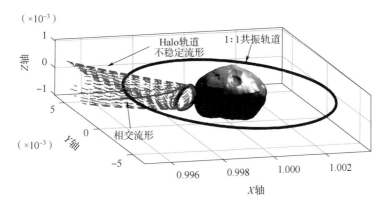

图 8.4.2　Halo 轨道不稳定流形与 1:1 共振轨道的相交情况 （附彩图）

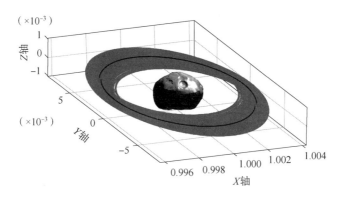

图 8.4.3　火卫一附近 1:1 共振轨道受摄演化

选定周期轨道，分别生成外侧不稳定流形和稳定流形，分析不同类型周期轨道与 1:1 共振轨道之间的转移机会。由于三体轨道动力学的对称性，同一周期轨道的转入和转出机会对称分布，因此重点分析周期轨道至共振轨道的转移机会和所需的速度增量。对于 Halo 轨道和垂直 Lyapunov 轨道，记录不稳定流形与 xy 平面的交点，修正交点与共振轨道之间的最小距离并记录所需的速度增量，发现同一周期轨道存在两个速度增量极小值的转移机会，如图 8.4.4 所示。Ⅰ 型转移轨道从下方穿过 xy 平面，Ⅱ 型转移轨迹从上方穿过 xy 平面。平面 Lyapunov 轨道与共振轨道始终相交，计算相交速度最小的转移机会，发现仅有一个极小值点。改变共振轨道的振幅，不同类型周期轨道转移至共振轨道所需的速度增量变化情况如图8.4.5所示，其中选择的 L_1 点 Halo 轨道振幅为 $A_{zH}=4.3\ \text{km}$，垂直 Lyapunov 轨道的振幅为 $A_{zV}=18.4\ \text{km}$，平面 Lyapunov 轨道的振幅为 $A_y=8.4\ \text{km}$。

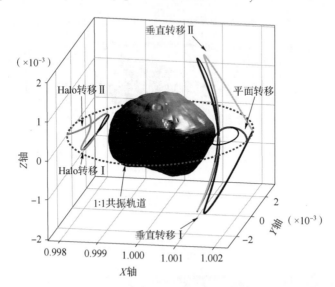

图8.4.4　不同周期轨道至1:1共振轨道的转移机会（附彩图）

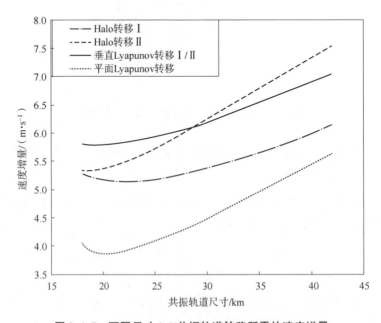

图8.4.5　不同尺寸1:1共振轨道转移所需的速度增量

　　由图 8.4.5 可以看出，随着共振轨道尺寸的增大，转移速度增量先减小后增大，这表明对于某一初始轨道与目标轨道存在最佳的共振过渡轨道。当选定了初始轨道和目标轨道后，将两段转移轨道所需的速度增量相加，即可找到最优的共振过渡轨道和转移机会。同时也可以看出，垂直 Lyapunov 轨道的两次转移机会所需的速度增量相同，而对于 Halo 轨道，Ⅰ型转移轨道比Ⅱ型转移轨道所需的速度增量要小。此外，由于在转移的始末端均施加机动，因此可将其视为两脉冲转移，然后利用第 3 章中提到的主矢量理论，增加中间脉冲，即可进一步降低转移速度增量。但由于转移所需的速度增量较低，三脉冲转移相比两脉冲转移的降低程度有限。

　　基于以上分析，以火卫一为例，分别给出 L_1/L_2 同宿转移和 $L_1 - L_2$ 异宿转移的例子。在 L_2 同宿转移中，初始轨道选择为振幅 $A_y = 8.4$ km 的 L_2 平面 Lyapunov 轨道。目标轨道是 L_2 点振幅为 $A_{zV} = 18.4$ km 的垂直 Lyapunov 轨道。根据图 8.4.5，最佳共振过渡轨道的尺寸为 $d = 20$ km。转出速度 $\Delta v_1 = 3.855$ m/s，转入速度 $\Delta v_2 = 5.786$ m/s，总的速度增量 $\Delta v_T = 9.641$ m/s，总的转移时间约为 9.26 h，其中周期轨道至共振轨道的所需时间为 1.59 h，共振轨道返回周期轨道的所需时间为 3.82 h。探测器需要在共振轨道上停留近一个周期（约 3.85 h），其完整的转移轨道如图 8.4.6 所示。

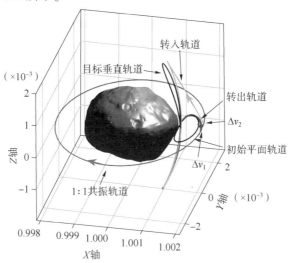

图 8.4.6　利用 1:1 共振轨道的 L_2 轨道同宿转移（附彩图）

类似的方法可用于构造 L_1 – L_2 异宿转移，设计从 L_1 点 Halo 轨道 A_{zH} = 4.3 km 至 A_{zV} = 18.4 km 的 L_2 垂直 Lyapunov 轨道。此时，共振轨道的最佳尺寸 d = 22 km。总的速度增量 Δv_T = 10.603 m/s，包括进入共振轨道所需的速度增量 Δv_1 = 5.148 m/s 和进入目标轨道所需的速度增量 Δv_2 = 5.455 m/s。探测器在不稳定流形上的转移时间为 2.62 h，稳定流形的转移时间为 3.50 h，并将在共振轨道上停留 1.77 h，其完整的异宿转移轨道如图 8.4.7 所示。

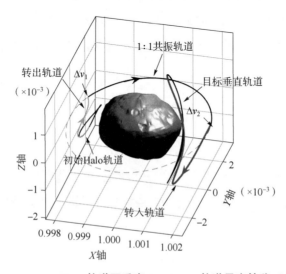

图 8.4.7　L_1 – L_2 Halo 轨道至垂直 Lyapunov 轨道异宿转移（附彩图）

利用 1:1 共振轨道作为过渡轨道并通过多脉冲机动，可以较安全地实现火卫附近平衡点轨道间的转移，转移轨道远离火卫表面，可避免因火卫不规则形状导致的转移碰撞风险，同时，借助稳定与不稳定流形，也可减少转移所需的燃料消耗。

8.4.2　基于不变流形的火卫附近周期轨道间转移

随着电推进系统的迅速发展，采用连续推力作为推进方式成为未来深空探测的趋势，但实现火卫附近周期轨道间连续转移轨道存在诸多难题。由于推力有限，探测器无法在短时间内提供足够的速度增量，但火卫附近的动力学环境复杂，对速度变化十分敏感，较小的差别可能导致探测器与火卫碰撞或从火卫附近逃逸。同时，连续推力产生的加速度有限，也无法主导探测器在火卫附近的运动（火星的引力摄动力约为 10^{-1} m/s² 量级，火卫的引力摄动约为 10^{-2} m/s² 量级，典型电推进探测器加速度约为 $10^{-3}\ \mathrm{m/s^2}$ 量级)[3]。此外，同周期轨道的内侧流形相同，火卫的形状也会给连续推力的轨道设计增加额外的路径约束。因此，在火卫附近进行连续推力的轨道优化存在收敛困难的问题。

　　本节同样采用周期轨道远离火卫一侧的不变流形与连续推力相结合，以实现火卫附近周期轨道间的转移[3]。探测器利用轨道的外侧不变流形到达距离火卫较远的区域，然后利用连续推力连接稳定流形与不稳定流形，从而实现不同轨道间的转移。采用该方法可避免路径约束及火卫附近较复杂的动力学环境对转移轨道的影响，降低连续推力轨道设计的难度，同时可降低探测器与火卫的碰撞概率，减少控制误差造成的危险。

　　为了利用连续推力轨道将稳定流形与不稳定流形相连，需要设立庞加莱截面，确定不变流形在截面上状态接近的交点作为连续推力转移的参考点。与传统的庞加莱截面不同，考虑到外流形的运动形式，选择相对于坐标系不同相角的平面作为庞加莱截面。此外，从图 8.4.1（b）可以看出，同一平衡点附近的周期轨道外侧稳定与不稳定流形演化方向相反，若延长轨道递推时间，流形将在系统的 L_3 点附近区域再次相遇，因此可以选择相角 $\theta = \pi$ 作为庞加莱截面，设计连续推力转移轨道。不同平衡点周期轨道的稳定与不稳定流形演化方向相同（同为顺时针或逆时针），且受到能量禁区的影响而无法相交，因此需要通过增加连续推力弧段将稳定流形与不稳定流形相互拼接。利用不变流形，探测器可以自然地进入（或远离）周期轨道。考虑到火卫的引力影响范围，选择相角 $\theta = \pm\pi/3$ 作为拼接截面，在截面上选取状态差别最小的一组稳定与不稳定流形作为目标轨道。以不稳定流形到达平面前一定时间 t 对应的状态为初始状态 $\pmb{x}_0$，目标状态选为庞加莱截面上稳定流形对应的状态 $\pmb{x}_{\mathrm{f}}$，转移时间为 t，设计连续推力转移轨道。通过连续推力转移轨道，探测器将进入目标轨道的稳定流形，在无控制的情况下自然地进入目标轨道。

　　求解连续推力转移问题可以理解为给定边界条件和转移时间的两点边值问题，可以利用第 4 章提出的方法求解该问题，在此基于凸优化方法进行求解，其区别在于需要对旋转坐标系下动力学方程进行等价凸化，接下来进行详细分析。

8.4.2.1　火卫附近连续推力转移轨道设计

　　假设探测器位于周期轨道流形上的状态矢量为 $\pmb{X} = [\pmb{r}(t), \pmb{v}(t), m(t)]$，其中 $m(t)$ 表示探测器质量，在转移终端点时探测器的剩余质量为 m_{r}，性能指标 J_1 可

以表示为

$$J_1 = -m_r \tag{8.4.1}$$

考虑推力后的探测器在旋转坐标系下的动力学方程可以表示为

$$\begin{cases} \dot{x} = v_x \\[2mm] \dot{y} = v_y \\[2mm] \dot{z} = v_z \\[2mm] \dot{v}_x = 2\dot{y} + x - \dfrac{(1-\mu)(x+\mu)}{r_1^3} + \dfrac{\partial U_s}{\partial x} + a_{px} + \dfrac{T_x}{m} \\[4mm] \dot{v}_y = 2\dot{x} + y - \dfrac{(1-\mu)y}{r_1^3} + \dfrac{\partial U_s}{\partial y} + a_{py} + \dfrac{T_y}{m} \\[4mm] \dot{v}_z = -\dfrac{(1-\mu)z}{r_1^3} + \dfrac{\partial U_s}{\partial z} + a_{pz} + \dfrac{T_z}{m} \\[4mm] \dot{m} = -\dfrac{\|\boldsymbol{T}\|}{v_{ex}} \end{cases} \tag{8.4.2}$$

式中，a_{px}, a_{py}, a_{pz}——扰动加速度 $\boldsymbol{a}_p$ 沿三轴的分量；

r_1——探测器相对火星的距离；

$\boldsymbol{T}$——推力，$\boldsymbol{T} = [T_x, T_y, T_z]^T$；

U_s——火卫的引力势能；

v_{ex}——比冲。

转移过程中探测器满足的约束条件为

$$\begin{cases} T_{min} \leqslant \|\boldsymbol{T}\| \leqslant T_{max} \\[2mm] m(t) \geqslant m_q \\[2mm] \boldsymbol{r}(0) = \boldsymbol{r}_0, \boldsymbol{v}(0) = \boldsymbol{v}_0, m(0) = m_0 \\[2mm] \boldsymbol{r}(t_f) = \boldsymbol{r}_f, \boldsymbol{v}(t_f) = \boldsymbol{v}_f, t_f = const \end{cases} \tag{8.4.3}$$

采用与 4.4 节相同的方法，可以对动力学方程和约束进行等价凸化。

式 (8.4.2) 所述的动力学方程的非线性主要由坐标系旋转和小天体的不规则形状摄动产生，由于使用凸优化满足的所有等式约束均应为线性约束，因此将旋转坐标系下的动力学方程整理为如下形式[12]：

$$\dot{\boldsymbol{X}}_{\mathrm{R}} = \boldsymbol{A}(\boldsymbol{r})\boldsymbol{X}_{\mathrm{R}} + \boldsymbol{B}\boldsymbol{u} + \boldsymbol{c}(\boldsymbol{r}) \tag{8.4.4}$$

式中，$\boldsymbol{X}_{\mathrm{R}}$——状态向量，$\boldsymbol{X}_{\mathrm{R}} = [x,y,z,v_x,v_y,v_z,m]^{\mathrm{T}}$；

$\quad\quad\boldsymbol{u}$——控制向量，$\boldsymbol{u} = [T_x,T_y,T_z,T_s]^{\mathrm{T}}$。

其中，非线性项均包含在矩阵 $\boldsymbol{A}$ 和向量 $\boldsymbol{c}$ 中，均为探测器位置矢量 $\boldsymbol{r}$ 的函数。采用重复迭代法对非线性方程进行线性化近似。线性化方程可以表示为[13]

$$\dot{\boldsymbol{X}}_{\mathrm{R}}^{(k)} = \boldsymbol{A}(\boldsymbol{r}^{(k-1)})\boldsymbol{x}_{\mathrm{R}}^{(k)} + \boldsymbol{B}\boldsymbol{u}^{(k)} + \boldsymbol{c}(\boldsymbol{r}^{(k-1)}),\boldsymbol{X}_{\mathrm{R}}^{(k)}(0) = \boldsymbol{X}_{\mathrm{R}}(0) \tag{8.4.5}$$

式中，上标 k 表示第 k 次重复迭代。

尽管轨道优化在远离火卫的区域进行，但火卫的不规则形状引力摄动不可忽略。考虑到方程的一般性，可将火星的引力及火卫的主引力项放入矩阵 $\boldsymbol{A}$，将其形状摄动项放入矢量 $\boldsymbol{c}$，可得

$$\boldsymbol{A}(\boldsymbol{r}^{(k-1)}) = \begin{bmatrix} 0 & 0 & 0 & 1 & 0 & 0 & 0 \\ 0 & 0 & 0 & 0 & 1 & 0 & 0 \\ 0 & 0 & 0 & 0 & 0 & 1 & 0 \\ 1-\dfrac{1-\mu}{r_1^3}-\dfrac{\mu}{r_2^3} & 0 & 0 & 0 & 2 & 0 & 0 \\ 0 & 1-\dfrac{1-\mu}{r_1^3}-\dfrac{\mu}{r_2^3} & 0 & -2 & 0 & 0 & 0 \\ 0 & 0 & -\dfrac{1-\mu}{r_1^3}-\dfrac{\mu}{r_2^3} & 0 & 0 & 0 & 0 \\ 0 & 0 & 0 & 0 & 0 & 0 & 0 \end{bmatrix}$$

$$\boldsymbol{B} = \begin{bmatrix} 0 & 0 & 0 & 0 \\ 0 & 0 & 0 & 0 \\ 0 & 0 & 0 & 0 \\ 1 & 0 & 0 & 0 \\ 0 & 1 & 0 & 0 \\ 0 & 0 & 1 & 0 \\ 0 & 0 & 0 & -\dfrac{1}{v_{ex}} \end{bmatrix}, \quad \boldsymbol{c}(\boldsymbol{r}^{(k-1)}) = \begin{bmatrix} 0 \\ 0 \\ 0 \\ -\dfrac{(1-\mu)\mu}{r_1^3}+\dfrac{\partial U_s}{\partial r_{2x}}+\dfrac{\mu}{r_2^3}x^{(k-1)} \\ -\dfrac{(1-\mu)\mu}{r_1^3}+\dfrac{\partial U_s}{\partial r_{2y}}+\dfrac{\mu}{r_2^3}y^{(k-1)} \\ -\dfrac{(1-\mu)\mu}{r_1^3}+\dfrac{\partial U_s}{\partial r_{2z}}+\dfrac{\mu}{r_2^3}z^{(k-1)} \\ 0 \end{bmatrix}$$

同时，对线性化后的方程进行离散处理，用固定步长 dt 对整个飞行时间 t 进行离散，将其分隔为 n 个时间点。这里采用欧拉法对方程进行积分，对应的离散动力学方程为

$$\boldsymbol{X}_{\mathrm{R}j} = (\boldsymbol{I} + \mathrm{d}t\,\boldsymbol{A}_{j-1})\boldsymbol{X}_{\mathrm{R}j-1} + \boldsymbol{B}_{j-1}\boldsymbol{u}_{j-1} + \boldsymbol{c}_{j-1} \tag{8.4.6}$$

式中，下标 j 表示当前点，下标 $j-1$ 表示前一时间点。初始状态对应的时间点为 $n=1$。

在此，n 个时间点处探测器的状态矢量 $\boldsymbol{X}_{\mathrm{R}j}$ 均可由式（8.4.6）表示。离散动力学方程将连续动力学问题转化为具有 $n-1$ 个等式约束的优化问题，从而可以利用凸优化方法进行求解。

8.4.2.2 火卫附近周期轨道连续推力轨道转移仿真算例

这里选择探测器质量 m 为 200 kg，比冲 I_{sp} 为 2 250 s，以火卫一作为目标开展连续推力转移轨道设计，分别给出 L_1/L_2 同宿转移轨道和 L_1-L_2 异宿转移轨道。

首先，设计 L_2 点附近平面 Lyapunov 轨道与垂直 Lyapunov 轨道间的同宿连接。选择初始轨道的振幅为 $A_y = 8.4$ km，目标轨道的振幅为 $A_{z\mathrm{V}} = 18.4$ km。将初始和目标轨道的不稳定与稳定流形递推至庞加莱截面 $\theta = \pi$，记录流形的穿越位置和速度，如图 8.4.8 所示。其中，红色点表示稳定流形交点，蓝色点表示不稳定流形交点，短线表示穿越速度的大小和方向。

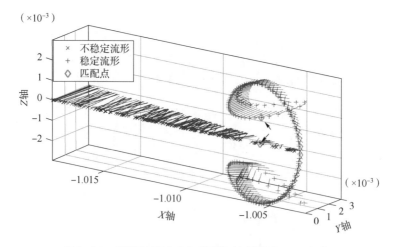

图 8.4.8　不变流形在庞加莱截面上的交点（附彩图）

　　由图 8.4.8 可以看出，稳定流形和不稳定流形的交点在截面上接近且具有相似的穿越速度。通过遍历搜索可以找到最优匹配点，稳定流形在截面上匹配点的归一化位置和速度为 $r_u = [-1.055, 0, 0.0013]^T$，$v_u = [0.0039, 0.0074, 0.022]^T$，$X = [r_u, v_u]$。不稳定流形的最佳状态是向后积分 5 个归一化时间（约 6 h），得到初始状态 $r_{u0} = [-1.0013, -0.0678, 0]^T$，$v_{u0} = [-0.0015, 0.0031, 0]^T$。转移时间为 $t_f = 5$。推力设置为 $T_s = 80$ mN。惩罚权重设置为 $w_\gamma = 100$，终止条件选择为 $\delta = [10^{-4}, 10^{-4}, 10^{-4}, 10^{-6}, 10^{-6}, 10^{-6}, 10^{-6}, 10^{-3}]^T$。通过凸优化求解最优转移轨迹，结果如图 8.4.9 所示，其中图 8.4.9（b）和图 8.4.9（c）分别给出了转移过程中推力和质量的变化，而图 8.4.9（d）给出了速度的变化。

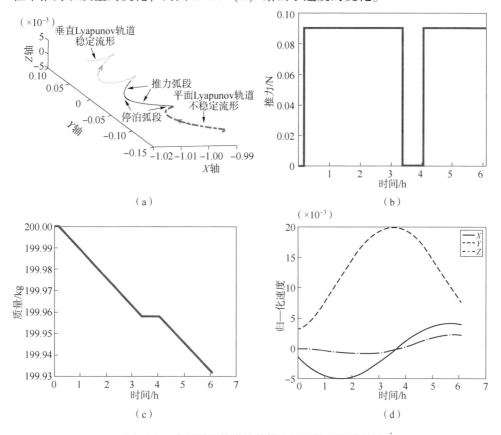

图 8.4.9　火卫附近轨道连续推力同宿转移轨道设计

（a）转移轨道（附彩图）；（b）推力大小变化；（c）探测器质量变化；（d）推力方向变化

由图8.4.9可以看出，转移轨道中有两个推力弧段和两个滑行弧段。推力曲线呈开–关–开的形式，即 bang–bang 型。由于推力较小，推进器需要长时间工作才能与终端状态相匹配。转移段推力器总工作时间为5.23 h，但燃料消耗 Δm 仅为 0.069 kg。完整的 L_2 同宿转移轨迹如图8.4.10所示，总转移时间约为26天。

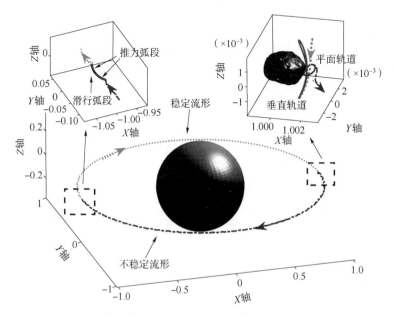

图 8.4.10　火卫—L_2 点周期轨道同宿连接 （附彩图）

其次，设计从 L_2 点振幅 $A_{zV} = 18.4$ km 的垂直 Lyapunov 轨道至 L_1 点 $A_{zH} = 8.4$ km 的 Halo 轨道间的异宿连接。将初始轨道和目标轨道的不稳定流形与稳定流形递推至庞加莱截面 $\theta = -\pi/3$，记录流形的穿越位置和速度，如图8.4.11所示。与 L_1/L_2 同宿转移不同，稳定流形和不稳定流形在截面上的交点之间的距离相对较大且速度方向相反。由于两轨道的流形不存在相交，因此选择距离最近的两点作为匹配点。

初始状态为 $r_u = [0.715\,1, -0.715\,1, 0.001\,2]^T$ 和 $v_u = [-0.013\,6, -0.013\,0, -0.002\,7]^T$。连续推力转移的终端状态 $r_f = [0.704\,8, -0.704\,8, 0.000\,2]^T$，$v_f = [0.002\,5, 0.000\,9, -0.000\,6]^T$。将从 r_u 到 r_f 的最优脉冲转移轨道和转移时间 t_f

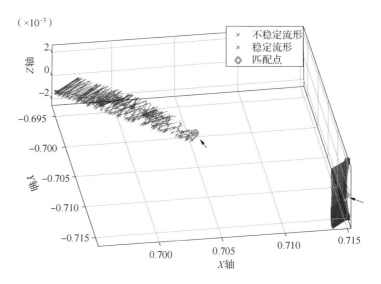

图 8.4.11　不变流形在庞加莱截面上的交点（附彩图）

作为连续推力轨迹的初始猜测。选择相同的惩罚权重和终止条件。由于庞加莱截面中匹配点之间的速度差异较大，$T_s = 80$ mN 推力无法实现转移，因此需要增加推力或转移时间。

对于增加推力的情况，将推力增加到 $T_s = 360$ mN，其转移轨迹、推力和质量的变化如图 8.4.12 所示，推力曲线呈开 – 关型。推力弧段时长占整个转移弧段的 68%（约为 4.86 h），燃料消耗为 0.286 2 kg。$L_1 - L_2$ 异宿转移的完整轨迹如图 8.4.13 所示，总转移需要 9.42 天，其中转移时间为 0.29 天，不稳定流形时间为 5.12 天，稳定流形时间为 4.01 天。

如果将推力降低到 $T_s = 180$ mN，则探测器需要更长的推力弧段来改变速度。将截面上的匹配点分别向后和向前积分 4 个和 6 个归一化时间单位，在不稳定流形和稳定流形上找到新的初始和终端状态。基于新的横截条件，优化得到的转移轨道如图 8.4.14 所示，其中图 8.4.14（b）和 8.4.14（c）给出了推力和质量的变化曲线。与增加推力的情况相比，减小推力则需更长的推力弧段和工作时间，总推力时间变为 14.79 h，燃料消耗约为 0.362 kg。分析结果表明，推力大小是影响火卫附近周期轨道间连续推力转移的重要因素。较小的推力需要更长的工作时

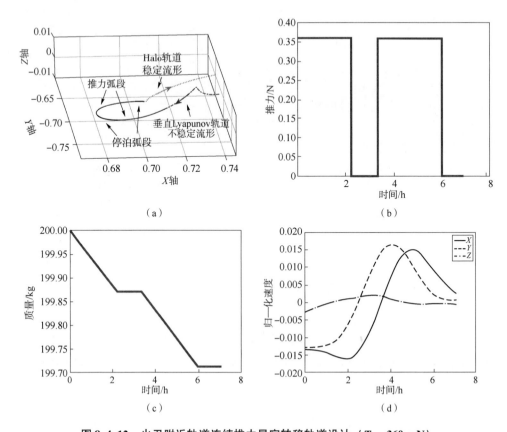

图 8.4.12　火卫附近轨道连续推力异宿转移轨道设计（$T_s = 360$ mN）

（a）转移轨道（附彩图）；（b）推力大小变化；（c）探测器质量变化；（d）推力方向变化

间连接稳定流形和不稳定流形。在相同的比冲下，较小的推力也需要更大的燃料消耗。

　　进一步分析转移时间和燃料消耗的关系，设置推力大小 $T_s = 500$ mN，截面的相位角 $\theta_0 = 30°$。转移时间从 3.9 h 增加至 6.7 h，其燃料消耗量随时间的变化如图 8.4.15 所示。分析发现，该状态下的最小转移时间约为 4.9 h。同时，随着转移时间的增加，轨迹中心首先出现滑行弧段，且持续时间逐渐增加。进一步增加转移时间，另一个滑行弧出现在转移轨迹的末端，转移轨迹如图 8.4.16 所示。

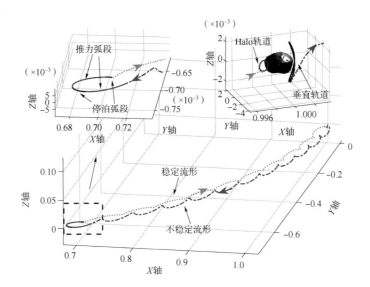

图 8.4.13　火卫一附近周期轨道异宿连接（$T_s = 360 \text{ mN}$）（附彩图）

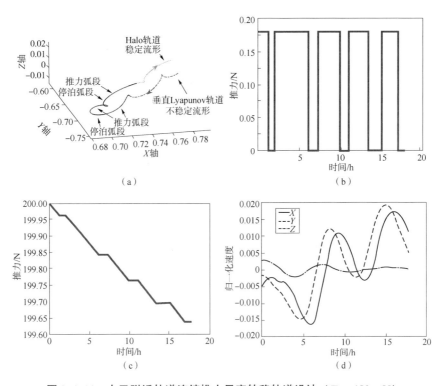

图 8.4.14　火卫附近轨道连续推力异宿转移轨道设计（$T_s = 180 \text{ mN}$）

（a）转移轨道（附彩图）；（b）推力大小变化；（c）探测器质量变化；（d）推力方向变化

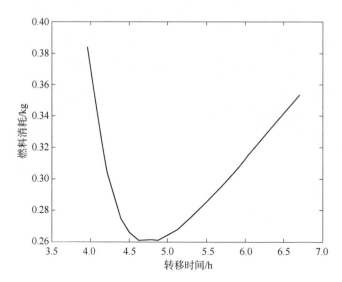

图 8.4.15　不同转移时间下的燃料消耗

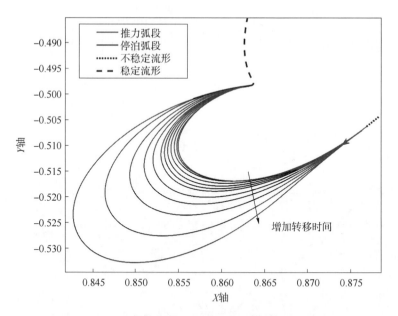

图 8.4.16　不同转移时间下的异宿转移轨道（附彩图）

最后，比较不同类型周期轨道族之间的转移，将初始轨道设置为 L_2 垂直 Lyapunov 轨道，目标轨道分别选择为 Halo 轨道、垂直 Lyapunov 轨道和平面 Lyapunov 轨道，庞加莱截面相角 $\theta_0 = -30°$。研究发现，不同振幅的 Halo 轨道和平面 Lyapunov 轨道的稳定流形在截面上的交点接近，因此到不同目标轨道的转移轨迹相似。不同振幅的垂直 Lyapunov 轨道交点分布差异较大，振幅越大，稳定流形在截面上的偏差越大，不同 L_1 垂直 Lyapunov 轨道的转移轨迹如图 8.4.17 所示。分析还发现，轨道类型和振幅对连续推力转移的转移时间和燃料变化影响较小。

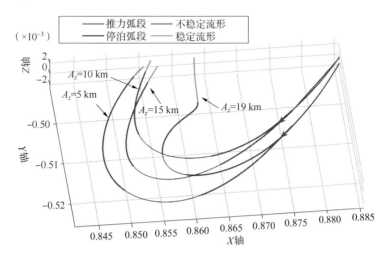

图 8.4.17　不同振幅垂直 Lyapunov 轨道的转移轨道（附彩图）

　　根据以上分析可以看出：采用外流形和脉冲/连续推力相结合的方式可以有效实现火卫附近平衡点周期轨道的同/异宿连接以及周期轨道与共振轨道间的转移，并解决火星 – 火卫系统中转移路径受约束的问题，同时能避免探测器与火卫的近距离接触并降低任务风险，因此可作为未来火卫探测轨道设计的参考。

参 考 文 献

［1］ LI X Y,QIAO D. Earth – Phobos transfer with ballistic trajectory in the Sun – Mars system［C］∥ 2018 AIAA Space and Astronautics Forum and Exposition,2018:5309.

［2］ 杨雅迪,陈奇,李翔宇,等. 同步双小行星系统共振轨道设计. 宇航学报［J］2019,40(9):987 – 995.

［3］ HAN H W,LI X Y,REN J. Transfer between libration orbits through the outer branches of manifolds for Phobos exploration［J］. Acta astronautica,2021,189:

321 – 336.

［4］ SCHEERES D J. Orbital motion in strongly perturbed environments：applications to asteroid，comet and planetary satellite orbiters［M］. Berlin：Springer，2016.

［5］ WERNER R A，SCHEERES D J. Exterior gravitation of a polyhedron derived and compared with harmonic and mascon gravitation representations of asteroid 4769 Castalia［J］. Celestial mechanics and dynamical astronomy，1996，65（3）：313 – 344.

［6］ HE J H. Modified Lindstedt – Poincare methods for some strongly non – linear oscillations：part I：expansion of a constant［J］. International journal of non – linear mechanics，2002，37（2）：309 – 314.

［7］ GOMEZ G，JORBA A，MASDENMONT J，et al. Study of the transfer from the Earth to a halo orbit around equilibrium point L_1［J］. Celestial mechanics，1993，56：541 – 562.

［8］ MARCHAND B G，HOWELL K C，WILSON R S. Improved corrections process for constrained trajectory design in the n – body problem［J］. Journal of spacecraft and rockets，2007，44（4）：884 – 897.

［9］ GIL P J S，SCHWARTZ J. Simulations of quasi – satellite orbits around Phobos［J］. Journal of guidance，control，and dynamics，2010，33（3）：901 – 914.

［10］ KOGAN A Y. Distant satellite orbits in the restricted circular three – body problem［J］. Cosmic research，1989，26（6）：705 – 710.

［11］ JANSSON S W，WIESEL W E. Orbiting a rock：stable orbits about Phobos and Deimos［C］∥ The AIAA／AAS Astrodynamics Conference，1990：2887.

［12］ PINSON R，LU P. Trajectory design employing convex optimization for landing on irregularly shaped asteroids ［J］. Journal of guidance，control，and dynamics，2018，41（6）：1243 – 1256.

［13］ HAN H W，QIAO D，CHEN H B，et al. Rapid planning for aerocapture trajectory via convex optimization ［J］. Aerospace science and technology，2019，84：763 – 775.

索 引

A ~ Z（英）

B 平面　81、85

　　定义示意（图）　81

　　微分修正算法设计流程（图）　85

　　修正法　81

Halo 轨道　161、180、299

　　不稳定流形与 1∶1 共振轨道的相交情况

　　　（图）　299

　　火星捕获轨道（图）　180

　　微分修正　161

J2000 地心惯性坐标系　31、33

　　与瞬时平赤道地心惯性坐标系的转换　31

　　与瞬时真赤道地心惯性坐标系的转换　33

J2000 火心平赤道坐标系　34

J2000 火心天球坐标系　35

J2000 火星平赤道与瞬时火星平赤道（图）　36

J2000 火星平赤道坐标系与火星固连坐标系间的转

　　换　36

J2000 日心赤道惯性坐标系　34

J2000 日心黄道惯性坐标系　34

Lambert 定理　48、49

　　几何关系（图）　49

B

标准历元地心平赤道惯性坐标系　30

标准配点轨道优化设计方法　102

捕获策略　195

捕获段轨道修正　88

捕获轨道设计实例　202

C

采用脉冲方式的火星探测直接捕获轨道设计　127

采用有限推力方式的火星捕获轨道设计　133

参考轨迹跟踪制导问题描述　233

初始轨道偏心率下的日火弱稳定边界（图）　186

初始时刻距离火卫一 200 km 的共振轨道族的初始条

　　件和雅可比常数值（表）　284

初始时刻距离火卫二 200 km 的共振轨道族的初始条

　件和雅可比常数值（表）285

垂直 Lyapunov 轨道微分修正　161

D

戴莫斯　8、9（图）

弹道坐标系　253

到达能量等高线（图）61

等高线图　60

等高线图法　63

低能量捕获　153、165、166、182、196

　　轨道设计　153、165、182、196（图）

　　速度增量分析　166

低能量轨道设计　191

笛卡儿模型改进配点法　104

笛卡儿坐标系下的动力学模型　98

地火低能量转移轨道设计流程（图）205

地火平衡点小推力转移轨道（图）208

地火平衡点转移轨道设计　204

地火小推力转移交会轨道（图）123

地火转移发射机会搜索结果（表）63

地心赤道惯性坐标系统　30

地心固连坐标系　31、33

　　与协议地球坐标系的转换　33

地心固连坐标系统　31

地心逃逸轨道　79、86

地心坐标系统　30

地心坐标系之间的转换　31

吊带总拉力变化曲线（图）267

定轨测量误差　92

洞察号　21、212

火星 EDL 过程示意（图）212

探测器　21

多脉冲捕获　130、131

　　轨道示意（图）131

　　流程（图）130

多脉冲主矢量优化方法　67

多脉冲转移轨道　64、75

E ~ F

二体动力学方程　37

二体轨道力学理论　36

二体问题积分常数　38

二体问题几何关系（图）37

发射机会分析　63

发射机会搜索　58、60

　　等高线图法　60

发射能量　60

　　等高线（图）60

凤凰号　18、18（图）

福布斯　8、8（图）

G

改进春分点轨道根数　100

　　动力学模型　100

高精度模型下火卫平衡点附近的周期轨道　292

高精度模型下火卫一（图）285、294、295

　　1:1 共振轨道（图）285

　　Halo 轨道（图）295

　　垂直 Lyapunov 轨道（图）295

　　平面 Lyapunov 轨道（图）294

共线平衡点和三角平衡点（图）156

固定方向捕获轨道设计（图） 137

轨道根数 45、98

    动力学模型 98

    计算位置、速度矢量 45

轨道积分 40

轨道能量描述 191

H

海盗 1 号 12

    着陆器（图） 12

海盗 2 号 12、13

海盗系列探测器 12

好奇号 18、19

    拍摄的盖尔环形山崖径侵蚀照（图） 19

    自拍照（图） 19

横截条件 71

活力积分 43

火卫飞越探测轨道设计 280

火卫附近共振轨道设计实例与分析 281

火卫附近轨道连续推力 303、307、310、311

    同宿转移轨道设计（图） 307

    异宿转移轨道设计（图） 310、311

    转移轨道设计 303

火卫附近周期轨道间 287、298、306

    连续推力轨道转移仿真算例 306

    脉冲转移轨道设计 298

火卫共振环绕探测轨道相对距离变化分析 285

火卫平衡点附近 290～292

    周期运动 290

    周期轨道 290、292

火卫探测捕获轨道设计 270

火卫探测轨道设计 288

火卫一 8、10、275、277、286、289、297、295、299、308

    Halo 轨道（图） 295

    垂直 Lyapunov 轨道（图） 295

    低能量转移轨道（图） 277

    附近 1:1 共振轨道受摄演化（图） 299

    共振轨道与火星和火卫一距离变化（图） 286

    平面 Lyapunov 轨道（图） 294

    探测捕获轨道设计实例与分析 275

    与火卫二的轨道参数（表） 10

    与火卫二的物理特性（表） 10

火卫一 1:1 共振轨道（图） 282、285

    随质量系数和形状参数的演化（图） 282

火卫一附近周期轨道（图） 298、311

    稳定与不稳定流形（图） 298

    异宿连接（图） 311

火卫一平衡点附近 291、292、296、297

    Halo 轨道的覆盖性及与表面距离变化（图） 297

    垂直 Lyapunov 轨道的覆盖性及与表面距离变化（图） 296

    平面 Lyapunov 轨道的覆盖性及与表面距离变化（图） 296

    周期轨道（图） 291

    周期轨道族（图） 292

火卫一转移轨道 76、277

火卫二 9、278、279、287～289

    低能量转移轨道（图） 279

    共振轨道与火星和火卫二距离变化（图） 287

    探测捕获轨道设计实例与分析 278

火心捕获轨道设计 80

火心坐标系 34、35

 定义 34

 之间转换 35

火心坐标系统 34

火星 – 火卫系统 280、288

 共振轨道设计 280

 平衡点及特性 288

火星奥德赛号 14、15（图）

火星捕获 133、168、197、198

 捕获集（图） 197、198

 轨道设计 133

 流程与示意（图） 168

火星大气进入不确定度分布（表） 249

火星大气进入方式分析 232

火星大气进入轨迹 213、215、233

 动力学模型 213

 跟踪制导方法 233

 影响因素分析 215

火星大气进入轨迹优化 220、222、224、227、229

火星大气进入预测校正制导方法 245

火星大气进入制导 233

火星大气与挥发物演化任务探测器 20

火星低能量捕获轨道（图） 203、204

火星地形地貌 6、6（图）、7

 高原 6

 火山 6

 峡谷 7

火星附近弱稳定边界参数分析 183

火星固连坐标系 35

火星轨道探测器 20

火星基本物理特征 3

火星勘测轨道器 17、17（图）

火星科学实验室 18

火星快车号 15、15（图）

火星旅居者 14

 漫游车（图） 14

火星气候环境 5

 大气 5

 温度 5

火星气候环境与地形地貌 5

火星全球勘测者 13、13（图）

火星探测捕获轨道设计 127

火星探测大气进入制导方法 232

火星探测低能量捕获轨道设计 153、165、182、191、196（图）

火星探测多脉冲转移轨道 64、75

火星探测发射机会 58、63

火星探测精确转移轨道设计 78、84

火星探测连续小推力轨道 108、114

 凸优化方法 114

 优化设计同伦法 108

火星探测连续小推力转移轨道设计 97、102、106、112、122

 优化设计配点法 102

火星探测脉冲转移轨道 58、77

 精确设计 77

 设计与优化 58

火星探测漫游者 16、259

 着陆器降落伞受力情况（图） 259

火星探测器 18、77、78、85、107

火星探测气动捕获 140～144

动力学建模 140

轨道参数分析 144

轨道设计 140

进入走廊评估 143

火星探测任务 10、22（表）

火星探测有限推力捕获轨道设计实例与分析 136

火星探测直接捕获轨道设计 127

火星探测转移轨道中途修正 87、88、92

策略 87

实例分析 92

方法 88

火星探测最优单次脉冲捕获轨道设计方法 127

火星探测最优多次脉冲捕获轨道设计方法 130

火星探测最优气动捕获轨道设计 148

火星探路者 13、14

火星同步轨道逆向稳定集（图） 203

火星系统 1、3、184、270

概况 1

弱稳定边界结构（图） 184

探测轨道设计 270

特性 3

火星与地球的轨道特性（表） 5

火星与地球的物理特性（表） 4

火星着陆过程动力学模型 259

火星着陆减速伞展开过程动态特性分析 254

火星着陆伞舱组合体动力学建模 250

稳定控制 250

火星着陆伞舱组合体稳定阻尼控制律设计 259

火星着陆探测 211

轨迹优化设计与制导控制 211

过程分析与动力学建模 211

过程概述 211

J

基本轨道设计方法 48

机遇号 16、17

间接法 108

降落伞受力情况（图） 259

近日点处弱稳定边界结构（图） 187

进入角对火星进入轨迹影响 217、219

进入速度对火星进入轨迹影响 216

精确转移轨道 77、81

B 平面修正法 81

设计问题描述 77

经典轨道根数 98、100

动力学模型 98

静态约束几何描述（图） 104

K

开普勒方程求解 44

开普勒积分 43

开伞点坐标系 252

考虑发射约束的多脉冲主矢量优化方法 67

考虑复杂路径约束的火星大气进入轨迹优化设计 229

考虑横程范围的火星大气进入轨迹优化设计 222

考虑开伞约束的火星大气进入轨迹优化设计 227

考虑始末约束的星际转移 67、68、74

任务剖面（图） 68

速度评估 67

最优星际转移轨道设计步骤 74

考虑形状摄动的火卫平衡点附近周期轨道 290、

291（图）

空间近心点参数定义（图） 173

空间周期轨道 172

控制算法的收敛性分析 262

L

兰伯特问题 48

利用共振轨道的火卫附近周期轨道间脉冲转移轨道
设计 298

利用流形拼接的地火平衡点转移轨道设计 204

利用逆向稳定集的火星低能量捕获轨道（图）
203、204

利用平衡点附近周期轨道的火星捕获流程与示意
（图） 168

历次火星探测任务（表） 22

连续小推力轨道 108、114

　　凸优化方法 114

　　优化设计同伦法 108

　　优化设计问题描述 97

连续小推力转移轨道 98、101、106、112、122

　　动力学模型 98

　　优化设计问题描述 101

　　直接优化方法 102

M ~ N

脉冲转移轨道设计与优化 58

曼加里安号 20

蒙特卡罗打靶得到的完全开伞 257、258

　　动压统计数分布（图） 258

　　高度统计数分布（图） 258

　　时间统计数分布（图） 257

速度统计数分布（图） 257

面积积分 38

逆向稳定捕获轨道 196、199

　　特性分析 196

　　最低近心点分布（图） 199

P

庞加莱截面（图） 162

偏心率等高线（图） 194

平衡点附近运动 157、159

　　近似解析解 157

　　数值解 159

平滑技术 111

平面 Lyapunov 轨道微分修正 161

平面周期轨道 169

Q

气动捕获 140、143

　　动力学建模 140

　　基本原理 140

　　进入走廊分析相关参数（表） 143

　　进入走廊评估 143

气动捕获轨道 140、144

　　参数分析 144

　　设计 140

R

燃料最省转移轨道最优控制律设计 108

燃料最优小推力轨道优化问题构建 114

人类探测火星阶段 26

日火平衡点 156、160 ~ 168

Halo 轨道族（图）164

垂直 Lyapunov 轨道族（图）163

附近周期轨道　156

附近期轨道族　160

平面 Lyapunov 轨道族（图）165

停泊轨道参数分析　168

日火弱稳定边界（图）186

日火三体系统　153、155

平衡点　155

日火系统　182、188

轨道的稳定集　188

弱稳定边界　182

日心转移段轨道修正　88

日心坐标系　34

定义　34

之间转换　34

日心坐标系统　33

弱稳定边界　182～184

参数分析　183

定义（图）182

结构（图）184

S

三角平衡点（图）156

三脉冲火卫捕获轨道设计（图）272

三体间相对位置矢量与引力矢量（图）53

三体系统　153、204

轨道动力学　153

平衡点轨道转移设计　204

伞舱系统的几何结构和模型（图）251

升阻比对火星进入轨迹的影响　219

双曲超速赤经角、赤纬角等高线（图）62

双曲逃逸轨道参数　58

双曲线轨道近心点（图）275

水手 4 号　11、11（图）

水手 6 号　11

水手 9 号　11、12（图）

水手大峡谷　7、7（图）

水手系列探测器　11

瞬时火星平赤道惯性坐标系　35

瞬时火星平赤道坐标系　35、36

与 J2000 火心天球坐标系间转换　36

与 J2000 火星平赤道坐标系间的转换　35

瞬时平赤道地心惯性坐标系　31、32

与瞬时真赤道地心惯性坐标系的转换　32

瞬时真赤道地心惯性坐标系　31、33

与地心固连坐标系的转换　33

四阶 Gauss – Labatto 积分公式的约束示意（图）106

T

太阳系各大行星的影响球半径估算（表）55

探测轨道观测效能分析　295

探测器中途修正　88

逃逸段轨道修正　88

天问一号探测器　3、21、22

拍摄的火星南半球侧身影像（图）3

携带的分离测量传感器拍摄飞行图像（图）22

同伦连续打靶方法　111

W～X

微量气体轨道探测器　20

稳定性分析 235

希望号 22

小推力轨道凸优化方法及求解 115

协调世界时 29

协议地球坐标系 31

星际转移任务剖面（图） 68

旋转坐标系下不同共振比 $p:q$ 的火卫一共振轨道族
（表） 282

旋转坐标系下不同共振比 $p:q$ 的火卫二共振轨道族
（图） 283

Y

异宿转移轨道（图） 312

毅力号 22

引力影响球 51

勇气号 16、17

有限推力捕获轨道 133～136

　　设计问题建模 134

　　优化设计方法 135

有阻尼控制的攻角振荡（图） 260

圆锥曲线拼接原理 56

远日点处弱稳定边界结构（图） 187

Z

增广主矢量 69、76

直接捕获 127、178～180

　　轨道设计 127

直接法 102

制导律设计和稳定性分析 235

质心动力学时 28

中国主要发射场所在纬度（表） 80

中途修正 88、92、94

　　计划示意（图） 94

　　均值（表） 94

　　速度增量均值 92

　　原理（图） 88

终端 B 平面误差随最后一次修正时间的传播情况
（图） 93

周期轨道的稳定流形与不稳定流形（图） 165

轴向轨道微分修正 161

主矢量方法 64

转移轨道中途修正 87、88

　　策略 87

　　方法 88

着陆舱本体坐标系 252

着陆舱和减速伞 265、266

　　在主动阻尼下的姿态角变化曲线（图） 265

　　总攻角变化曲线（图） 266

姿态振荡阻尼 261、264

　　控制仿真与分析 264

　　控制律设计 261

最优单次脉冲捕获轨道设计方法 127

最优地火转移轨道示意（图） 76

最优多次脉冲捕获轨道设计方法 130

最优多脉冲转移的主矢量方法 64

最优气动捕获轨道设计 148

最优星际转移轨道设计步骤 74

（王彦祥、张若舒　编制）

图 1.3.4 "海盗 2 号"在火星表面拍摄到的第一幅彩色图像

（图像来源：NASA/JPL）

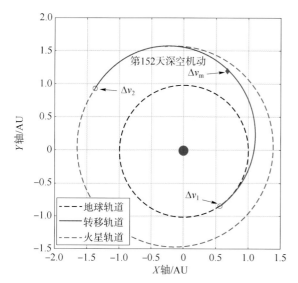

图 3.2.3 最优地火转移轨道示意图

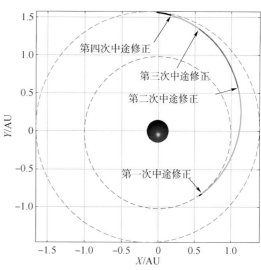

图 3.4.3 中途修正计划示意图

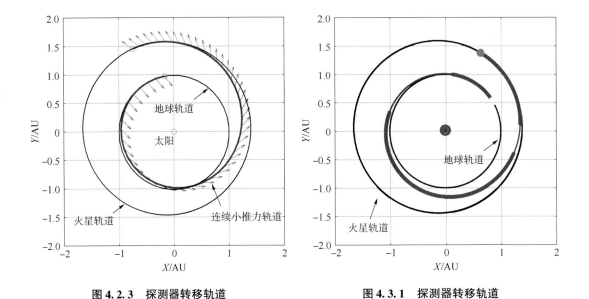

图 4.2.3　探测器转移轨道　　　　　　　　　图 4.3.1　探测器转移轨道

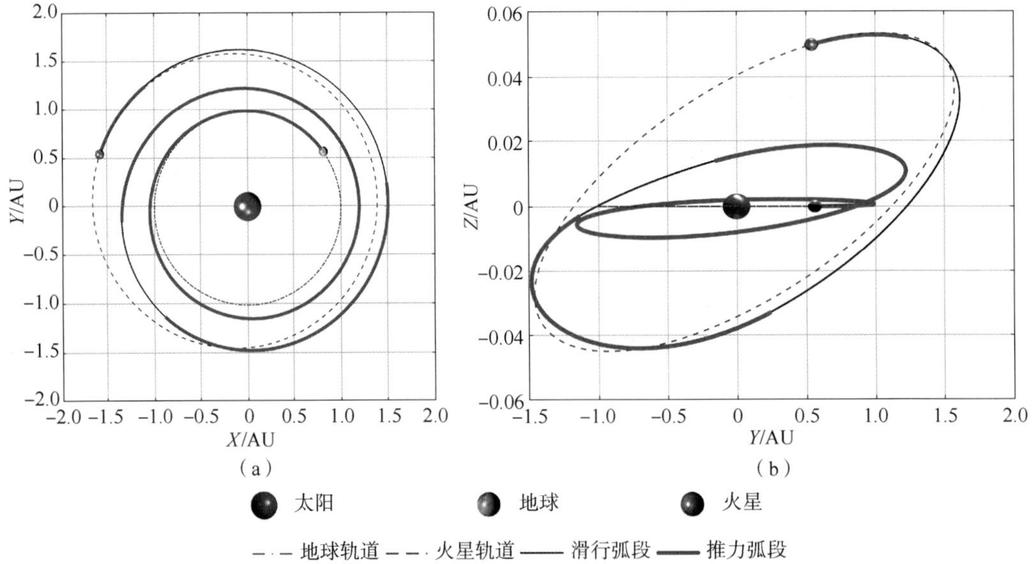

（a）　　　　　　　　　　　　　　　（b）

● 太阳　　　　　● 地球　　　　　● 火星

—·—地球轨道　——火星轨道　——滑行弧段　——推力弧段

图 4.4.1　地火小推力转移交会轨道

（a）XY 平面内转移轨道；（b）YZ 平面内转移轨道

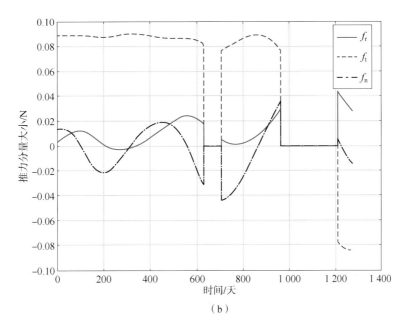

图 4.4.2 推力幅值和推力分量随时间变化图

（b）推力分量

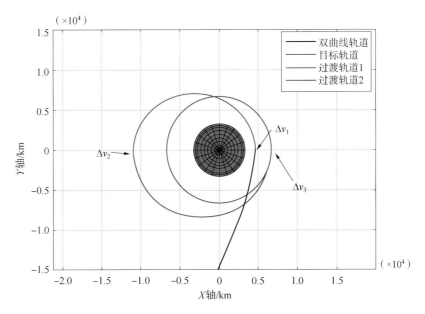

图 5.1.3 多脉冲捕获轨道示意图

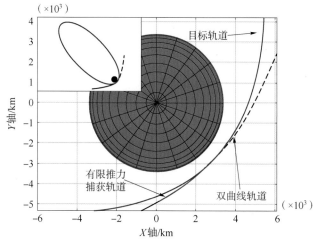

图 5.2.2　速度反向捕获轨道设计

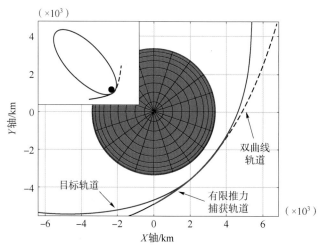

图 5.2.3　固定方向捕获轨道设计

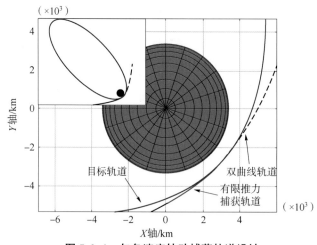

图 5.2.4　匀角速度转动捕获轨道设计

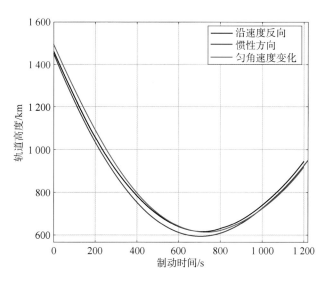

图 5.2.6　三种控制方式的轨道高度变化

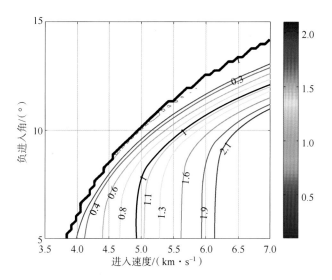

图 5.3.1　气动捕获后探测器轨道的偏心率分布

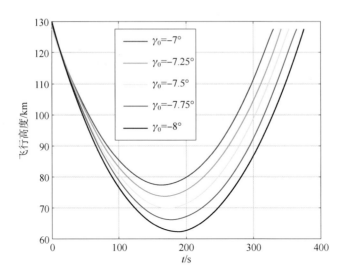

图 5.3.2　飞行高度变化曲线

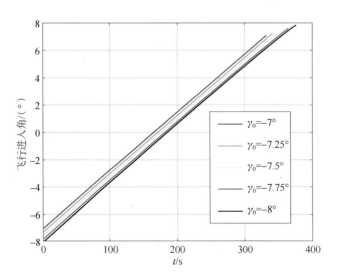

图 5.3.3　航迹角（飞行进入角）变化曲线

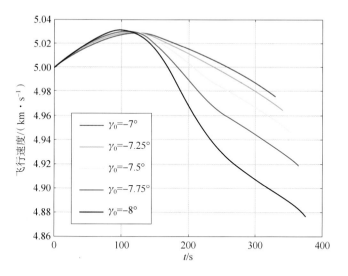

图 5. 3. 4 飞行速度变化曲线

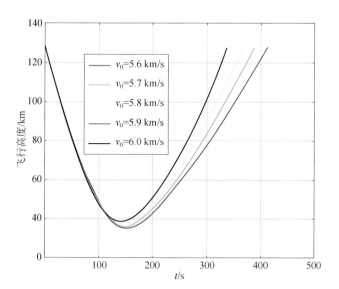

图 5. 3. 5 飞行高度变化曲线

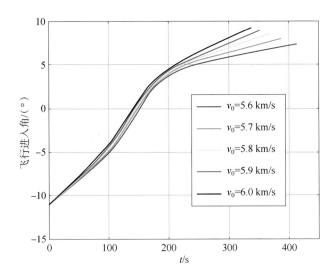

图 5.3.6 航迹角（飞行进入角）变化曲线

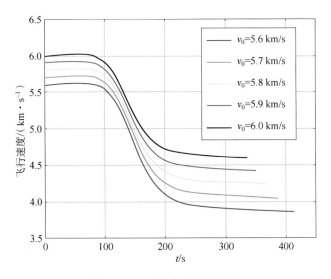

图 5.3.7 飞行速度变化曲线

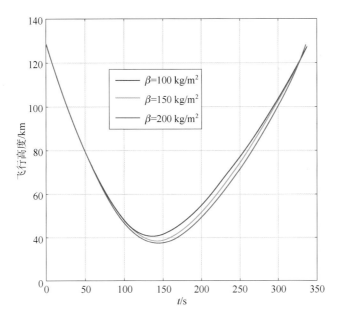

图 5.3.8　飞行高度变化曲线

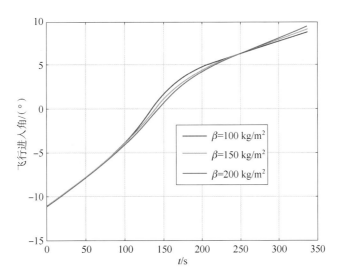

图 5.3.9　航迹角（飞行进入角）变化曲线

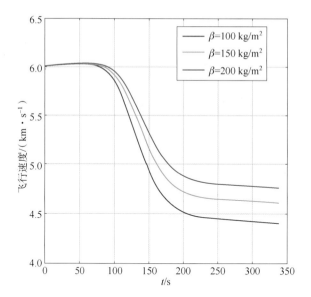

图 5.3.10 飞行速度变化曲线

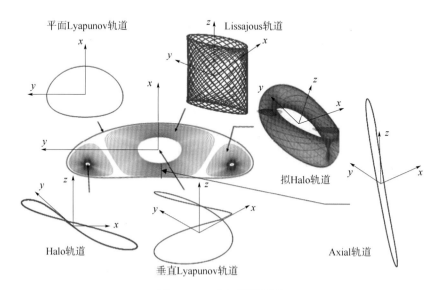

图 6.1.2 庞加莱截面图

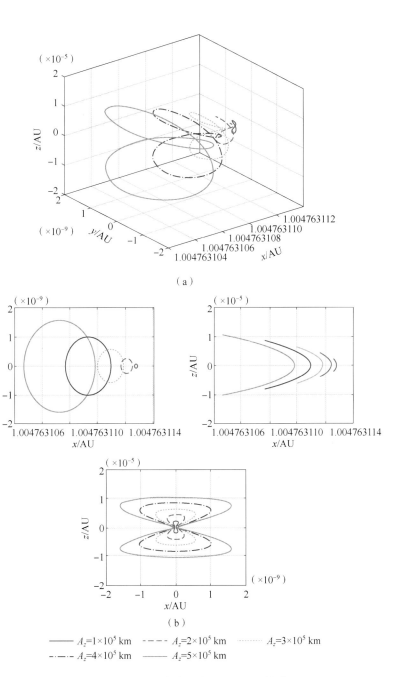

（a）

（b）

———— $A_z = 1 \times 10^5$ km   — — $A_z = 2 \times 10^5$ km   ········· $A_z = 3 \times 10^5$ km

—·—·— $A_z = 4 \times 10^5$ km   ———— $A_z = 5 \times 10^5$ km

图 6.1.3 日火平衡点垂直 Lyapunov 轨道族

（a）三维图；（b）平面图

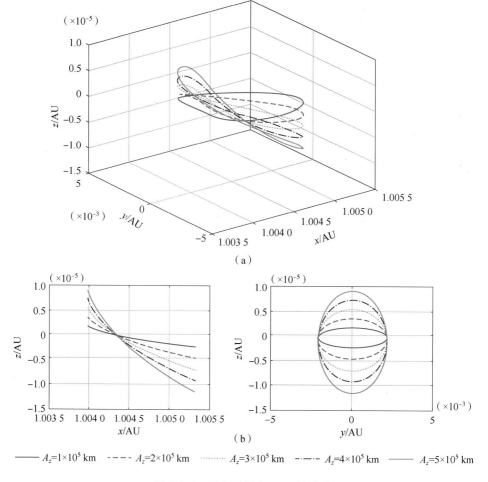

图 6.1.4　日火平衡点 Halo 轨道族

（a）三维图；（b）平面图

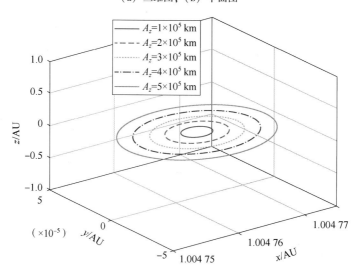

图 6.1.5　日火平衡点平面 Lyapunov 轨道族

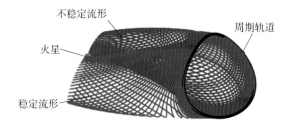

图 6.2.1　周期轨道的稳定流形与不稳定流形

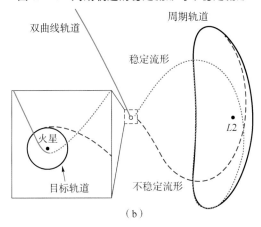

（b）

图 6.2.2　利用平衡点附近周期轨道的火星捕获流程与示意图

（b）捕获轨道示意图

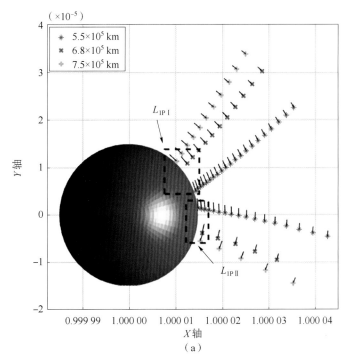

（a）

图 6.2.4　不同振幅周期轨道稳定流形的近火点分布

（a）L_1 点附近 Lyapunov 轨道

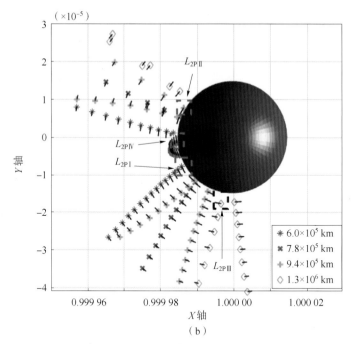

图 6.2.4　不同振幅周期轨道稳定流形的近火点分布（续）

（b）L_2 点附近 Lyapunov 轨道

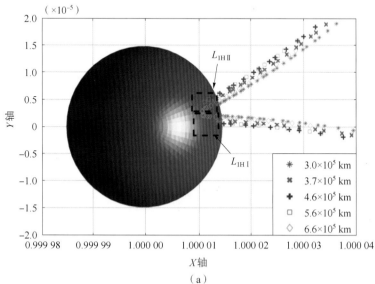

图 6.2.8　L_1 点 Halo 轨道不同振幅轨道对应稳定流形近心点状态

（a）XY 平面投影

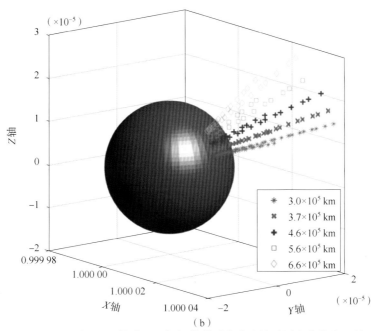

图 6.2.8　L_1 点 Halo 轨道不同振幅轨道对应稳定流形近心点状态（续）

（b）三维视角

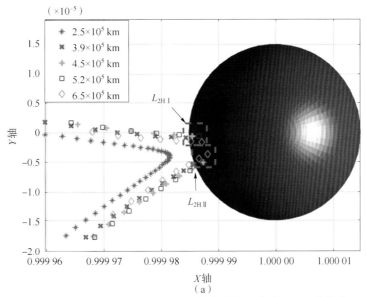

图 6.2.9　L_2 点 Halo 轨道不同振幅轨道对应稳定流形近心点状态

（a）XY 平面投影

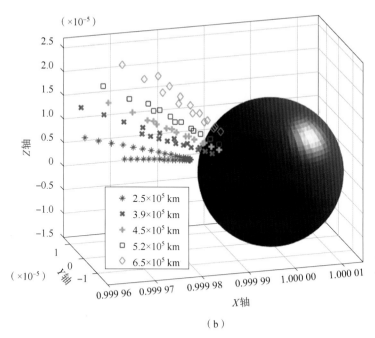

图 6.2.9 L₂ 点 Halo 轨道不同振幅轨道对应稳定流形近心点状态（续）

（b）三维视角

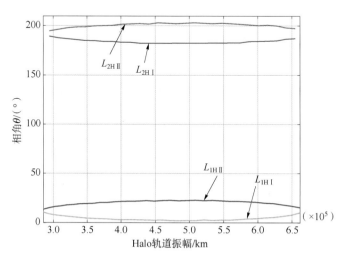

图 6.2.10 Halo 轨道稳定流形近火点相角随轨道振幅变化（200 km 高度）

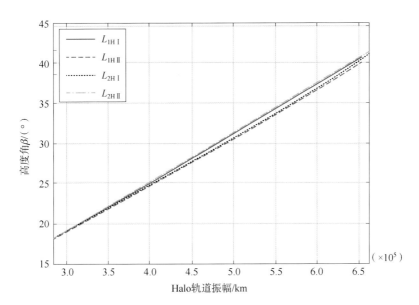

图 6.2.11　近火点高度角随振幅变化（200 km 高度）

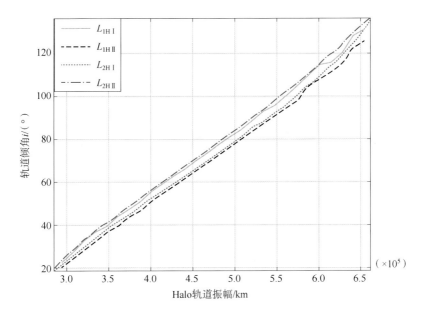

图 6.2.12　近火点倾角随振幅变化（200 km 高度）

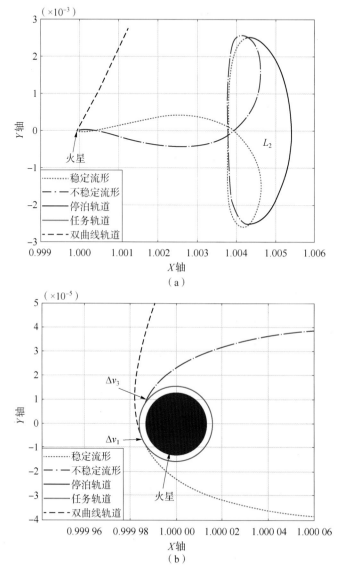

图 6.2.13 利用 L_2 点平面周期轨道的捕获轨道

（a）地火系统全局图；（b）火星附近局部图

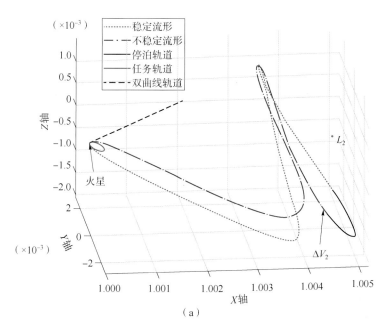

（a）

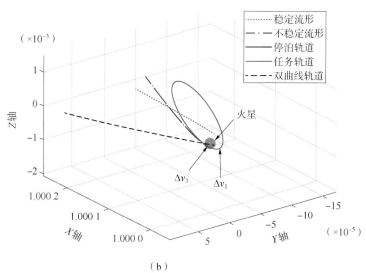

（b）

图 6.2.14 基于 L_2 点 Halo 轨道的火星捕获轨道

（a）地火系统全局图；（b）火星附近局部图

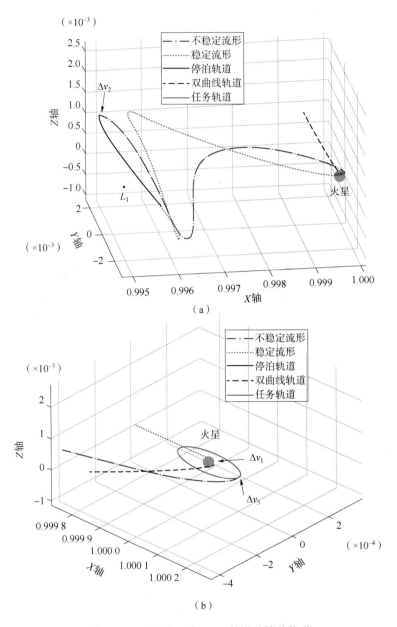

图 6.2.15 利用 L_1 点 Halo 轨道的捕获轨道

（a）地火系统全局图；（b）火星附近局部图

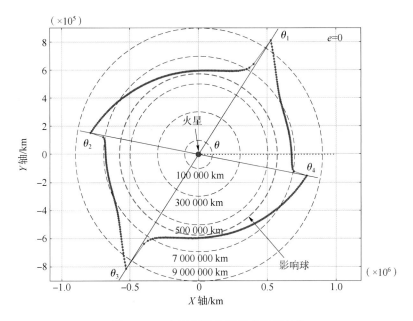

图 6.3.2　火星系统的弱稳定边界结构

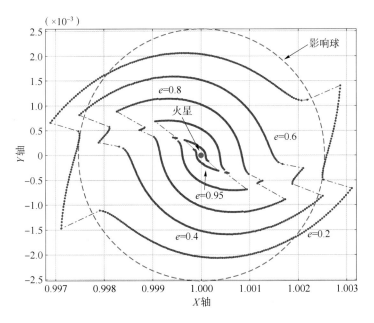

图 6.3.7　不同初始轨道偏心率下的日火弱稳定边界

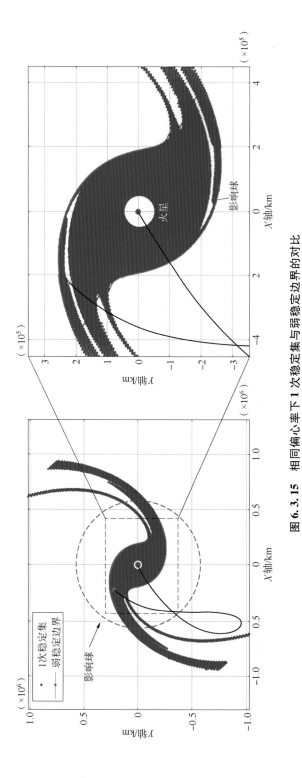

图 6.3.15 相同偏心率下 1 次稳定集与弱稳定边界的对比

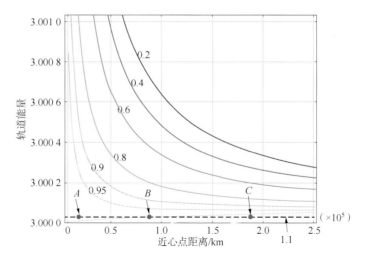

图 6.3.16　不同轨道能量和近心点距离下的偏心率等高线图

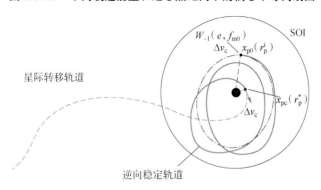

图 6.3.17　基于逆向稳定集的火星探测低能量捕获轨道设计

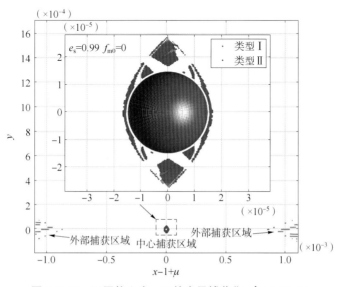

图 6.3.18　不同偏心率 e 下的火星捕获集 $\varpi_{-1}^{1}(0.99,0)$

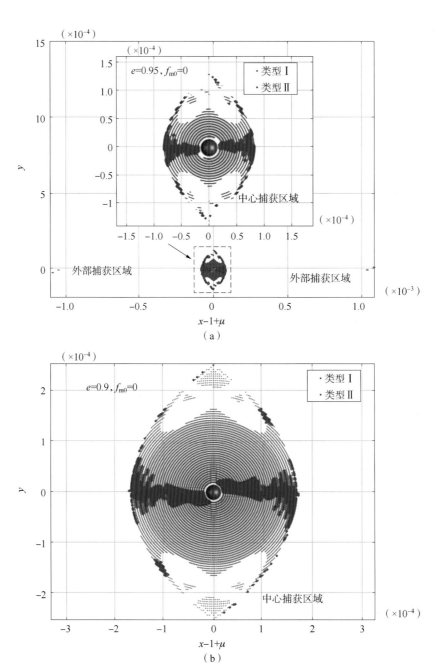

图 6.3.19　不同偏心率 e 下的火星捕获集

（a）$\varpi_{-1}^1(0.95,0)$；（b）$\varpi_{-1}^1(0.9,0)$

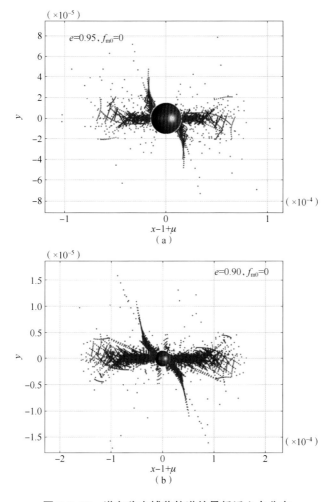

图 6.3.20　逆向稳定捕获轨道的最低近心点分布

（a）捕获集 $\varpi^1_{-1}(0.95,0)$ 对应近心点；（b）捕获集 $\varpi^1_{-1}(0.90,0)$ 对应近心点

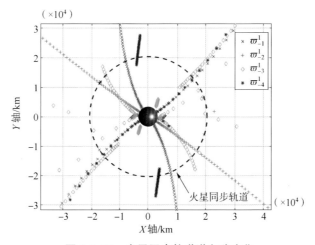

图 6.3.23　火星同步轨道逆向稳定集

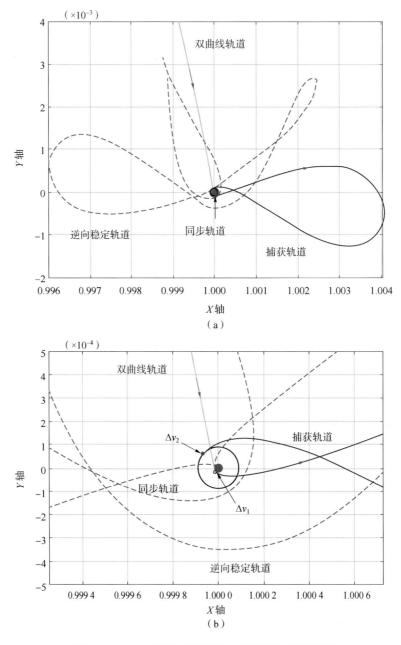

图 6.3.24 利用逆向稳定集的火星低能量捕获轨道

(a) 全局轨道；(b) 火星附近轨道

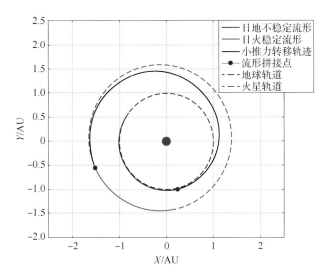

图 6.4.2　基于三体系统平衡点的地火低能量脉冲转移轨道设计

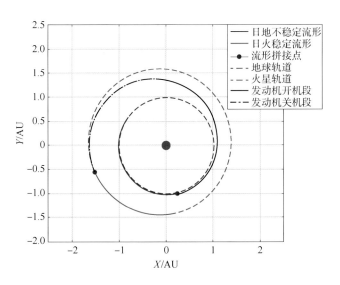

图 6.4.3　地火平衡点小推力转移轨道

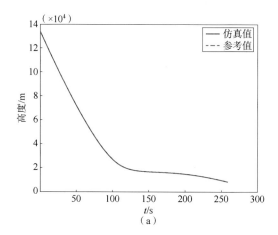

图 7.3.1　升阻力系数和标称密度均正向拉偏 30%时的跟踪轨迹

（a）高度曲线

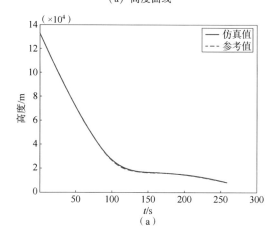

图 7.3.2　升阻力系数和标称密度均反向拉偏 30%时的跟踪轨迹

（a）高度曲线

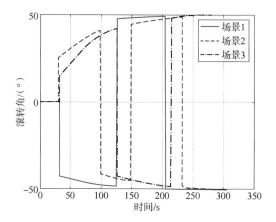

图 7.3.7　滚转角的变化历程

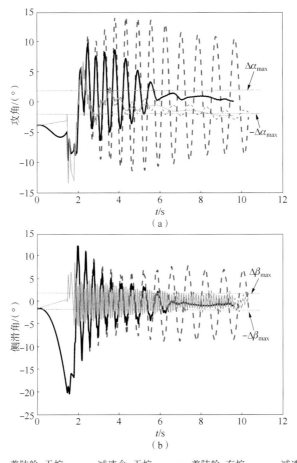

（a）

（b）

- - - 着陆舱-无控 ···· 减速伞-无控 —— 着陆舱-有控 —— 减速伞-有控

图 7.4.15　着陆舱和减速伞在主动阻尼下的姿态角变化曲线

（a）攻角变化曲线；（b）侧滑角变化曲线

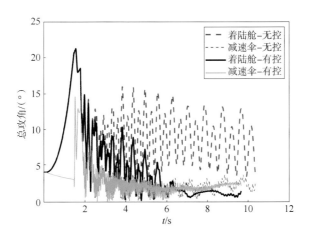

图 7.4.16　着陆舱和减速伞总攻角的变化曲线

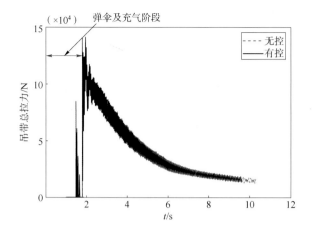

图 7.4.17　吊带总拉力变化曲线

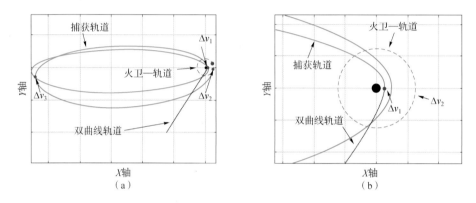

图 8.1.1　三脉冲火卫捕获轨道设计

（a）全局图；（b）火卫一附近局部图

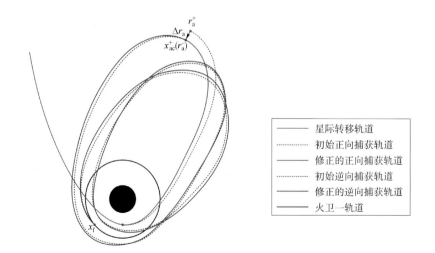

图 8.1.2　两步轨道修正示意图

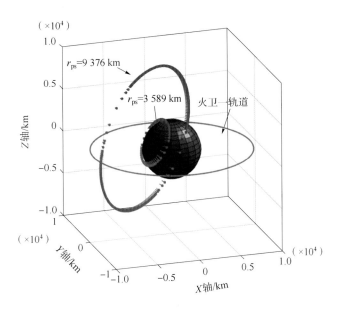

图 8.1.3 不同倾角下双曲线轨道近心点

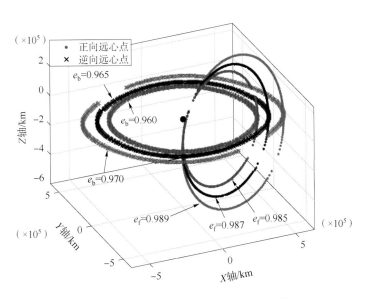

图 8.1.4 火卫一转移轨道远心点庞加莱截面

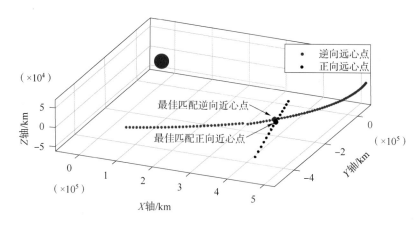

图 8.1.5 火卫一转移轨道最佳远火点匹配

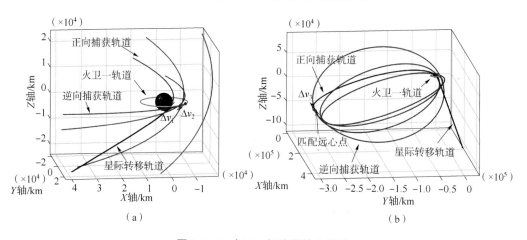

（a）

（b）

图 8.1.6 火卫一低能量转移轨道

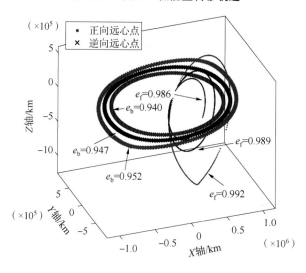

图 8.1.7 火卫二转移轨道远心点庞加莱截面

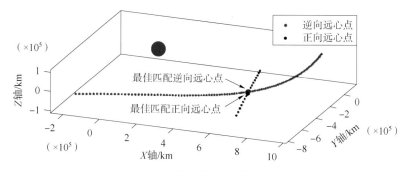

图 8.1.8　火卫二转移轨道远火点匹配

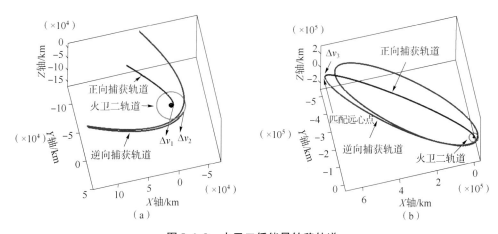

图 8.1.9　火卫二低能量转移轨道

（a）火卫二附近局部图；（b）全局图

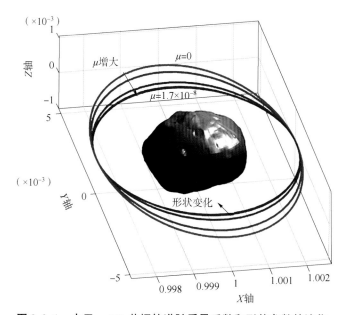

图 8.2.1　火卫一 1:1 共振轨道随质量系数和形状参数的演化

表 8.2.1　旋转坐标系下不同共振比 $p{:}q$ 的火卫一共振轨道族

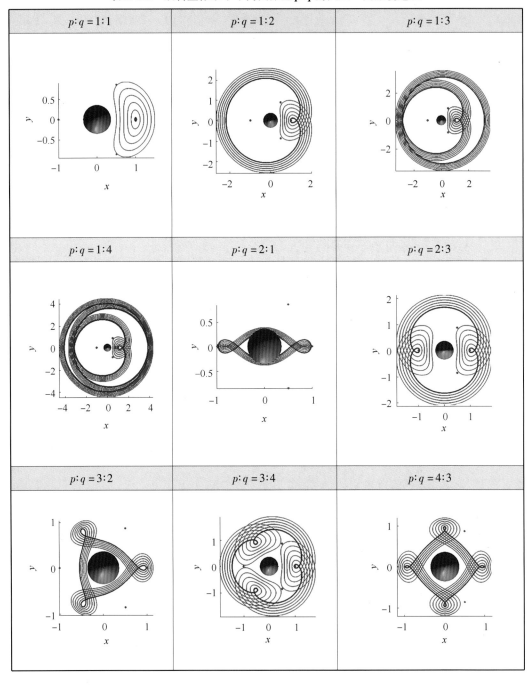

表 **8.2.2** 旋转坐标系下不同共振比 $p{:}q$ 的火卫二共振轨道族

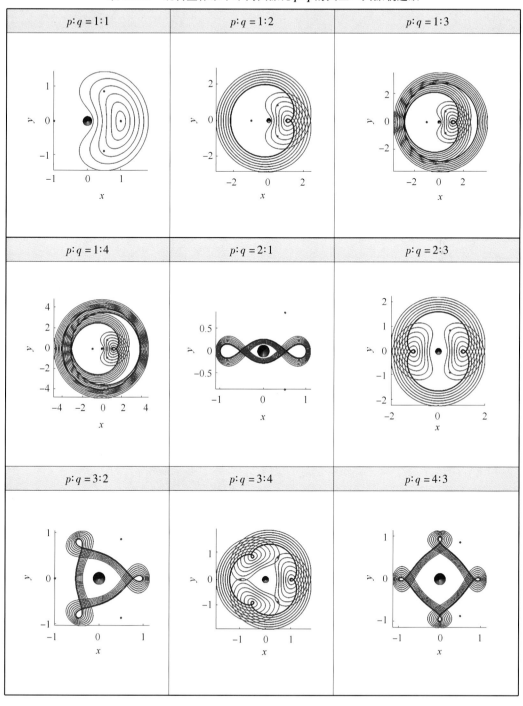

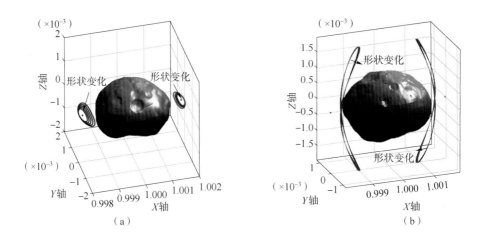

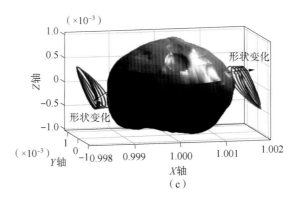

图 8.3.3 考虑形状摄动的火卫一平衡点附近的周期轨道

（a）平面 Lyapunov 轨道；（b）垂直 Lyapunov 轨道；（c）Halo 轨道

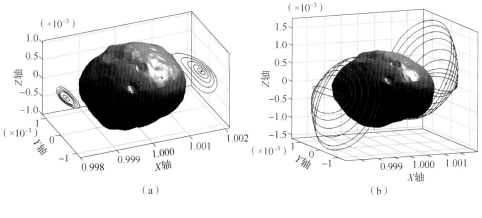

（a）

（b）

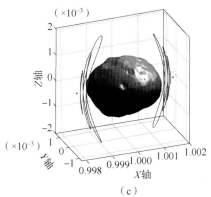

（c）

图 8.3.4　火卫一平衡点附近周期轨道族

（a）平面 Lyapunov 轨道；（b）垂直 Lyapunov 轨道；（c）Halo 轨道

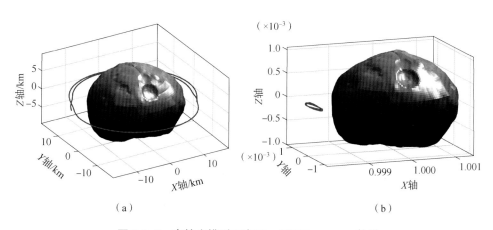

（a）

（b）

图 8.3.5　高精度模型下火卫一平面 Lyapunov 轨道

（a）惯性坐标系；（b）星历会合坐标系

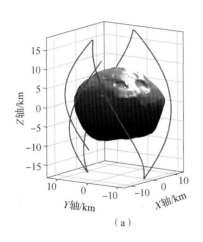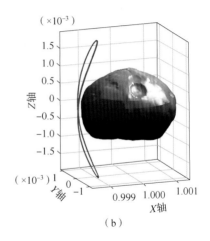

（a） （b）

图 8.3.6 高精度模型下火卫一垂直 Lyapunov 轨道

（a）惯性坐标系；（b）星历会合坐标系

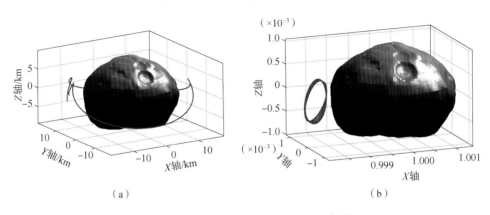

（a） （b）

图 8.3.7 高精度模型下火卫一 Halo 轨道

（a）惯性坐标系；（b）星历会合坐标系

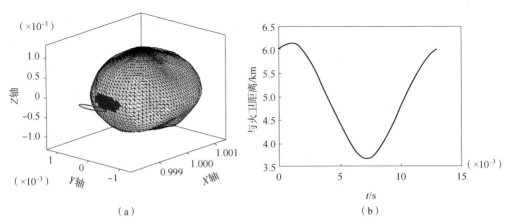

（a） （b）

图 8.3.8 火卫一平衡点附近平面 Lyapunov 轨道的覆盖性及与表面距离的变化

（a）轨道图及表面覆盖性；（b）轨道至表面距离变化

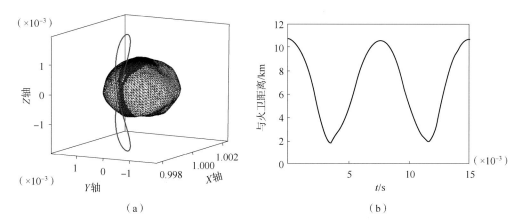

（a）

（b）

图 8.3.9　火卫一平衡点附近垂直 Lyapunov 轨道的覆盖性及与表面距离的变化

（a）轨道图及表面覆盖性；（b）轨道至表面距离变化

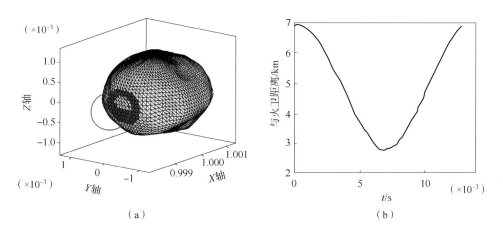

（a）

（b）

图 8.3.10　火卫一平衡点附近 Halo 轨道的覆盖性及与表面距离的变化

（a）轨道图及表面覆盖性；（b）轨道至表面距离变化

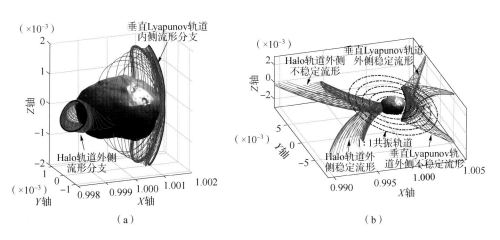

（a）

（b）

图 8.4.1　火卫一附近周期轨道稳定与不稳定流形

（a）周期轨道内侧流形；（b）周期轨道外侧流形

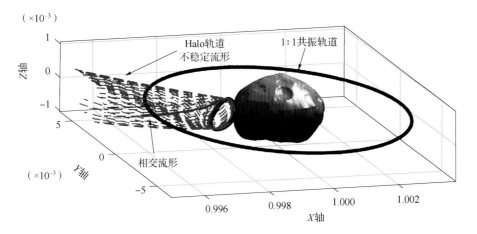

图 8.4.2 Halo 轨道不稳定流形与 1:1 共振轨道的相交情况

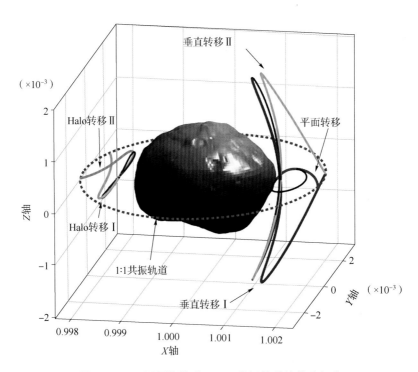

图 8.4.4 不同周期轨道至 1:1 共振轨道的转移机会

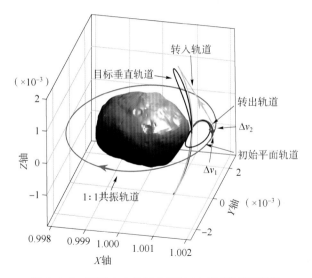

图 8.4.6　利用 1:1 共振轨道的 L_2 轨道同宿转移

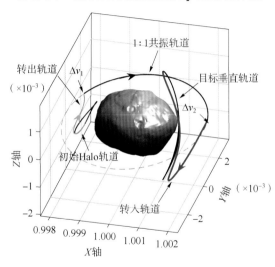

图 8.4.7　$L_1 - L_2$ Halo 轨道至垂直 Lyapunov 轨道异宿转移

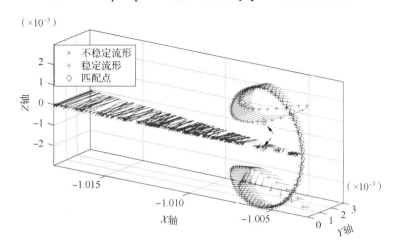

图 8.4.8　不变流形在庞加莱截面上的交点

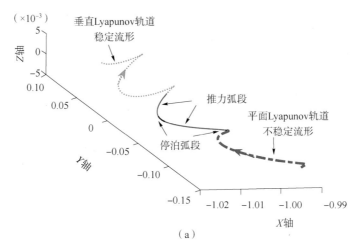

（a）

图 8.4.9 火卫附近轨道连续推力同宿转移轨道设计

（a）转移轨道

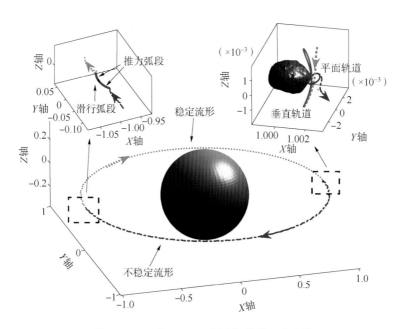

图 8.4.10 火卫一 L_2 点周期轨道同宿连接

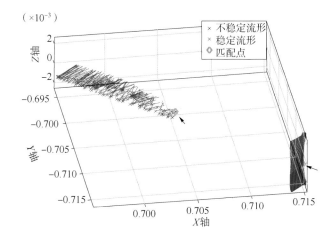

图 8.4.11　不变流形在庞加莱截面上的交点

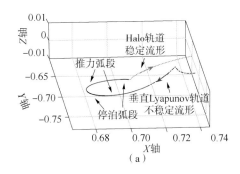

（a）

8.4.12　火卫附近轨道连续推力异宿转移轨道设计（$T_s = 360 \text{ mN}$）

（a）转移轨道

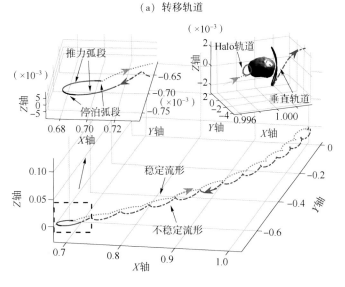

图 8.4.13　火卫一附近周期轨道异宿连接（$T_s = 360 \text{ mN}$）

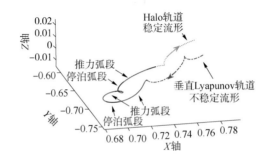

（a）

图 8.4.14　火卫附近轨道连续推力异宿转移轨道设计（$T_s = 180\ mN$）

（a）转移轨道

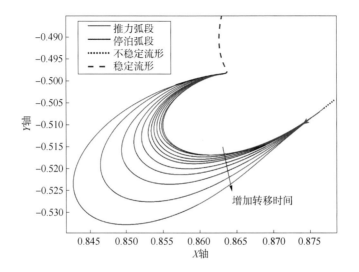

图 8.4.16　不同转移时间下的异宿转移轨道

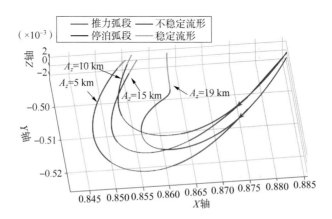

图 8.4.17　不同振幅垂直 Lyapunov 轨道的转移轨道